高等学校新工科计算机类专业系列教材

C＋＋面向对象程序设计

李卫明　主编

西安电子科技大学出版社

内容简介

　　C++程序设计语言一直是主流程序设计语言之一，它以面向过程的 C 语言为基础，主要支持面向对象程序设计，同时也支持泛型程序设计。本书针对已具有 C 语言程序设计基础的读者而编写，所有内容遵循 C++ 11 标准。全书通过单链表、简单集合类、链表实现的集合类、字符串类、各类物体面积求和、链栈类模板、向量类模板等典型案例来讲授现代 C++程序设计的原理和方法，让读者深入理解现代 C++面向对象程序设计机制，学会设计结构合理、可读性好、效率高的现代 C++程序。本书主要内容包括 C++程序设计基础、类和对象、拷贝控制、运算符重载、继承和多态、模板、异常处理和智能指针以及 C++标准模板库简介。

　　本书适合作为高等学校计算机科学与技术、软件工程等专业 C++面向对象程序设计相关课程的教材，也可供具有 C 语言基础的 C++语言爱好者和相关工程技术人员参考。

图书在版编目(CIP)数据

　　C++面向对象程序设计 / 李卫明主编 . —西安：西安电子科技大学出版社，2020.5
　　ISBN 978 - 7 - 5606 - 5654 - 0

　　Ⅰ. ① C… 　Ⅱ. ① 李… 　Ⅲ. ① C++语言—程序设计—高等学校—教材
　　Ⅳ. ① TP312.8

中国版本图书馆 CIP 数据核字(2020)第 061159 号

策划编辑　陈　婷
责任编辑　马　凡　雷鸿俊
出版发行　西安电子科技大学出版社(西安市太白南路 2 号)
电　　话　(029)88242885　88201467　　　邮　编　710071
网　　址　www.xduph.com　　　　电子邮箱　xdupfxb001@163.com
经　　销　新华书店
印刷单位　陕西日报社
版　　次　2020 年 5 月第 1 版　2020 年 5 月第 1 次印刷
开　　本　787 毫米×1092 毫米　1/16　印张　17.5
字　　数　412 千字
印　　数　1~3000 册
定　　价　42.00 元
ISBN 978 - 7 - 5606 - 5654 - 0/TP
XDUP 5956001 - 1
＊＊＊如有印装问题可调换＊＊＊
本社图书封面为激光防伪覆膜，谨防盗版。

前　言

C++程序设计语言一直是主流程序设计语言之一，它以面向过程的C语言为基础，在主要支持面向对象程序设计的同时，也支持泛型程序设计。C++面向对象程序设计是高等学校计算机科学与技术、软件工程等专业的重要课程，学会设计简洁、高效、遵循C++11标准的现代C++程序是课程的主要目标。

本书结合作者多年的教学和工程实践经验，通过典型案例来讲授现代C++程序设计的原理和方法，让读者深入理解现代C++面向对象程序设计原理并学会设计现代C++程序。本书用简单、直观的图形化方式描述了栈和函数调用、链表、类图、对象内存状态、继承关系等知识，有关图形遵循统一建模语言UML标准，有利于读者学习后续面向对象的分析与设计、软件工程等相关知识。本书还介绍了链表、栈和队列、算法时间复杂性等数据结构相关基础知识，有利于读者建立面向对象程序设计思维方式和设计高效率程序，也有利于读者今后进一步学习数据结构知识。作为功能强大的程序库，C++标准模板库相关容器类模板和算法的实现本身体现出了现代C++程序设计的方式、方法，本书中的许多内容也以此为线索展开，让读者在学会使用标准模板库的同时，还能够学会设计和实现高效、结构良好的C++程序。

本书主要内容包含下列8章：

第1章为C++程序设计基础，主要介绍C++函数重载、内联函数、引用等新概念，讲述了栈和函数调用的实现、作用域和生存期知识，还讲述了顺时针旋转矩阵和单链表两个动态分配内存的典型案例，为全面学习C++面向对象程序设计打下良好基础。

第2章为类和对象，主要介绍类和对象的概念，讲述C++简单类的设计和实现，通过对C++常用容器的使用进行举例说明，使读者尽快建立对象概念，初步熟悉使用C++标准模板库。本章还介绍了用于描述has-a关系的类类型的数据成员以及适合特殊场合使用的友元函数和静态成员。本章后面还讲述了典型案例——简单集合类的设计和实现。

第3章为拷贝控制，主要介绍动态分配类设计和实现需要考虑的5个拷贝控制函数，即拷贝构造、拷贝赋值、移动构造、移动赋值及析构函数，讨论不同函数间对象的传递和两个对象间的赋值，有利于设计出高效程序。本章还讲述了典型案例——链表表示的集合类实现，探讨了链集合向量空间扩充问题。

第 4 章为运算符重载，主要介绍成员运算符重载、友元运算符重载以及不同类型对象间的转换。本章的最后讲述了典型案例——字符串类的设计和实现。

第 5 章为继承和多态，主要介绍公有继承和 is-a 关系，引入了同名覆盖原则、赋值兼容原则，讲述了体现动态多态性的虚函数和相关典型案例——各类物体面积求和。本章还介绍了其他继承方式和多继承，探讨了派生类对象的内存分布、虚函数实现原理和运行时类型转换知识。

第 6 章为模板，主要介绍函数模板和类模板，讲述了典型案例——链栈类模板的设计和实现。C＋＋模板机制是利用标准模板库设计应用程序的基础，也是泛型编程的基础。

第 7 章为异常处理和智能指针，主要介绍现代程序设计常用的异常抛出与捕获机制以及 C＋＋标准异常分类，还讲述了 C＋＋ 11 引入的、可简化动态分配资源管理的智能指针，探讨了智能指针的知识和异常安全性问题。

第 8 章为 C＋＋标准模板库简介，主要介绍组成标准模板库(STL)的容器、迭代器、函数对象和算法组件的概念以及常用容器和常用算法，讲述了 C＋＋ 11 新引入的、可简化 STL 算法使用的 lambda 表达式，为进一步提高现代 C＋＋程序设计水平打下扎实基础。

书末提供了两个附录，供读者快速查阅运算符优先级、结合性以及与书中例题、练习相关的常用容器的常用接口。书中带 * 的内容和习题可选学或选做，有关内容便于加深理解 C＋＋机制原理。书中所有例题均在 Visual Studio 2013 和 CodeBlocks 13.12 下编译、运行通过(CodeBlocks 环境下需打开 C＋＋ 11 编译开关)。为便于教学，读者可通过访问西安电子科技大学出版社网站来获取书中所有例题代码以及本书的 PPT 讲义。

由于时间仓促和本人水平有限，书中难免有疏漏之处，竭诚欢迎读者批评指正，提出宝贵意见。

作者联系邮箱：zjlwm@hdu.edu.cn。

作　者
2020 年 1 月于杭州

目　　录

第 1 章　C＋＋程序设计基础

　　C＋＋语言是在 C 语言基础上发展起来的主流程序设计语言之一，除全面兼容面向过程的程序设计语言 C 语言外，C＋＋主要支持面向对象程序设计，还支持泛型程序设计。本章在读者已学习 C 程序设计的基础上引入了 C＋＋语言，介绍了基本输入/输出、函数重载、内联函数、引用等 C＋＋语言的重要机制，对象作用域和生存期、函数调用实现过程、动态分配、链表处理等程序设计的重要基础知识，以及顺时针旋转矩阵和单链表操作典型案例。

1.1　C＋＋概述

1.1.1　C＋＋简介

　　C 语言作为一种高级程序设计语言，一方面，它贴近机器硬件，具有简洁、灵活、高效的特点，在程序设计工程实践中使用得非常普遍，取得了极大的成功；另一方面，随着需求日益多样，软件越来越复杂，C 语言程序抽象程度较低，难以满足复杂软件工程中可理解性、可适应性、可靠性和可重用性的需求。我们的世界是由相互关联、相互作用的物体构成的，这些客观存在的物体以及概念在面向对象程序设计语言中被视作对象，具有相同特性的对象抽象成类，用类进行描述。Bjarne Stroustrup 在 C 语言基础上，增加了支持面向对象程序设计的机制，提出了 C＋＋程序设计语言，在工程实践中取得了很大成功。在此基础上，国际标准化组织 ISO 于 1998 年推出了 C＋＋国际标准，称为 C＋＋ 98 标准；2003 年对 C＋＋ 98 标准作了一些修订，又于 2011 年作了较大改进，正式推出了C＋＋ 11标准。C＋＋ 11标准支持优雅、高效的现代 C＋＋程序设计，已得到主流编译器的广泛支持，本书以C＋＋ 11标准为基础讲授 C＋＋面向对象程序设计。

　　C＋＋程序设计语言同时支持面向过程、面向对象和泛型三种不同的编程风格，可以较好地满足软件工程的可理解性、可适应性、可靠性和可重用性的需求。自诞生以来，C＋＋一直是主流程序设计语言之一。C＋＋具备 C 语言的灵活、高效的特点，但 C＋＋语法机制众多，特别是一些特殊场合使用的机制给学习 C＋＋程序设计带来了一定的难度。本书从学习典型案例程序设计出发，引导读者深入理解 C＋＋主要机制，熟练地运用C＋＋ 11的新特征、新机制，从而形成一种简洁、优雅的现代C＋＋程序设计风格，使读者学习并掌握现代 C＋＋程序设计方法，不断提升自身的程序设计水平。

　　与 C 语言一样，在实际 C＋＋程序设计工程中，一个完整的 C＋＋程序可以由多个源程序文件组成，一般声明性内容放在头文件内，定义和实现性内容放入 cpp 源程序文件中，每个 cpp 源程序文件分别经过编译后形成 obj 目标文件，所有目标文件和库文件链接后形成可执行程序，再调试、运行。

下面是一个简单的 C++ 入门程序。

```
//Ex1.1
1   //文件名:hello.cpp
2   #include <iostream>
3
4   int main()
5   {
6       std::cout <<"Hello, C++ World!"<< std::endl; //用 C++方法输出一行
7       return 0;
8   }
```

上述程序经过编译、链接、执行后输出如下信息：

Hello, C++ World!

注意：本书样例代码前面的编号是为了便于解释程序内容，不是正式程序的组成部分。C++程序与 C 程序一样，从唯一的 main 函数开始执行，main 函数执行完毕，程序就结束了。语句 2 是 C/C++文件包含的预处理，C++标准头文件不带扩展名。与 C 一样，C++注解符号有两种：//和/* */。//用于开始到行末注解；/* */用于跨行注解，不可嵌套。定义在名字空间 std 里的 cout 和 endl 都是 C++预定义标识符，cout 是输出流对象，代表显示器；endl 是换行符，代表换行，并将输出缓冲区内容强制输出。在语句 2 后插入下列语句：

using namespace std;

编译器会自动在名字空间 std 里搜索相关名字，程序相关名字前的 std::就可以省略。C++标准库名字基本定义在名字空间 std 内，为节省篇幅，本书后续样例基本照此处理。main 函数里的语句 7 表示程序正常运行结束，新标准规定 main 函数最后的"return 0;"可以省略，为节省篇幅，后续样例基本省略此语句。

1.1.2　C++ 11内置数据类型

C++ 11内置基本数据类型与 C 基本相同，包括算术类型和空类型（void）。空类型不对应具体值，仅用于特殊场合，如表示函数无返回值时使用空类型作为返回类型，再如复合指针类型为 void * 时表示指针指向类型暂时不明确。算术类型分为整型和浮点型两大类，浮点型包括 float、double 和 long double 三种，其他内置算术类型都是整型，如表 1.1 所示。

表 1.1　C++ 11算术类型

内置数据类型	意　　义	最小存储空间
bool	布尔值	未定义
char	字符型	1 字节
wchar_t	宽字符	2 字节
char16_t	Unicode 字符	2 字节
char32_t	Unicode 字符	4 字节

续表

内置数据类型	意　义	最小存储空间
short	短整型	2 字节
int	整型	2 字节
long	长整型	4 字节
long long	超长整型	8 字节
float	单精度浮点数	6 位有效数字
double	双精度浮点数	10 位有效数字
long double	更高精度浮点数	10 位有效数字

bool 型的取值有 true(真)和 false(假)两种。

char 是基本字符类型，wchar_t、char16_t、char32_t 用于支持国际化，本书不展开讨论。

算术类型的存储空间在不同编译器上有所不同，C++标准规定了最小存储空间或浮点型最低精度，容许编译器提供更大存储空间或更高精度。C++还规定了 short、int、long、long long 类型的存储空间呈非递减(相等或递增)排列。实际各数据类型存储空间的大小可通过查询编译器得出，也可通过 sizeof 编程求出各类型存储空间的字节数。

char、short、int、long、long long 可分为有符号(signed)或无符号(unsigned)两种，如需表示无符号数，则类型前面应该带无符号(unsigned)修饰。在上述内置数据类型基础上，可形成复合数据类型，有指针、引用、数组、结构体、联合和 C++的类类型。指针类型在编译生成 32 位和 64 位可执行程序时，分别占 4 字节和 8 字节；引用在本章 1.7 节介绍；定义数组时，数组大小应该是常量表达式，编译时可以确定此常量表达式的数值，不可以是运行时才确定数值的变量，同一个数组的所有元素具有相同的数据类型；类类型主要在第 2 章中讨论。

1.1.3　常量、变量和 C++基本输入/输出

C++字面值常量与 C 语言一致，如 32、3.14159、'A'、"Hello"，不需要命名，内部以内置数据类型或以'\0'字符结束的字符数组形式存储，在此不再展开讨论。

与 C 语言类似，C++可以定义内置数据类型或复合内置数据类型的变量。变量定义的一般形式如下：

```
类型　变量；
类型　变量 ＝ 初始化表达式；
类型　变量（初始化表达式）；
类型　变量｛初始化表达式｝；　　//C++11新增初始化方式
类型　变量列表；
```

C++提供了带小括号和大括号的两种新变量的初始化方式，其效果与前一种带等号的初始化基本相同。定义多个具有相同类型的变量时，变量列表里不同变量间用逗号分隔。

如下述 C++变量定义语句，定义了多个不同类型的变量。其中，前面这些语句是定

义性声明语句，声明并且定义了这些变量，变量建立时可具有初始化值；最后一个带extern存储类别声明的语句，无定义性作用，用于指示编译器，该变量定义在其他源程序文件或本文件内其他位置，不可在此初始化。

```
int     i= 0, j = 1, k (5), m {3}, n;
char   ch1 ='A', ch2;
double  d = 2.58;
int    * p;
char    nameA [256];
extern int  GlobalInt;      //外部变量声明语句，不可初始化
```

注意：为避免二义性，定义变量时如果没有初始化，则不可带小括号。如下述语句声明 X 是一个返回整型结果的函数 X，而不是整型变量 X。

```
int     X ();
```

C++引入了类和对象的概念，类是现实世界或思维世界中的实体在计算机中的反映，它将数据以及这些数据上的操作封装在一起；对象是具有类类型的变量。类是具有相同特性的对象的抽象，而对象是类的具体实例。类是抽象的，不占用内存，而对象是具体的，占用存储空间，类是用于创建对象的蓝图。上述声明和定义语句可扩展到标准库已有的类类型或程序自己定义的类类型，类类型的变量就是对象。如下述语句使用 C++标准库STL 里提供的 string 类定义了字符串对象 str，初始化为"wang"。

```
string   str ="wang";
```

C++将变量扩展成对象，对象不仅具有状态，还具有设定的功能。变量可以看成是特殊的对象，第 2 章将介绍如何设计和实现类。

程序运行过程中，变量或对象从开始建立到最后消失为止的周期称为变量或对象的生存期，参见本章 1.5 节。程序中，绝大部分变量或对象的状态在生存期内会发生变化，也有少部分变量或对象在生存期内状态不会发生变化，C++引入关键字 const 用于表达这一情况。如果类型名称前有 const 修饰，则说明相应类型的变量或对象在初始化后不可修改，一般称其为常量或常量对象，常量对象简称为常对象，相应的，一般变量指可变化的量。常量必须在定义时初始化。

```
const int iSize = 100;
const double  pi = 3.14159;
const int * p1 = &i;
int    * const p2 = &i;
const int * const p3 = &j;
```

上述语句定义了多个常量，程序运行期间不可改变，如试图改变常量或常对象，编译将报错。注意，上述语句中 p1 是指针类型变量，不是常量，const 修饰的是 p1 所指的量，不能通过 p1 间接修改所指整型单元；p2、p3 是常量，类型是指针，始终指向一个单元，有所不同的是 p2 所指单元内容可以改变，而 p3 所指内容不可改变。

正如前面所述，C++预定义了标准输出流对象 cout，内置数据类型的常量、变量或表达式值可以通过插入运算符"<<"往输出流对象输出，指定类类型的对象或表达式值也可通过插入运算符"<<"往输出流对象输出，如 string 类。如下述语句按默认格式进行输出：

```
cout << i <<","<< j << endl;
```

```
cout << ch1 << endl;
cout << d << endl;
cout << nameA;
cout << str;
```

C++还预定义了标准输入流对象 cin，默认代表输入键盘设备，可以通过提取运算符"＞＞"从输入流对象提取数据存放在内置数据类型的变量里，也可提取数据存放在指定类类型的对象里，如 string 类对象 str。如下述语句可以完成从键盘输入数据并将数据存放在相应变量或对象中：

```
cin>> i >> j;
cin>> ch1;
cin>> d ;
cin>> nameA;
cin>> str;
```

第 4 章将学习提取运算符"＞＞"和插入运算符"＜＜"的重载。

1.2　函　数　重　载

在程序设计中，经常有两个或多个函数，其作用基本相同，只是需要处理的参数个数不同或参数类型不同，在此情况下，C++容许这两个或多个函数同名，这一机制称为函数重载，如下述函数声明（函数原型）：

```
int     Max (int x, int y);
double  Max (double x, double y);
int     Max (int x, int y, int z);
```

函数定义如下：

```
int     Max (int x, int y)
{
    if (x > y)
        return x;
    else
        return y;
}
double  Max(double x, double y)
{
    if (x > y)
        return x;
    else
        return y;
}
int     Max (int x, int y, int z)
{
    return Max (Max (x, y), z);
}
```

上述函数声明和定义语句涉及 3 个函数，所起作用都是取最大值，函数重载机制简化了函数命名，有利于提高程序的可读性。

函数重载与函数返回值类型无关。编译器编译时根据函数调用时实参与函数声明或函数定义时形参的匹配情况推导出调用的具体是哪个函数，匹配可细分为完全匹配和隐式转换后匹配，如无匹配函数或存在多个匹配函数导致二义性，则编译会报错。例如：

```
char    ch = 'A';
int i = 1, j = 2, k = 3;
double x= 1.5, y = 2.5;

cout << Max (i, j) <<endl;              //调用第一个函数，输出 2
cout <<Max (i, j, k) <<endl;           //调用第三个函数，输出 3
cout << Max (x, y) << endl;            //调用第二个函数，输出 2.5
cout << Max (i, ch) <<endl;            //ch 转换为整型，调用第一个函数，输出 65
//    cout << Max (i, x) <<endl;       //错误，多个匹配函数，存在二义性
//    cout << Max (x, "Hello") <<endl; //错误，无匹配函数
```

1.3　内 联 函 数

程序设计中，逻辑上独立的功能应该用函数实现。但函数调用需要执行保留返回地址、参数压栈及函数返回动作，对性能有一些影响，具体参见本章 1.6 节。有些简单又频繁调用的功能如果用传统函数实现，就可能会影响性能。C 语言采用带参数宏定义来解决这一需求，但存在影响可读性、容易出错和类型检查不明确的缺点。C++提供内联函数来解决这一问题，如下述函数就是内联函数：

```
inline int    Max (int x, int y)
{
if (x > y)
    return x;
else
    return y;
}
```

关键字 inline 用于在函数声明或函数定义时声明内联函数，内联函数的调用方式与普通函数的调用方式相同。内联函数指示编译器在函数调用处不采用传统函数的调用实现方式，而是将函数体代码展开在调用处，其功能效果与函数调用相同，但省去了普通函数调用执行保留返回地址、参数压栈及函数返回的开销，提高了内联函数调用的执行速度。

需要注意：内联函数最终采用展开方式还是传统函数调用方式由编译器决定。一般编译器限定内联函数不可递归、不可含循环，另外，与一般函数声明在头文件、实现在 CPP 文件不同，内联函数的声明和实现一般都在头文件内。

1.4　缺省参数值

C++还支持缺省参数值，就是在函数声明或函数定义时设定函数形参默认值。如果函数调用时对应实参缺省，也就是没有提供实参，则相应函数形参就采用默认值。当然，

如果函数调用时提供了相应实参，则形参采用对应的实参值，与形参默认值无关。

　　C＋＋规定，设定函数形参默认值时，必须从函数最右边的形参开始，只有右边的无形参或右边形参已设定默认值时，左边形参才能设定默认值。函数调用时，缺省实参一样从右边开始，只有右边实参缺省时，左边实参才能缺省。如果函数有声明，已提供参数默认值，则函数定义时不可再重复提供参数默认值。函数调用实参缺省时，用于分隔实参的逗号也同样缺省。

　　如求立方体体积函数 Volume，形参 iLength、iWidth、iHeight 分别代表长、宽、高，其缺省值分别为 2、4、6。

```
int   Volume (int iLength = 2, int iWidth = 4, int iHeight = 6);
int   Volume (int iLength , int iWidth , int iHeight )
{
    return iLength * iWidth * iHeight;
}
```

函数调用情况如下：

```
cout << Volume (1, 2, 3) << endl;        //输出 1×2×3 立方体的体积
cout << Volume (1, 2) << endl;           //输出 1×2×6 立方体的体积
cout << Volume (1) << endl;              //输出 1×4×6 立方体的体积
cout << Volume () << endl;               //输出 2×4×6 立方体的体积
//cout << Volume (,1,) << endl;          //语法错误
```

1.5　作用域和生存期

　　C＋＋用标识符命名对象、函数和类型、类成员、类模板等，标识符作用域指通过该名字可以直接访问使用的范围。C＋＋名字作用域从小到大依次有：复合语句作用域和函数原型作用域、函数作用域、类作用域、名字空间作用域和文件作用域。对象的生存期代表程序运行时，对象从建立到消失的时间周期。作用域和生存期是不同的概念，但也存在一定的关联性。

　　声明在函数原型里的形式参数名字，只在该函数声明内有效，作用域是该函数声明，函数声明内的形参名字也因此可以省略。声明或定义在复合语句内的名字，作用域只是该复合语句，作为对象名字时，相应对象称为局部对象，程序在开始执行该局部对象所在复合语句时，在运行栈上建立局部对象，程序执行完局部对象所在复合语句离开时撤销局部对象。声明或定义在函数体内的名字，作用域只是该函数体，作为对象名字时，相应对象也是局部对象，程序在开始执行该局部对象所在函数体时，在运行栈上建立局部对象，程序执行完函数体离开时撤销局部对象。函数定义时的形参作用域就是该函数定义，形参对象也是局部对象，程序在开始执行该局部对象所在函数时，在运行栈上建立局部对象，程序执行完函数离开时撤销局部对象。定义在类外和函数外，但在名字空间里的标识符，具有该名字空间作用域，定义在名字空间里的对象在程序开始执行时，在全局对象和静态对象专用存储区上建立外部对象，程序执行结束时撤销外部对象。定义在类外和函数外，不在名字空间内的对象是外部对象，作用域限定在定义开始到该文件结束，在程序开始执行

时在全局对象和静态对象专用存储区上建立，程序执行结束时撤销。带 extern 修饰的外部对象，代表本文件或其他文件定义的同名外部对象，作用域限定在该文件内。带 static 修饰的外部静态对象的生存期与普通外部对象的生存期相同，作用域限定在该文件内，其他文件不可引用该外部静态对象。带 static 修饰的局部静态对象的作用域与普通局部对象的作用域相同，都限定在局部范围内，并且在程序第一次执行到该静态对象定义语句时，在全局对象和静态对象专用存储区上建立，在程序执行结束时撤销。

定义在不同作用域中的标识符的名字相同时，根据最小作用域原则确定标识符代表的对象、函数、类型等。动态分配生成的对象是匿名对象，通过指针间接访问，在执行 new 动态分配时，在堆空间生成，在执行 delete 删除操作时撤销，没有执行 delete 删除所指对象时，会造成对象所占内存空间资源泄漏，影响程序执行所需内存资源，详见本章 1.8 节和 1.9 节。

与类成员作用域和成员生存期相关的内容在第 2 章讲述。

1.6　栈和函数调用实现

程序运行时，函数可以相互调用，或者递归调用。函数相互调用或者递归调用是通过运行栈来实现的。运行栈可以看成计算机系统为程序运行分配的连续空间。程序执行时，每次遇到函数调用（包括普通函数调用和递归函数调用），就在运行栈上分配空间，用于保存下述内容：

（1）函数执行完毕后返回的地址；
（2）形参和函数返回值类型；
（3）函数体内的局部对象。

在运行栈上为返回地址、形参和函数返回值分配完存储空间后，计算机首先保存函数执行完毕后返回的地址，再根据不同的参数传递方式（详见本章 1.7 节）将实参传递给形参，然后执行函数体，执行函数体过程中遇到的局部对象也分配在运行栈上，再次遇到其他函数调用或递归函数调用时也按同样的方式处理，因此，随着函数的多次调用，运行栈上会建立一层层的函数调用记录。当函数体执行完毕或遇到 return 语句时，计算机取出运行栈上保存的返回地址，将运行结果带回（如果函数有返回值的话），撤销局部对象、形参和返回值对象、返回地址单元，控制转回栈上取出的返回地址处继续执行，直至最后程序运行结束。

从以上分析可以看出，栈是一种系统提供的重要的数据结构，具有后进先出的特点并且有非常高的效率，关于栈的其他知识，可参见第 2 章。程序运行调试时，调试工具可以看出程序运行时运行栈的变化情况。下面以典型的 Hanoi 塔问题举例说明。

假设有三个命名为 A、B、C 的塔柱，初始时，在塔柱 A 上插有 n 个直径大小各不相同的圆盘，从上往下，圆盘从小到大依次编号为 1、2、3、…、n，要求将 A 柱上的圆盘移至塔柱 C。

圆盘移动必须遵守下列规则：
（1）每次只能移动一个圆盘；

（2）圆盘可以插在任意一个塔柱上；

（3）任何时刻都不能将一个较大的圆盘放在一个较小的圆盘上。

我们可以用分治法分析解决这一问题。对于具有 n 个圆盘的 Hanoi 塔问题，形参 x、y、z 分别代表三个塔柱，处理思路如下：

（1）n 等于 1 时只需将圆盘从 x 柱移至 z 柱即可。

（2）n 大于 1 时，我们分三步完成：

① 借助 z 塔柱，将 x 塔柱上的 n−1 个圆盘按照规定移至 y 塔柱；

② 将 x 塔柱上的一个圆盘由 x 柱移至 z 柱；

③ 借助 x 塔柱，将 y 塔柱上的 n−1 个圆盘按规定移至 z 塔柱。

n 大于 1 时，如何将 n−1 个圆盘由一个塔柱借助另外的塔柱移至第三个塔柱是一个和原问题类型相同的问题，只是问题的规模（圆盘数）小些，我们可以用同样的方法求解，直至问题规模为 1 时为止。用程序设计模拟解决这一问题时，需要使用递归函数。

Hanoi 塔问题完整样例如下：

```
//Ex1.2
1   # include <iostream>
2   using namespace std;
3   //将 n 个盘子从 x 柱搬至 z 柱，可借助 y 柱
4   void Hanoi (int n, char x, char y, char z);
5
6   int main ()
7   {   int n;                      //盘子数量
8       cin >> n;
9       Hanoi (n, 'A', 'B', 'C');
10  }
11  //将 n 个盘子从 x 柱搬至 z 柱，可借助 y 柱
12  void Hanoi (int n, char x, char y, char z)
13  {
14      if (n == 1) {
15          cout << x <<"->"<< z << endl;    //一个盘子时可直接搬动
16      }else {
17          Hanoi (n−1, x, z, y);          //将 n−1 个盘子从 x 柱搬至 y 柱，借助 z 柱
18          cout << x <<"->"<< z << endl;  //剩余一个盘子时可直接搬动
19          Hanoi (n−1, y, x, z);          //将 n−1 个盘子从 y 柱搬至 z 柱，借助 x 柱
20      }
21  }
```

分析上述程序的执行过程运行栈情况，可以加深读者对函数调用实现过程和对象生存期的理解。假设样例程序 Ex1.2 输入 3 时，运行栈变化如图 1.1 所示。图 1.1 中 S 代表函数的返回地址，即样例 Ex1.2 中的语句号，n、x、y、z 就是程序调用过程中的形参。图 1.1 中（a）表示第 1 次调用 Hanoi 函数，也就是 main 里调用 Hanoi 函数的情况。第 1 次调用

时，形参 n、x、y、z 的值分别为 3、′A′、′B′、′C′，第 1 次函数调用结束后继续执行语句
10。第 1 次函数调用执行过程中，执行语句 17，即第 2 次调用 Hanoi 函数，如图 1.1 中(b)
所示，再次在运行栈上为新函数调用分配空间。第 2 次调用时，形参 n、x、y、z 的值分别
为 2、′A′、′C′、′B′，第 2 次函数调用结束后继续执行语句 18。以此类推，图 1.1 中(c)表
示执行过程中第 3 次调用情况，第 3 次调用执行时，形参 n、x、y、z 的值分别为 1、′A′、
′B′、′C′，因此，执行语句 15，得到第 1 行输出：

　　　　A->C

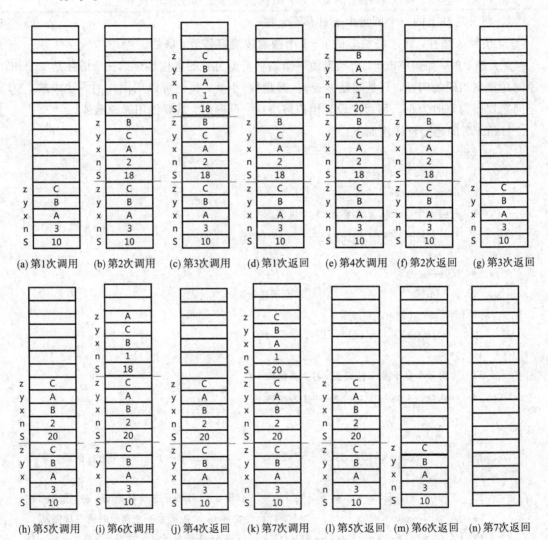

(a)第1次调用　(b)第2次调用　(c)第3次调用　(d)第1次返回　(e)第4次调用　(f)第2次返回　(g)第3次返回

(h)第5次调用　(i)第6次调用　(j)第4次返回　(k)第7次调用　(l)第5次返回　(m)第6次返回　(n)第7次返回

图 1.1　函数递归调用运行栈变化示意图

执行完语句 15 后，函数第 1 次返回，取出运行栈里栈顶保存的返回地址：语句 18。准
备继续执行，运行栈顶函数调用记录撤销，即退栈，形参 n、x、y、z 的值恢复为 2、′A′、
′C′、′B′，如图 1.1 中(d)所示。

执行语句 18 后，得到第 2 行输出，即

　　　　A->B

再继续执行语句 19 时,进入第 4 次调用,如图 1.1 中(e)所示。第 4 次调用过程中,n 值又为 1,因此得到第 3 行输出:

    C->B

然后函数第 2 次返回,取出运行栈中保存的返回地址:语句 20。准备执行,第 2 次返回后运行栈状态如图 1.1 中(f)所示。执行语句 20 代表本次调用完成,函数调用再次返回,取出栈顶返回地址:语句 18。准备执行,第 3 次函数调用返回后栈状态如图 1.1 中(g)所示。执行语句 18,得到第 4 行输出,即

    A->C

执行完成后继续执行语句 19,进入第 5 次调用,如图 1.1 中(h)所示。执行第 5 次调用后,由于 n 为 2,执行语句 17,第 6 次进入函数调用,如图 1.1 中(i)所示。

第 6 次调用执行时,n 值为 1,因此得到第 5 行输出:

    B->A

然后函数第 4 次返回,准备去执行语句 18,如图 1.1 中(j)所示。

执行语句 18 后,得到第 6 行输出,即

    B->C

再继续执行语句 19 时,进入第 7 次调用,如图 1.1 中(k)所示。第 7 次调用过程中,n 值又为 1,因此得到第 7 行输出:

    A->C

然后,函数一次次返回,如图 1.1 中(l)、(m)、(n)所示。

从上述分析过程可知,随着函数调用,运行栈里保存了多份形参和返回地址,函数返回时,撤销的始终是运行栈顶的调用纪录,形参和返回地址恢复原纪录,符合栈的后进先出特点。局部对象在运行栈生成,也随着函数调用结束而撤销。

可以通过观察调试过程中栈状态的变化进行对照分析。

1.7　引　用

引用是 C++引入的重要机制,广泛应用在函数间参数传递、函数返回值和运算符重载中。

1.7.1　引用的概念

简单地说,引用就是别名,代表被引用的对象或变量。

```
int    i = 5, j = 10;
int  &ri = i;                                    //ri 是引用,初始化为 i
const  int &rj = j;                              //rj 是常引用,初始化为 j
cout <<"i = "<< i <<","<<"ri = "<< ri << endl;   //输出 i = 5,ri=5
++ ri;
cout <<"i = "<< i <<","<<"ri = "<< ri << endl;   //输出 i = 6,ri=6
++i;
cout <<"i = "<< i <<","<<"ri = "<< ri << endl;   //输出 i = 7,ri=7
cout <<"j = "<< j <<","<<"rj = "<< rj << endl;   //输出 j = 10,rj=10
```

```
//++ rj;                                    //报错,rj 是常量引用,不可修改 rj
++j;
cout <<"j = "<< j <<","<<"rj = "<< rj << endl;    //输出 j = 11,rj=11
ri = rj;
cout <<"i = "<< i <<","<<"ri = "<< ri << endl;    //输出 i = 11,ri=11
//rj = ri;                                  //报错,rj 是常量引用,不可修改 rj
```

上述代码段中,ri、rj 都是引用,分别初始化为 i、j。ri 是 i 的别名,改变 ri 就是改变 i;反过来,改变 i,一样能够改变 ri。rj 是 j 的别名,const int 说明 rj 是常量的引用,简称常引用,不能修改常引用 rj 代表的对象。常引用也可以引用一个变量对象,变量对象 j 改变了,rj 实际上也一样改变了,只不过不能通过 rj 来改变代表的对象。

引用必须在建立时初始化,之后赋值改变的是引用代表的变量,而不是改变引用关系。

与普通变量、数组元素、指针所指单元、结构体成员一样,引用是左值,可以出现在赋值运算符左边和一切需要左值的地方,如输入语句中。因为不可以改变常引用代表的对象,所以常引用不可以作为左值,也不可以出现在需要普通可变对象的地方。

1.7.2　引用和参数传递

上面介绍了引用的概念,在实际程序设计中,很少像这样在已有变量名或对象名可直接访问的情况下使用引用。引用是 C++引入的重要机制,广泛应用在参数传递、函数返回值和运算符重载中。

C 语言主要的参数传递方式是传值方式。在此方式下,如本章 1.6 节所述,形参是实参在运行栈上建立的独立副本,形参变化时,实参保持不变,如需改变函数外变量,则需传递函数外变量的地址,即形参是指针类型。函数调用时,形参指针指向函数外的变量,通过形参指针间接改变所指向函数外变量的值。此方式就是所谓的"传指针"方式,本质上还是参数传值方式,此时,实参是函数外变量的地址,将实参值即函数外变量的地址复制传递给形参,就可间接改变函数外变量的值。

C 语言的参数传递方式除了主要的传值方式外,在传递数组时还会采用特殊方式,即形参是数组或起始地址,实参是数组名,C/C++将实参数组名按起始地址处理,同样可以达到通过形参间接改变实参数组的效果。一般情况下,传递数组时,除了传递作为起始地址的实参数组名外,还需要传递元素个数,元素个数代表需要处理的数组元素的范围。因此,形参是数组时,函数定义或声明时,无需声明形参数组的大小,需要处理的数组元素的个数通过其他参数传递。函数调用时,运行栈上建立的形参数组实际是个指针,代表数组首个元素的起始地址,通过元素个数参数间接操作实际数组。C 语言中的字符串是字符数组,约定以'\0'字符结束,无需传递字符串大小。函数间传递单个数组元素时,按普通变量一样处理。

C++将变量扩展到了对象,变量是特殊的对象,上述传值方式同样适用于对象和对象数组。除了支持与上述 C 语言一样的参数传递方式外,C++还支持一种重要的参数传递方式——传引用。在参数引用传递方式下,程序运行执行函数调用时,在运行栈上建立的形参引用初始化为实参的别名,因此,形参就是实参的别名,改变形参就是改变实参,

从而达到了 C 语言需要传递指针才能达到的效果。实际上，C++内部就是通过类似指针
的方式来实现参数引用传递的。

　　下面是试图交换两个变量的 C++参数传递的样例。

```
//Ex1.3
 1   # include <iostream>
 2   using namespace std;
 3
 4   void    Swap1 (int x, int y);
 5   void    Swap2 (int * px, int * py);
 6   void    WrongSwap (int * px, int * py);
 7   void    Swap3 (int * px, int * py);
 8   void    Swap4 (int & x, int & y);
 9
10   int main ()
11   {
12       int x,y;
13
14       x = 3;
15       y = 5;
16       Swap1 (x, y);
17       cout << x << ',' << y << endl;
18
19       x = 3;
20       y = 5;
21       Swap2 (&x, &y);
22       cout << x << ',' << y << endl;
23
24       x = 3;
25       y = 5;
26   //    WrongSwap (&x, &y);       //不可调用此函数
27       Swap3 (&x, &y);
28       cout << x << ',' << y << endl;
29
30       x = 3;
31       y = 5;
32       Swap4 (x, y);
33       cout << x << ',' << y << endl;
34   }
35
36   void    Swap1 (int x, int y)
37   {
38       int    t;
```

```
39        t = x;
40        x = y;
41        y = t;
42     }
43
44     void    Swap2 (int * px, int * py)
45     {
46        int    * pt;
47        pt = px;
48        px = py;
49        py = pt;
50     }
51
52     //错误函数示例
53     void    WrongSwap (int * px, int * py)
54     {
55        int    * pt;
56        * pt = * px;
57        * px = * py;
58        * py = * pt;
59     }
60
61     void    Swap3 (int * px, int * py)
62     {
63        int    t;
64        t = * px;
65        * px = * py;
66        * py = t;
67     }
68
69     void    Swap4 (int & x, int & y)
70     {
71        int    t;
72        t = x;
73        x = y;
74        y = t;
75     }
```

程序运行结果如下：

3,5

3,5

5,3

5,3

在此样例里，Swap1 采用参数传值方式，实参是 main 函数里的局部变量 x、y，形参是

Swap1 函数里的局部变量 x、y，虽然同名，但实际是不同的变量，存放在不同的存储单元。形参是变化的，函数调用结束后形参撤销，实参不会改变。

Swap2 虽然实际传递的是 main 函数里的局部变量 x、y 的地址，但形参是 Swap2 函数里的局部指针变量 px、py，px、py 指向 main 函数里的局部变量 x、y，虽然改变了局部形参指针变量 px、py 的指向，但 main 函数里的局部变量 x、y 并没有改变。函数调用结束后形参撤销，main 函数里的局部变量 x、y 没有改变。

WrongSwap 函数是程序设计初学者经常容易犯的严重错误示例。WrongSwap 实际传递的是 main 函数里的局部变量 x、y 的地址，形参是 WrongSwap 函数里的局部指针变量 px、py，px、py 指向 main 函数里的局部变量 x、y。WrongSwap 函数试图改变局部形参指针变量 px、py 指向的变量，从而改变 main 函数里的局部变量 x、y，但该函数犯了一个严重错误，即访问局部指针变量 pt 所指的单元，但局部指针变量 pt 并无初始化，这就是所谓的"野指针"，此指针变量所指单元程序并无访问权，不可访问。如果执行此函数，则会发生严重错误，程序可能会被终止执行。

Swap3 是 C/C++ 正确交换两个变量的功能函数。Swap3 实际传递的是 main 函数里的局部变量 x、y 的地址，形参是 Swap2 函数里的局部指针变量 px、py，px、py 指向 main 函数里的局部变量 x、y，通过改变局部形参指针变量 px、py 所指单元的值，可以改变 main 函数里的局部变量 x、y 的值。函数调用结束后形参撤销，main 函数里的局部变量 x、y 已完成改变。

Swap4 采用 C++ 参数常用的引用传递方式，实参是 main 函数里的局部变量 x、y，形参是 Swap4 函数里的局部变量 x、y。Swap4 函数调用时，局部形参变量 x、y 是 main 函数里的局部变量 x、y 的引用即别名，改变形参 x、y 就是改变实参 x、y。函数调用结束后形参撤销，实参已完成改变。引用传递方式比 Swap3 中的参数传递方式更直观、更常见。

引用参数传递比"传指针"方式更直观。从变量扩展到对象时，当对象比较庞大时，引用参数传递的效率也比建立对象副本的传值方式的效率高，因此，引用参数传递方式是 C++ 最为常用的参数传递方式。如果需要改变实参，则可采用普通引用参数传递方式；如果需要限制函数改变实参，则可以声明形参为常引用，此时，编译器会禁止函数改变形参，也会禁止函数改变实参。关于对象的传递方式的介绍，可参见第 2 章的内容。

1.8　动态分配和释放内存

程序设计中，信息存储和处理时需要大量的内存单元，内存单元的数量与处理的信息量有关，需要在程序运行过程中动态调整。数组需要在编程时确定大小，而且局部数组分配在空间资源宝贵的运行栈上，函数调用结束后不再保留，应用受限。计算机内存是宝贵的有限资源，由计算机操作系统统一调配管理，程序运行时，应该按实际需要向系统申请使用内存，不需要时释放归还，未及时释放内存会造成内存泄漏，影响程序和系统运行，C/C++ 程序员切不可造成内存泄漏。动态分配的内存来源于堆，函数返回后，只要没有释放，可继续使用，程序运行结束后，操作系统会清理程序使用的内存。

1.8.1 C++内存申请和释放

C 语言内存申请主要通过 malloc 库函数进行，对应的释放内存的库函数是 free，这两个库函数纯粹用于内存的分配和释放。作为面向对象的程序设计语言，C++不仅需要动态分配内存，还需要在分配的内存上建立对象，完成对象的初始化，释放时也需要先执行对象所需的扫尾处理，然后再归还空间，因此，C 语言时代的 malloc、free 库函数已不能满足这一要求，C++为了兼容面向过程的 C 语言程序，保留了这一申请方法。类类型的对象初始化时会自动执行构造函数，对象撤销时会自动执行析构函数来完成扫尾处理，关于对象的构造函数和析构函数的介绍，请参见第 2 章。

C++内存申请和释放主要通过 new、delete 运算符进行，主要方式有：动态生成单个对象和动态生成连续存放的对象数组，动态生成的对象存放在堆中。

```
T  * p = new  T;
T  * p = new  T（初始化实参表）;
T  * p = new  T〈初始化实参表〉;
T  * p = new  T[n];
```

上述语句中，T 代表类型名，可以是内置数据类型、类类型或指向类型的指针型。p 是指向 T 类型的指针变量，用来管理所指对象。前三个语句用于动态生成单个对象，后一个语句用于动态生成连续存放的 n 个对象，构成动态对象数组，n 可以是运行时确定大小的变量或表达式。

生成对象成功时返回一个非空指针，程序内部先完成存储空间分配，再在动态分配的空间上完成单个对象或连续多个对象的初始化。

如果申请失败，则 C++编译器和开发工具有两种处理方案：一种是返回空指针，再加以判断处理；另一种是抛出异常，再按异常机制统一处理。抛出异常时，后续语句不再正常执行。关于异常处理的介绍，请参见第 7 章。现代 C++程序主要采用第 2 种申请失败处理方案，具体信息可查阅编译器和开发工具，本书中的样例均采用异常处理方案。

需要注意：这里 p 是指针型变量，与所管理的匿名对象是相互独立存在的。函数执行完毕，局部指针变量 p 撤销时，p 所指匿名对象并未撤销，所指对象不再需要时，应该显式使用 delete 删除 p 所指对象。删除语句如下：

```
delete  p;
delete  [] p;
```

删除 p 所指对象或对象数组时，指针变量 p 本身并未消失。前者用于删除 new 动态生成的单个对象，后者用于删除数组方式 new 动态生成的连续的多个对象，删除时先完成每个对象的扫尾处理（自动调用析构函数），再释放对象内存空间。delete 所用指针值必须是相应 new 申请得到的指针值或空指针，否则，结果不确定。new 申请得到的对象在删除后不可再使用，也不可重复释放，否则，结果同样不确定。删除空指针并无不妥，可以正确执行。

下述语句分别申请动态分配 1 个整型、1 个初始化为 10 的整型、n 个连续整型、一个字符串对象和 n 个字符串对象，最后分别予以释放。

```
int n = 100;
int  * p1, * p2, * p3;
```

```
string   * pStr, * pStrs;
p1 = new int ;
p2 = new int (10);
p3 = new int [n];
pStr = new string;
pStrs = new string [n];
   ⋮
delete  p1;
delete  p2;
delete  [] p3;
delete  pStr;
delete  [] pStrs;
```

1.8.2　典型范例——顺时针旋转矩阵

程序设计中经常需要动态分配连续内存空间来使用。连续内存空间可以当作一维对象数组来使用，也可以当作二维对象数组来使用，作为二维数组使用时，可以看成行序为主：所有行依序存放，每一行内所有元素再依次存放，C/C++内置数组类型内部也是这样处理的。同样的方法，也可推广到多维数组应用。

本节讲述顺时针旋转矩阵的问题。

问题是这样的：编写程序，读入正整数 n，输出顺时针分布的矩阵。矩阵内容为顺时针顺序存放的 n×n 个数 1、2、3、⋯、n×n。

样例输入：

　　7

样例输出：

```
19  20  21  22  23  24   1
18  37  38  39  40  25   2
17  36  47  48  41  26   3
16  35  46  49  42  27   4
15  34  45  44  43  28   5
14  33  32  31  30  29   6
13  12  11  10   9   8   7
```

解决这一问题，可按自顶向下、逐步分解的结构化程序设计思路，分解细化成如下算法步骤：

Step 1. 输入 n，建立 n×n 的矩阵，矩阵元素初始化为 0。

Step 2. 填充矩阵内容为顺时针顺序存放的 n×n 个数 1、2、3、⋯、n×n。

（1）确定初始填充位置(iRow,iCol)和方向 dir；

（2）k = 1~n×n 循环完成 k 填充和调整；

① 当前位置填充 k；

② 根据当前方向分四种情况，更新下一步填充位置。

Step 3. 输出矩阵。

根据当前方向分四种情况处理时，每种情况又可细分为方向不变和改变方向两种情况。处理过程中需要利用 C/C++逻辑运算符的短路求值原则：前一项表达式的值可确定整个逻辑表达式的值时，后一项表达式不再计算，确保内存空间不越界。

A 为动态分配得到的存放矩阵的内存开始位置，从矩阵内部以行序为主存放规则可以推算出 iRow 行、iCol 列元素存放的位置：该位置元素前面有 iRow 行，总元素个数为 iRow×每行元素个数 n，本行内该位置元素前面还有 iCol 个元素，因此，iRow 行 iCol 列元素存放的位置为 A ＋ iRow×n＋iCol；所指元素为 *（A ＋ iRow * n＋iCol），简化为等价表示：A[iRow * n＋iCol]。注意，此处行、列均从 0 开始编号。

完整的样例代码如下：

```
//Ex1.4
1    #include <iostream>
2    #include <cstring>
3    using namespace std;
4
5    int main()
6    {
7        int * A;
8        int     n;
9        cin >> n;
10       A = new int [n * n];                       //申请分配连续 n * n 整型内存空间
11       memset (A, 0x00, sizeof (int) * n * n);     //矩阵所有元素初始化为 0
12
13       int     iRow,iCol;                          //当前填充行、列号
14       enum DIRECTION {DOWN = 0,LEFT,UP,RIGHT};
15       DIRECTION     dir = DOWN;                   //初始填充方向
16       iRow = 0; iCol = n−1;                       //初始填充位置
17       for (int k = 1; k <= n * n; ++k) {
18           A[iRow * n+iCol] = k;                   //填充数据
19           //调整下次填充位置
20           switch (dir) {                          //根据当前填充方向不同处理
21           case DOWN :
22               if (iRow < n−1 && A[(iRow+1) * n+iCol] == 0) {
23                   ++iRow;
24               } else {                            //变填充方向
25                   dir = LEFT;
26                   −−iCol;
27               }
28               break;
29           case LEFT :
30               if (iCol > 0 && A[iRow * n+iCol−1] == 0) {
31                   −−iCol;
32               } else {                            //变填充方向
33                   dir = UP;
```

```
34                  --iRow;
35              }
36              break;
37          case UP:
38              if (iRow > 0 && A[(iRow-1) * n+iCol] == 0) {
39                  --iRow;
40              } else {                                //变填充方向
41                  dir = RIGHT;
42                  ++iCol;
43              }
44              break;
45          case RIGHT:
46              if (iCol < n-1 && A[iRow * n+iCol+1] == 0) {
47                  ++iCol;
48              } else {                                //变填充方向
49                  dir = DOWN;
50                  ++iRow;
51              }
52              break;
53          }
54      }
55
56      //显示矩阵
57      for (iRow = 0; iRow < n; ++iRow) {
58          for (iCol = 0; iCol < n; ++iCol) {
59              cout. width (4);                        //下项输出占 4 位
60              cout << A [iRow * n+iCol];
61          }
62          cout << endl;
63      }
64      delete [] A;                                    //释放矩阵空间
65  }
```

最后，如果使用封装了动态分配和释放的 STL 向量类对象，则只需将样例 Ex1.4 里原语句 7、10、11、64 去除，原语句 2 后添加预处理声明语句：

```
#include  <vector>
```

原语句 10 处改为下列语句：

```
vector<int>   A(n * n, 0);
```

C++ STL 向量封装了连续空间的动态分配、访问、释放，甚至扩展，vector<int> 是 C++ STL 提供的整型向量类，A 是具有 n×n 个初始化为 0 的整型元素的向量，向量里第 i 个元素可通过 A[i] 访问。这样处理后，程序更为简便、优雅，符合现代 C++ 程序风格，详细参见第 2 章。

1.9　链表处理

链表是程序设计中常用的一种数据结构，主要用来表示信息之间的复杂关系，方便信息的查询、插入、删除等操作。涉及链表的处理经常是程序设计中的一个难点，本节介绍链表处理，并给出了典型范例，以利于后续内容的学习。

1.9.1　链表基础

链表处理的基础是单链表，从单链表处理可推广到多链表处理和其他链表处理，本书涉及的内容基本限于单链表。线性关系的若干元素组成线性表，单链表可用来表示链表中所有节点内元素以及节点间的线性关系，也就是线性表。如图 1.2(a)所示，链表中的节点一般由表示元素的数据域和表示下个节点的指针域两部分组成，指针域为空指针时表示无后续节点。传统 C/C＋＋使用值定义为 0 的 NULL 表示空指针，C＋＋ 11引入 nullptr 表示空指针，图 1.2 中的符号"^"代表空指针(nullptr)，本书中有关单链表的其他图中的"^"也代表空指针(nullptr)。

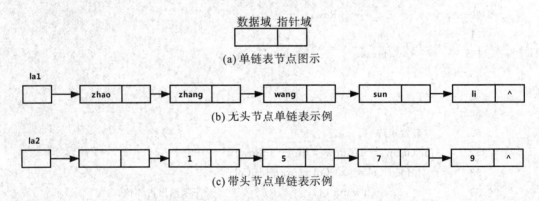

(a) 单链表节点图示

(b) 无头节点单链表示例

(c) 带头节点单链表示例

图 1.2　单链表节点和单链表示例

节点数据类型一般定义如下，T 代表具体应用中所需数据类型，实际应用中可根据情况确定具体数据类型，本节其他讨论中出现的类型 T 也一样。

```
struct   Node {
    T    data;
    Node ∗ next;
};
```

图 1.2(b)表示元素类型为字符串、无头节点的单链表，用于表示线性表(zhao,zhang,wang,sun,li)，此处省略了字符串的双引号，T 就是 std::string 类型；图 1.2(c)表示元素类型为整型、带头节点的单链表，用于表示线性表(1,5,7,9)，此处 T 就是 int 类型。整个单链表可通过类型为 Node ∗ 的指针变量 la1、la2 访问和管理。

注意：指针变量 p 和 p 所指节点是独立存在的，通过指针变量 p 可访问节点的数据域 p－＞data 和指针域 p－＞next，这些表示既可作为右值出现在赋值运算符右边的表达式，也可作为左值出现在赋值类运算符的左边。

链表中插入元素时，需要在链表中增加节点，所需节点可以用下述语句动态分配：

```
Node    * p;
p = new Node;
```

下列语句将 p 所指节点插入 q 所指节点后:

```
p->next = q->next;  //p后续节点设为原q后续节点
q->next = p;        //q后续节点设为p
```

需要注意:一般情况下,链表增加节点时,节点需要动态分配。不可把局部变量或全局变量代表的节点作为普通节点链入链表中,否则,函数执行完毕,局部节点会自动消失,全局变量代表的节点则可能多次链入,造成链表混乱。链表需要仔细构建,程序访问链表节点时,需要确保访问的内存单元具有可访问权,如果访问到无权访问的内存,则程序很可能崩溃。

同理,如果从链表中删除节点时,则需要修改链表,并且最后删除指针所指节点,释放节点占有的存储空间,否则会造成内存泄漏。除非删除的节点是链表的第一个节点,否则,删除节点一般需要修改被删除节点的前一个节点的指针域。删除指针变量 q 所指节点的后一个节点一般需要执行下述语句:

```
Node    * t;
t = q->next;            //记住被删节点指针
q->next = t->next;      //修改链表,设q后续节点为原t后续节点
delete t;               //删除节点
```

注意:最后一个语句删除 t 所指节点,指针变量 t 还是存在的,但删除后程序无权访问 t 所指节点,否则,可能会造成结果错误或程序崩溃。

正是由于单链表插入和删除节点时需要修改前一个节点的指针域,因此一般情况下,为了简化算法,涉及不同位置插入和删除的单链表应用中链表一般带有头节点,头节点数据域信息可以废弃,特殊应用除外。

1.9.2　典型范例——单链表构造、插入、显示、销毁

本节最后介绍涉及单链表构造、插入、显示、销毁的典型案例。

问题是这样的:编写程序,建立空单链表,先输入正整数个数,再输入指定个数的正整数,将这些正整数按非递减(相等或递增)顺序插入单链表,最后打印单链表。本例中单链表的插入、打印、销毁分别用独立的函数完成。

本例是采用结构化程序设计进行链表处理的典型案例,使用模块化方式实现了单链表插入、显示、销毁三个算法函数。其中,单链表插入函数可以在带头节点有序单链表中插入新元素节点,插入前后单链表中的元素均保持有序,适用于包括空线性表在内的所有非递减线性表;显示函数完成单链表中元素的显示;销毁函数完成单链表中所有节点的释放,避免造成内存泄漏。

```
//Ex1.5
1   #include <iostream>
2   using namespace std;
3
4   struct Node
5   {
```

```
 6        int data;
 7        Node * next;
 8    };
 9
10    //将元素插入有序单链表中,插入后仍然有序
11    void Insert (Node * la, int x);
12    //销毁单链表
13    void Destroy (Node * la);
14    //打印单链表
15    void Print (Node * la);
16
17    int main ()
18    {
19        //建立带头节点的单链表
20        Node * la = new Node;
21        la->next = NULL;
22
23        int n;
24        cin >> n;
25
26        for (int i = 0; i < n; i++)
27        {
28            int x;
29            cin >> x;
30            //将元素插入有序单链表中,插入后仍然有序
31            Insert (la, x);
32        }
33        //打印单链表
34        Print (la);
35        //销毁单链表,避免内存泄漏
36        Destroy (la);
37
38        return 0;
39    }
40    //将元素插入有序单链表中,插入后仍然有序
41    void Insert(Node * la, int x)
42    {
43        //申请节点
44        Node * q= new Node;
45        q->data = x;
46        //查找合适插入位置
47        Node * p = la;
48        while (p->next && x > p->next ->data)
```

```
49          p = p->next;        //指向后一节点
50      //将节点插入 p 所指节点后
51          q->next = p ->next ;
52          p->next = q;
53  }
54  //销毁单链表
55  void Destroy (Node * la)
56  {
57      while (la)
58      {
59          Node * q = la->next;
60          delete la;
61          la = q;
62      }
63  }
64  //打印单链表
65  void Print (Node * la)
66  {
67      //头节点无数据
68      la = la ->next;
69      if (la)                  //输出数据个数比符号->)的个数多一个
70      {
71          cout<<la->data;
72          la = la->next;
73      }
74      while (la)
75      {
76          cout <<"->"<<la->data;
77          la = la->next;
78      }
79      cout << endl;
80  }
```

样例输入：

5

8 6 2 5 7

样例输出：

2->5->6->7->8

习　题　1

一、单项选择题

1. 得到 C＋＋程序上机结果的几个操作步骤依次是(　　　)。

A. 编译、编辑、连接、运行　　　　　　B. 编辑、编译、连接、运行

C. 编译、连接、运行、编辑　　　　　　D. 编辑、连接、运行、编辑

2. 以下说法中正确的是(　　)。

A. C＋＋程序总是从第一个定义的函数开始执行

B. C＋＋程序总是从 main 函数开始执行

C. C＋＋函数必须有返回值

D. C＋＋程序中有调用关系的所有函数必须在同一个程序文件中

3. 关于 C＋＋与 C 语言的关系的描述中,(　　)是错误的。

A. C 语言是 C＋＋的一个子集

B. C＋＋与 C 语言程序是兼容的

C. C＋＋对 C 语言进行了改进

D. C＋＋和 C 语言都支持面向对象程序设计

4. 下列函数原型声明中,错误的是(　　)。

A. int func (int m, int n);　　　　　　B. int func (int, int);

C. int func (int m＝0, int n);　　　　D. int func (int ＆m,int ＆n);

5. 下面有关重载函数的说法中正确的是(　　)。

A. 重载函数返回值类型必须不同

B. 重载函数形参个数必须不同

C. 重载函数形参列表必须不同,即个数不同、对应类型不同或两者都不同

D. 重载函数名可以不同

6. 采用重载函数的目的是(　　)。

A. 实现函数共享　　　　　　　　　　B. 减少存储空间

C. 提高运行速度　　　　　　　　　　D. 使用方便,提高可读性

7. 下列语句中,错误的是(　　)。

A. const int buffer ＝ 256;　　　　　B. const int temp;

C. const double ＊ point;　　　　　　D. double ＊ const pt ＝ new double(1.2);

8. 已知函数原型为"void func (int ＊ , long ＆b);",实参定义为"int i; long f;",则正确的调用语句是(　　)。

A. func(i, ＆f);　　　　　　　　　　B. func(i, f);

C. func(＆i,＆f);　　　　　　　　　　D. func(＆i,f);

9. 当一个函数无返回值时,定义它时函数的类型应是(　　)。

A. void　　　　　　　　　　　　　　B. 任意

C. int　　　　　　　　　　　　　　　D. 无

10. 有语句序列"char str[10];cin＞＞str;",当从键盘输入"I love this game"时,str 中的字符串是(　　)。

A. "I love this game"　　　　　　　　B. "I love"

C. "I"　　　　　　　　　　　　　　　D. 上述结果都不对,程序运行可能出错

11. const int ＊p 说明不能修改(　　)。

A. p 指针变量　　　　　　　　　　　B. p 指针指向的值

C. p 指针变量和 p 指针指向的值　　　　　D. 上述 A、B、C 三者

12. 对于语句"cout << x << endl;"中的各个组成部分,下列叙述中错误的是(　　)。

A. cout 是一个输出流对象　　　　　　　B. endl 的作用是输出回车换行

C. x 可能是一个变量　　　　　　　　　　D. << 称为提取运算符

13. 为了提高函数调用的实际运行速度,可以将较简单的函数定义为(　　)。

A. 内联函数　　　　　　　　　　　　　　B. 重载函数

C. 递归函数　　　　　　　　　　　　　　D. 函数模板

14. 下列关于 C＋＋函数的说明中,正确的是(　　)。

A. 内联函数就是定义在另一个函数体内部的函数

B. 函数体的最后一条语句必须是 return 语句

C. 标准 C＋＋要求在调用一个函数之前,如果没定义函数,则必须先声明其原型

D. 编译器会根据函数的返回值类型和参数表来区分函数的不同重载形式

15. 下面关于 new 和 delete 运算的叙述中,(　　)是错误的说法。

A. 如果当前内存无足够的可分配空间,则 new 运算符返回空指针或抛出异常

B. 由 new 运算符分配的内存空间,当函数调用完毕时系统会自动收回

C. 对于程序中的静态数组占用的存储空间不能使用 delete 来释放

D. 由 new [] 分配的内存空间是连续的

二、程序设计题

1. 编写程序,输入正整数 n,输出逆时针顺序排列的 1、2、3、…、n×n 的矩阵,要求采用动态分配或使用 vector,不可有内存泄漏。如 n＝3 时,n 阶逆时针矩阵如下:

```
1  8  7
2  9  6
3  4  5
```

n＝5 时,n 阶逆时针矩阵如下:

```
1  16  15  14  13
2  17  24  23  12
3  18  25  22  11
4  19  20  21  10
5   6   7   8   9
```

2. n 阶魔阵是一个 n×n 的奇数阶矩阵,内含元素 1、2、3、…、n×n,具有每一行元素之和、每一列元素之和、主对角线元素之和均相等的特点。从下述例子找出 n 阶魔阵的规律,编写程序,输入正整数 n,输出 n 阶魔阵(n×n 矩阵,n 为奇数),要求采用动态分配或使用 vector,不可有内存泄漏。如 n＝3 时,n 阶魔阵如下:

```
8  1  6
3  5  7
4  9  2
```

n＝5 时,n 阶魔阵如下:

```
17  24   1   8  15
23   5   7  14  16
```

```
 4   6  13  20  22
10  12  19  21   3
11  18  25   2   9
```

3. 编写程序，建立两个带头节点的单链表，输入若干整数，将正整数插入第 1 个单链表，将负整数插入第 2 个单链表，插入前和插入后单链表保持非递减次序，显示两个单链表，最后销毁。程序不可泄漏内存。

4. 编写程序，在第 3 题的基础上合并两个单链表，合并前后的单链表保持非递减次序，显示合并前后的单链表。注意：不可泄漏内存。

5. 在第 3 题建立两个单链表的基础上，设计和实现就地逆置单链表函数，即利用原单链表节点建立元素次序相反的单链表。编写程序，建立两个单链表，就地逆置这两个单链表，显示逆置前后的各单链表。注意：不可泄漏内存。

第 2 章 类 和 对 象

类和对象是面向对象程序设计技术中最基本的概念。类（Class）是现实世界或思维世界中的实体在面向对象程序设计中的反映。在面向对象程序设计中，首先抽象出实体的状态和实体的行为能力等属性，然后用类完成封装，实体的状态用类的数据成员来表示，实体的行为能力用类的函数成员来表示，这些实体就是面向对象程序设计中需要刻画的对象。一个类是具有相同特性的对象的抽象，是用于创建对象的蓝图或软件模板。无论类的实例即对象有多少，一个类的成员函数代码始终只占有一份代码空间。对象（Object）是类的具体实例，是具有类类型的变量，每个对象都有独立的存储空间，用来表示每个对象的状态。在介绍完类和对象的概念后，本章还介绍了：C++类的声明和实现，对象的定义和建立、使用和销毁，类类型的数据成员和 has-a 关系；C++程序设计中常用容器的常用方法；栈类和简单集合类的设计、实现和使用。

2.1　栈和队列的简单应用

我们来考虑一个程序设计问题，要求程序输入若干个整数，将输入后的正整数和负整数分别保存起来，输入完成后，首先以与输入相反的次序输出所有保存的正整数，再以与输入相同的次序输出所有保存的负整数，正整数的输出和负整数的输出各占一行。

输入样例：

```
 2  8  -10  -20  30  -9  4  -2
```

输出样例：

```
 4    30    8    2
 -10  -20  -9  -2
```

这个问题虽然看似简单，但是要比较完美地解答还是需要解决很多问题：如何判断输入结束，存放输入数据的内存空间需要多少，如何管理这些内存空间，如何使程序的可读性好，等等。

我们先来分析如何判断输入结束的问题。表达式 cin＞＞x 执行一次，表达式执行的结果可以用来判别是否读入了一个整数，如果结果不成立，则代表输入已结束；如果结果成立，则代表已读入一个正整数，保存在整型变量 x 中。while（cin ＞＞ x）{…}循环语句可以完成若干个整数的输入。用键盘输入时，Windows 系统下，可以在输入尾部，新行开始时，在按下"Ctrl"键的同时，按下"Z"键，然后再输入回车模拟输入结束；UNIX 系统下，可以在输入尾部，新行开始时，在按下"Ctrl"键的同时，按下"D"键，然后再输入回车模拟输入结束。

这个问题中，正整数的保存和输出符合最后保存最先输出的特点，负整数的保存和输出符合先保存先输出的特点，这是程序设计中常见的两种需求。在程序设计中，将具有最后保存最先输出(LIFO：Last In First Out)特性的数据结构称为栈(Stack)，将具有最先保存最先输出(FIFO：First In First Out)特性的数据结构称为队列(Queue)。

图 2.1 是栈结构示意图，栈主要支持入栈、出栈、取栈顶元素、判空等操作。图 2.2 是队列结构示意图，队列主要支持入队列、出队列、取队首元素等操作。我们用一个栈保存正整数，用一个队列保存负整数，在输入完成后，再将栈内的正整数全部取出并输出，将队列内保存的负整数全部取出并输出，上述问题就可以解决。

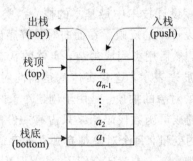

图 2.1　栈结构示意图

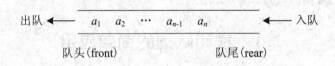

图 2.2　队列结构示意图

C++ STL(Standard Template Library)标准模板库提供了栈类模板和队列类模板，类模板可以产生类，关于类模板的概念，在本书第 6 章讨论。在 C++中，类的作用与 C 语言中普通类型的作用相似，与 C 语言定义普通类型变量相同，C++可以用下述语句建立一个整数栈 S：

　　　　stack<int>　S;

stack<int>可以看作一个整数栈类，S 是具有整数栈类类型的实例，也可称为一个栈对象。栈对象 S 建立时具有无元素的空栈状态。S.push(x);语句可以将 x 压入栈 S，入栈操作内部可以保证元素压栈所需的空间。S.top()返回非空栈 S 的栈顶元素的引用。S.pop()弹出非空栈 S 的栈顶元素。S.empty()用来判别 S 是否为空栈。使用 STL 栈类模板需要包含标准头文件 stack。

C++用下述语句建立一个整数队列 Q：

　　　　queue<int>　Q;

queue<int>可以看作一个整数队列类，Q 是具有整数队列类类型的实例，也可称为一个队列对象。队列对象 Q 建立时具有无元素的空队列状态。Q.push(x);语句可以将 x 压入队列 Q，入队列操作内部可以保证元素入队列需要的空间。Q.front()返回非空队列 Q 的队首元素的引用。Q.pop()弹出非空队列 Q 的队首元素。Q.empty()用来判别 Q 是否为空队列。使用 STL 队列类模板需要包含标准头文件 queue。

最后，上述问题的样例代码如下，这是一个典型的面向对象的 C++程序，具有各部分分工合理、职责清楚、可适应不同输入个数、内存使用合理、可读性好的优点。

```
//Ex2. 1
1    # include <iostream>
2    # include <stack>
3    # include <queue>
4    using namespace std;
5    int main ()
6    {
7        stack<int> S;              //建立空整数栈
8        queue<int> Q;              //建立空整数队列
9
10       int x;
11       while (cin >> x)           //循环输入成功
12       {
13           if  (x > 0)
14               S. push (x);       //入栈
15           else
16               Q. push (x);       //入队列
17       }
18
19       while (!S. empty ())       //循环判栈非空
20       {
21           x = S. top ();         //取栈顶元素
22           S. pop ();             //出栈
23           cout << x <<"\t";
24       }
25       cout << endl;
26       while (!Q. empty ())       //循环判队列非空
27       {
28           x = Q. front ();       //取队首元素
29           Q. pop ();             //出队列
30           cout << x <<"\t";
31       }
32       cout << endl;
33   }
```

上述样例里，S 是一个具有后进先出特性的整数栈，Q 是一个具有先进先出特性的整数队列，它们分别是两个不同类型的对象，具有不同的行为能力（功能）和内部状态。现实世界中的客观事物和思维世界中的抽象概念都可以称为对象，每个对象都具有行为能力和内部状态等属性。一个类是具有相同行为能力的对象的抽象，是用于创建对象的蓝图或软件模板，如样例 Ex2.1 的 stack<int>类和 queue<int>类。类和对象是面向对象程序设计技术中最基本的概念，对象是类的具体实例，是具有类类型的变量，不同类的对象具有不同的行为能力和内部状态，同一个类的多个对象具有相同的行为能力，每个对象具有独立的状态，在不同时间对象的状态也不同。本章开始，我们学习如何设计类并实现类，再利用类定义对象，解决问题，进行面向对象程序设计。

2.2　抽象、封装和信息隐蔽

2.2.1　抽象

　　从具体事物提取、概括出它们共同的方面、本质属性与关系等，而将个别的、非本质的方面、属性与关系舍弃，这种思维过程，称为抽象。面向对象方法中的抽象是指对现实世界或思维世界中的实体进行概括，抽出一类对象的共性并加以描述的过程。抽象主要有两个方面：数据抽象和行为抽象。数据抽象是描述某类对象的属性或状态的抽象，行为抽象是描述某类对象的共同行为或共同功能的抽象。

　　先拿时钟为例进行抽象。假设我们需要关心的时钟时间精度到秒，每个时钟都有具体时间，我们用时、分、秒表示，用三个整型变量来存储，舍弃指针长短、时钟外观、重量等非本质的属性，这就是时钟的数据抽象。所有时钟都有显示时间和设置时间等功能，舍弃闹铃等不关心的功能，这就是时钟的行为抽象。时钟抽象如下：

　　　　时钟（Clock）
　　数据抽象：
　　　　时（int m_iHour）、分（int m_iMinute）、秒（int m_iSecond）；
　　行为抽象：
　　　　显示时间 ShowTime（）；
　　　　设置时间 SetTime（int iHour, int iMinute, int iSecond）；

　　注意：根据需要解决问题的应用不同，抽象可能会有差异，如有的应用可能需要关心时钟的闹钟功能，那么行为抽象就需要增加闹钟功能；有的应用可能需要时钟的精度到毫秒，那么数据抽象就需要增加毫秒部分。

　　再如上节出现的整数栈。考虑一根一端封闭、另一端打开的钢管，从打开的那端可以放入或取出标有整数的玻璃球，并且可以判断出钢管里是否还有玻璃球。对具有这类特征的物体进行抽象，可将钢管看成一个栈，封闭的这端称为栈底，打开的那端最上面的物体所在的位置称为栈顶，没有物体时，栈底就是栈顶。钢管里存放的若干内标数字的玻璃球就代表钢管的状态，形成数据抽象：某个时刻栈中从栈顶到栈底顺序排列的整数序列，随着栈的操作而变化；建空钢管、放玻璃球、弹出玻璃球、栈顶玻璃球、看钢管内是否有玻璃球这些操作形成栈的行为抽象：栈初始化、入栈、出栈、取栈顶、判栈空，合在一起形成整数栈的抽象：

　　　　栈（satck）
　　数据抽象：
　　　　从栈顶到栈底顺序排列的整数序列；
　　行为抽象：
　　　　初始化成空栈；
　　　　元素入栈；
　　　　非空时元素出栈；
　　　　非空时取栈顶元素；

判栈空；

再如，在程序设计中经常遇到集合的概念，整数集合的抽象如下：

整数集合

数据抽象：

若干个互不相同的整数；

行为抽象：

初始化成空集；

显示集合；

增加一个元素；

删除一个元素；

判断是否包含指定元素；

两个集合并运算，返回包含两个集合所有元素的新集合；

两个集合交运算，返回包含两个集合所有公共元素的新集合；

两个集合差运算，返回所有在第 1 个集合，但不在第 2 个集合的元素组成的新集合；

上述三个抽象的例子具有一定的代表性，第 1 个时钟的状态比较简单，用固定数量的内置数据类型就可表示。栈和集合的状态比较复杂，元素需要连续存放在数组、动态分配的类似数组空间里或链表里。第 3 个集合的并、交、差操作还涉及三个集合实体，也就是三个集合对象。

2.2.2 封装和信息隐蔽

封装就是将抽象得到的数据抽象和行为（或功能）抽象相结合，形成一个有机的整体，在面向对象程序设计中，也就是将数据与操作数据的函数代码进行有机的结合，从而形成面向对象程序设计中的"类"，其中的数据和函数都是类的成员，分别称为数据成员和函数成员。不管是类的数据成员还是类的函数成员，都是类的成员。类的成员具有私有的或公有的访问控制，类的用户从类外只可访问类的公有成员，不可访问类的私有成员，实现了信息隐蔽，类的所有公有成员形成了类的对外接口协议。这样，就像集成电路用户只需了解集成电路的管脚定义，而无需了解集成电路的设计和实现细节；汽车轮胎用户只需关心轮胎的对外参数，而无需了解轮胎的生产过程一样，类的用户只需要了解类对外公开的成员，而不需要了解类内部隐蔽的私有成员和类成员函数实现的细节，即使将程序中的一个类替换为另一个具有相同对外接口协议的类，对程序的功能也不会有影响，这使程序各部分的分工合理、职责清楚，程序具有良好的可读性和可维护性，有利于大型程序的开发。

现代程序设计中，一般将数据成员封装成私有的，有利于类的实现和使用。

2.3 类声明和类实现

C++使用关键字 class 来表示类类型，用 public 表示公有成员，用 private 表示私有成员，上节抽象形成的时钟类声明如下：

```
class CClock {
public :
```

```
        void ShowTime () const;
        void SetTime (int iHour, int iMinute, int iSecond);
    private:
        int m_iHour, m_iMinute, m_iSecond;
};
```

这个类声明定义了组成类的数据成员和函数成员，包括它们的访问控制属性，是一个定义性声明。

图 2.3 是 CClock UML 类图，具有简单直观的优点。统一建模语言 UML(Unified Modeling Language)是一种面向对象分析中重要的建模工具，UML 是一种用于说明、可视化、构建和编写一个正在开发的、面向对象的、软件密集系统的制品的开发方法。UML 展现了一系列最佳工程实践，这些最佳实践在对大规模、复杂系统进行建模方面，特别是在软件架构层次建模方面，已经被验证有效。UML 有多种图形表示方法，本书用 UML 来表示类图、类之间的聚合和泛化关系。UML 类图由类名、数据成员、函数成员三部分组成，＋表示公有成员，－表示私有成员。类成员的作用域是本类。

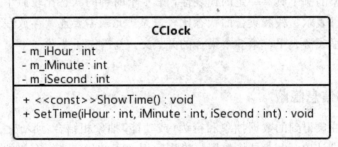

图 2.3　CClock UML 类图

2.3.1　数据成员

上述时钟类的定义里，m_iHour、m_iMinute、m_iSecond 是时钟类的三个数据成员，用来表示时钟的状态，也就是某个时钟的时、分、秒，三个数据成员都是私有的，具有整型类型。本书中，数据成员命名大多以 m_或_开头，以区分类成员和其他局部对象、形参，特别简单的类除外。

数据成员的作用域是该类，数据成员的定义与普通变量的定义类似，数据成员的初始化在本节的后面讨论。现代面向对象程序设计一般主张将数据成员设计成私有的，以利于封装和信息隐蔽，C++语言本身并未限定数据成员必须是私有的，特殊情况下，数据成员也可以是公有的或保护的。保护用于类的继承，没有继承关系时，效果等同于私有。保护将在第 5 章讨论。

类类型的变量一般称为对象。一个类可以有多个数据成员，数据成员的类型可以是内置数据类型、内置数据类型的复合型，还可以是其他的类类型，形成类之间的聚合关系。类之间的聚合关系将在本章 2.7 节讨论。

数据成员用于表示对象的状态，在对象的生存期内，类的所有成员函数都必须维护对象的数据成员。成员函数临时使用的变量不应该作为类的数据成员。

2.3.2　函数成员

类的成员函数用于表示类对象的行为能力或功能，上述时钟类有 ShowTime 和 SetTime两个成员函数。成员函数的作用域是该类，声明类似于 C/C++的普通函数，不同的是，成员函数一般通过对象访问，调用成员函数的当前对象实际是成员函数隐含的参数，成员函数除了可以访问形参外，还可以访问表示当前对象状态的数据成员。

类的成员函数的定义可以直接定义在类声明的内部，含 SetTime 成员函数定义的时钟类定义的头文件改写如下：

```
#ifndef CLOCK_H_INCLUDED
#define CLOCK_H_INCLUDED
class CClock
{
public :
    void ShowTime () const;
    void SetTime (int iHour, int iMinute, int iSecond)
    {
        m_iHour = iHour;
        m_iMinute = iMinute;
        m_iSecond = iSecond;
    }
private:
    int m_iHour, m_iMinute, m_iSecond;
};


#endif // CLOCK_H_INCLUDED
```

多文件的软件工程实践中，类定义一般位于与类同名的自定义头文件内，本例中的 CClock 类定义在头文件 Clock.h 里，需要使用该类定义时，包含相应头文件即可。一个源程序文件中不可以出现同一个类的多次定义，但是在大型 C/C++程序中，由于直接包含或间接包含，因此难免会出现一个源程序文件中同一个头文件被重复包含的情况。上述代码里的条件编译语句，可以解决多次包含同一个头文件引起的同一个类被重复定义的问题，只有第一次包含中出现的类定义有效，参加编译，同一个源文件中后面出现的同一个类的定义因编译条件不满足而不参加编译。这是 C/C++程序设计中普遍使用的方法，可以解决头文件的重复包含或间接重复包含引起的多次定义的问题，限于篇幅，本书之后的程序不再包含这样的条件编译语句，也不再重复说明。

SetTime 成员函数设置当前时钟对象的时间，成员函数体内可以访问当前对象的数据成员，也可以调用其他成员函数，甚至递归调用成员函数本身。

类的成员函数的实现也可以定义在类定义外。成员函数定义在类定义外时，成员函数名前必须加类名::，::称为界定符。不同的类可以具有同名的成员函数，类名::用于界定成员函数属于哪个类。类成员函数的实现代码一般位于.cpp 源程序文件内，如 Clock.cpp 源程序文件内含 Clock 类成员函数的实现：

```
#include <iostream>
using namespace std;
#include "clock. h"

void CClock::ShowTime () const
{
    cout << m_iHour<<":"<< m_iMinute<<":"<<m_iSecond << endl;
}
```

ShowTime 成员函数显示当前时钟对象的时间，需要使用输出流对象 cout，因此需包含相应的头文件。ShowTime 成员函数后面的 const 用于声明调用 ShowTime 成员函数，不会改变当前对象的状态，也就是不会修改当前对象的数据成员，这样的成员函数也称为常成员函数，常成员函数使调用协议更明确。如果常成员函数体内包含修改当前对象数据成员的语句或调用可能修改当前对象的函数，则编译会报错。其他函数声明或定义后不含const 声明的成员函数是非常成员函数。

与普通函数一样，成员函数也支持内联方式。实现在类定义内部的成员函数默认为内联函数，实现在类外部的成员函数，可以在成员函数声明前加 inline 关键字来实现内联函数。内联函数的定义一般位于头文件内。

同样，成员函数也支持函数重载，重载规则也与普通函数重载规则一样，即重载的成员函数参数个数不同或参数类型不同。

除了内联函数和函数重载，成员函数还可以使用参数缺省值。

类定义并且实现了所需类的成员函数后，类就可以在程序中使用了。

2.3.3　访问控制

C++通过类完成了数据成员和函数成员的封装，并且支持信息隐蔽。C++成员的访问控制属性关键字有 public、private、protected 三种，成员函数内可以访问本类的所有成员。C++规定具有 public 访问控制属性修饰的成员称为公有成员，公有成员可在类外部通过对象访问；具有 private 访问属性的成员称为私有成员，私有成员只能在本类的成员函数里访问，在类外不可访问；具有 protected 访问属性的成员称为保护成员，protected 访问属性专门用于类的派生，将在第5章介绍。访问控制属性的有效范围从访问属性关键字出现的地方开始到下一个访问控制属性关键字出现的地方为止，不超出类定义结束位置。没有声明访问控制属性的成员，其访问控制属性隐含为 private。C++扩充了 C 的 struct，C++中关键字 class 也可用 struct 替换，不同的只是 C++ struct 中，为了与 C 程序兼容，在没有声明成员的访问控制属性时，访问控制属性隐含为 public，C 语言中的结构体可以看成是 C++类的特例。

C++并未规定类定义中函数成员和数据成员的声明次序，也并未规定访问控制属性关键字的出现次序和次数。为了提高程序的可读性，建议先声明公有成员，再声明私有成员，先声明函数成员，再声明数据成员。类定义的一般形式建议如下：

```
class 类名 {
public：
    公有函数成员
```

```
private：
    私有函数成员

private：
    私有数据成员
};
```

私有成员函数在类外不可访问，只有在本类的成员函数里才能调用，一般起辅助公有成员函数的作用。

2.3.4　对象的定义

一个类是具有相同特性的对象的抽象，是用于创建对象的蓝图或软件模板，对象是类的实例，也就是类类型的变量。在完成类的定义和函数成员的定义后，就完成了类的定义和成员函数的实现，也就完成了类的设计和实现，程序中就可以定义具有类类型的变量，也就是类类型的对象了，并可通过对象调用类的成员函数，就像本章第 2.1 节样例里一样。

正如变量定义一样，对象定义的一般形式如下：

```
类名　对象名；
类名　对象名 = 初始化表达式；
类名　对象名(初始化表达式)；
类名　对象名{初始化表达式}；        //C++ 11新增初始化方式
类名　对象名列表；
```

访问对象数据成员和函数成员的方式如下：

```
对象. 数据成员名
对象. 函数成员(实参表)
```

上述访问语句是一个表达式，可以出现在更复杂的表达式或表达式语句中。

在单源文件工程里，类定义在前，类实现和类使用在后。在多文件工程里，工程文件应该包括类定义源程序文件、类使用源程序文件和类定义头文件。如下述测试时钟类的工程，应该包含时钟类定义头文件、时钟类成员函数实现源程序文件以及测试源程序文件，测试源程序文件里定义了上述时钟类的两个对象 t1 和 t2，程序完成了两个时钟对象 t1 和 t2 的时间设置和显示。

```
//Ex2.2
#include "clock. h"
int main ()
{
    CClock   t1，t2；

    t1. SetTime(10,20,30)；
    t2. SetTime(11,10,25)；
    t1. ShowTime()；
    t2. ShowTime()；
}
```

上述程序执行后输出：

```
10:20:30
11:10:25
```

不难看出，程序运行后，先建立局部对象 t1、t2，然后顺序执行 4 个语句，4 个语句分别设置两个对象的时间、输出两个对象的时间。无论类的实例（对象）有多少，一个类的成员函数代码始终只占有一份代码空间。作为类的具体实例，每个对象都占用独立的存储空间，基本由数据成员组成，用来表示每个对象的状态，不同对象的数据成员位于不同位置的存储空间内。

本例局部时钟对象 t1、t2 的内存状态如图 2.4 所示，对象位于运行栈，main 函数执行结束，对象 t1、t2 撤销。假设每个整型占 4 个字节，则 t1、t2 分别占 12 个字节。

t2	m_iHour	11
	m_iMinute	10
	m_iSecond	25
t1	m_iHour	10
	m_iMinute	20
	m_iSecond	30

图 2.4　局部对象 t1、t2 的内存状态示意图

main 函数里不可访问私有成员，如添加下述语句：

```
t1. m_iHour = 10;
```

编译器将报错。当然，如果将类声明里数据成员的访问控制改为 public，则编译可以通过，但这样处理违背了隐藏对象状态的信息隐蔽原则。

C++可以定义指向类的指针变量，通过指针也可以间接访问对象成员。通过对象指针访问成员的方式如下：

　　　对象指针->数据成员名

　　　对象指针->函数成员(实参表)

相当于：

　　　(*对象指针). 数据成员名

　　　(*对象指针). 函数成员(实参表)

上述访问语句也同样是一个表达式，可以出现在更复杂的表达式或表达式语句中。如main 函数内可以添加下列语句，从而达到与 Ex2.2 中语句序列一样的调用效果：

```
CClock   * p;                    //指针变量

P = & t1;                        //指向 t1 对象
P->SetTime(10,20,30);            //调用 p 所指对象的成员函数
P->ShowTime();
P = & t2;
P->SetTime(11,10,25);
P->ShowTime();
```

注意：指针变量和所指对象是两个不同类型的对象，相互独立，指针类型变量本身不是所指类类型的对象。

2.3.5 构造函数

本章第 2.1 节样例里整数栈对象 S 建立时就是空栈状态，整数队列对象 Q 建立时就是空队列状态。这些对象的初始化状态是在什么时候完成的？又是如何完成的？

如果在前面的时钟对象 t1、t2 建立后直接调用 ShowTime 成员函数，则会发现显示的时间有些不确定。如果我们希望自己设计实现的时钟类，也能像 STL 提供的整数栈类和整数队列类一样，建立的时钟对象能具有 0:0:0 初始状态，或指定的其他初始状态，则应该如何处理？

每个类对象建立时会自动调用类的构造函数。构造函数也是类的成员函数，构造函数的名字与类名相同，无返回值，也无返回类型 void 声明。构造函数还可以重载，容许一个类的多个对象使用不同的构造函数构造，如可以为时钟类提供下列两个重载的构造函数。

```
CClock::CClock ()
{
    SetTime (0, 0, 0);
}
CClock::CClock (int iHour, int iMinute, int iSecond)
{
    SetTime (iHour, iMinute, iSecond);
}
```

这样，建立时钟类对象时，如果没有提供实参，则时钟对象建立时会自动调用无参构造函数；如果提供指定时间作为实参，则时钟对象建立时会自动调用第 2 个构造函数。如执行下述语句，时钟对象 t1 和 t2 显示的时间分别是 0:0:0 和 6:10:20。

```
CClock  t1,t2 (6,10,20);
t1. ShowTime ();
t2. ShowTime ();
```

上述建立 t1、t2 对象的第一个语句定义的 t1 无实参，t1 后不能加括号，否则 t1 会被认为是一个返回时钟对象的函数声明，与本意不符。

如果类没有提供任何构造函数，则编译器会自动合成一个无参构造函数，如下所示：

```
CClock::CClock ()
{ }
```

无参构造函数会逐个完成类数据成员构造，对于类型为内置数据类型、指针型的数据成员，构造时未进行初始化，也就是数值是不确定的；对于类型为其他类类型的数据成员，它会调用其他类类型的无参构造函数来完成初始化；对于数组型数据成员，它会自动执行每个数组元素对象的构造。类类型的数据成员，将在本章第 2.7 节讲述。时钟类未提供构造函数时，编译器会自动合成无参构造函数，实际时钟对象建立时调用系统合成的无参构造函数，实际效果并未完成初始化，所以显示时结果具有不确定性。

注意：类设计者提供任何构造函数后，说明类对象状态需要初始化，因此，C++规定编译器不再提供自动合成的构造函数。类对象建立时如果无对应构造函数，则编译将报错。

　　C++提供了专门用于构造函数的初始化列表机制，以冒号:开始，逗号间隔，指明类数据成员的初始化，上述时钟类的构造函数可改为如下形式，效果与前面一样。

```
CClock::CClock ()
: m_iHour (0),m_iMinute (0),m_iSecond (0)
{
}
CClock::CClock (int iHour, int iMinute, int iSecond)
: m_iHour (iHour),m_iMinute (iMinute),m_iSecond (iSecond)
{
}
```

　　本章第 2.7 节中具有其他类类型的数据成员的构造必须在初始化列表里显式完成或隐式调用无参构造函数完成，第 5 章具有继承关系的类在初始化基类部分成员时也是这样完成的，具体内容在相应章节介绍。构造函数由初始化列表和构造函数体两部分组成，构造函数体中的语句进行的是成员构造完成后的重新改变或使用。

2.3.6　C++ 11初始化新机制

　　C++ 11提供了支持对象初始化、委托构造函数和数据成员声明时初始化的新机制。C++ 11提供了新的统一大括号形式初始化，构造初始化列表里数据成员的构造也可采用大括号代替小括号。上述例子中，定义时钟类对象 t1、t2、t3 时可以采用如下语句：

```
CClock  t1{},t2 {6,10,20},t3;
```

　　t1、t3 采用无参构造函数构造，效果相同，t2 采用指定时间的构造函数构造。内置数据类型变量也可以采用类似形式初始化。C++规定，内置数据类型变量采用明确的构造函数调用但没有给实参时，变量会被初始化为 0，如下面的变量定义语句中，x4 初始化为 0，而 x5 没有初始化：

```
int  x1 = 1, x2 (2), x3{3}, x4 {}, x5;
```

　　C++ 11支持类的一个构造函数可以在构造函数的初始化列表里委托类的其他构造函数完成初始化。如前面时钟类实现如下指定时间构造函数后，无参构造函数委托指定时间的构造函数完成对象 0:0:0 状态的构造，即

```
CClock::CClock (int iHour, int iMinute, int iSecond)
: m_iHour {iHour},m_iMinute {iMinute},m_iSecond {iSecond}
{
}
CClock::CClock ()
: CClock (0, 0, 0)
{
}
```

　　C++ 11支持类数据成员定义时初始化，类声明里可以用＝或大括号形式初始化。如时钟类的定义里，数据成员 m_iHour、m_iMinute、m_iSecond 可以采用下述方法初始化，时钟类无参构造函数初始化列表里没有指明的 m_iMinute、m_iSecond 构造采用数据成员

定义时初始化值，构造函数初始化列表里指明的数据成员构造放弃定义时初始化。时钟类采用如下形式的数据成员初始化和无参构造函数后，无参构造时钟对象的内部时间就是12:0:0。

```
class CClock {
//类定义成员函数部分省略
private:
    int _iHour = 0, _iMinute = 0, _iSecond {0};
};
CClock::CClock()
: m_iHour {12}
{
}
```

2.3.7 析构函数

类对象在建立时通过自动调用构造函数来完成对象状态的初始化，类对象消失时则会自动调用类的析构函数，进行扫尾处理，释放对象占用的动态分配内存等资源，析构函数是类的拷贝控制的 5 个成员函数之一，详见第 3 章。

类的构造函数可以有多个，支持类对象的不同构造方法，类的析构函数只有一个，名字为~类名，没有参数，析构函数也没有返回值和返回值类型。一般需要动态分配内存等资源的类需要定义析构函数，显式释放资源，没有动态分配资源的类无需定义析构函数。没有定义析构函数时，编译器会自动合成一个析构函数，完成逐个数据成员的析构。内置数据类型和指针类型的析构无实际动作，数组类型的数据成员会执行每个数据元素类型对象的析构，类类型的数据成员会执行相应类的析构函数。

最后，给出上述时钟类析构函数的定义，大家可以跟踪测试，测试程序里的每个时钟对象是否执行了析构函数、何时执行。

```
CClock::~CClock()
{
    cout <<"执行时钟类析构函数"<< endl;
}
```

2.4 对象数组和动态对象

2.4.1 对象数组

与 C/C++可以定义元素类型为内置数据类型数组一样，C++可以定义元素类型为类类型的数组，称为对象数组。所有数组的大小必须是编译时可确定大小的常量表达式，也就是数组的大小是编译时可确定值的正整数，不能在运行时才确定或调整大小。

对象数组建立时会为数组的每个元素对象自动调用构造函数，数组撤销时会为数组的每个元素对象调用析构函数。

数组元素连续存放，可以通过下标访问，也可以通过起始地址访问，绝不可越界。下列语句建立了 100 个时钟对象的数组。

```
CClock   A [100];
```

2.4.2　对象指针和动态生成对象

指针变量和对象是两个不同类型的对象，相互独立，对象指针本身具有指针类型，不是所指类的对象。指针变量建立时不会自动建立所指类对象，也不会调用对象类的构造函数；指针变量撤销时也不会自动删除所指对象，不会调用对象类的析构函数。

C++提供了 new、new [] 和 delete、delete [] 运算符，分别用于动态分配单个对象、动态分配对象数组和动态删除单个对象、动态删除对象数组。

动态生成的对象或对象数组可以采用指针管理，如下列语句分别动态分配生成了 1 个无参构造的时钟对象、1 个指定参数构造的时钟对象和一个由 n 个时钟对象组成的数组，n 可以是执行动态分配语句时确定值的变量。

```
int    n ＝10;
CClock   * p1, * p2, * p3;
p1 ＝ new CClock;
p2 ＝ new CClock (6, 10, 20); //等同于 p2 ＝ new CClock {6, 10, 20};
p3 ＝ new CClock [n];
```

动态分配 1 个对象时，先在堆上申请对象直接占用的内存空间，再在申请得到的内存空间上执行构造函数，上述申请 p1 时执行时钟类的无参构造函数，上述申请 p2 时执行时钟类的指定时间构造函数。动态分配对象数组时，先在堆上申请 n 个对象的数组直接占用的连续内存空间，再在申请得到的内存空间上为每个对象分别执行构造函数。注意：如果类对象构造时本身需要动态分配，则构造函数过程中也会再次动态申请空间，详见第 3 章。

如果申请过程失败，则与普通的动态分配一样，现代面向对象程序设计一般会抛出异常，采用异常处理机制，详见第 7 章。

动态分配生成的对象位于堆空间，可跨函数传递对象指针，只有执行删除操作时才会撤销动态分配的对象。如果没有执行删除操作，则不会执行对象类的析构函数并释放对象直接占用的内存空间，这样就可能造成内存泄漏。

删除操作有两种，分别对应于 new 和 new []，delete 用于删除单个对象，delete [] 用于删除对象数组，如下述语句分别删除 p1、p2 所指对象和 p3 所指对象数组：

```
delete  p1; delete  p2;
delete [] p3;
```

删除单个对象时，先执行对象类的析构函数，再释放对象直接占用的内存空间。删除对象数组时先执行数组里每个对象的析构函数，再释放对象数组直接占用的内存空间。

注意：删除的对象指针必须是动态分配得到的，而且同一个对象不可删除两次，否则，后果严重。delete 或 delete [] 运算符后的指针可以是空指针，效果相当于无动作。为防止多次删除，不妨在删除对象或对象数组后将指针变量置为空指针 nullptr。

与 C/C++可以定义元素类型为内置数据类型的指针类型数组一样，C++可以定义元素类型为类类型指针的指针数组。指针数组的元素具有指针类型，指针数组建立时，不会调用指针所指对象类型的构造函数和析构函数。

下列语句建立了具有 100 个元素的数组，每个数组元素都是指向时钟对象的指针变量。

        CClock   ＊ P［100］;

2.4.3　对象引用

如第 1 章所述,引用是被引用对象的别名,引用必须在建立时初始化。引用可以作为左值。被引用对象的类型可以是基本数据类型和指针类型,也可以是类类型。

C＋＋类的对象一般默认可以直接复制和赋值,默认的复制行为是逐个数据成员的复制,默认的赋值行为是逐个数据成员的赋值。对于内置数据类型的数据成员,复制和赋值的是数据成员内部的数值,这对于没有使用动态分配的类来说是正确的行为。对于需要使用动态分配的类来说,指针成员的复制和赋值针对的是指针变量的值,这可能会产生严重的问题,第 3 章专门讲述这一问题及解决办法。

大型对象的复制和赋值会产生严重的性能开销,传递引用比传递对象的指针更直观、方便,因此大型对象的首选参数传递方式和返回方式是引用。如果需要在函数调用过程中确保实参对象不会被修改,则可采用常引用的参数传递方式。

C＋＋程序中,函数返回值返回对象引用时,必须确保被引用对象的存在,否则可能产生严重问题,因此,函数中不可返回局部对象的引用。局部对象采用传值方式返回时,编译器内部会在完成局部对象的复制后返回,不会产生问题。

因此,后面样例 Ex2.11 中设计和实现了集合类 CSet,两个集合对象并运算后返回新结果集对象,并运算成员函数声明为

        CSet   Union（const CSet ＆ rhs）const;

表示当前集合对象执行与 rhs 集合对象的并运算后,返回结果集合对象。函数原型中最后的 const 明确并运算过程中当前集合对象不会被改变,形参 rhs 是常引用,在并运算过程中也不会被改变,并运算结果保存在成员函数 Union 内局部对象里,函数执行结束时,返回结果集。注意:函数返回后,局部对象将撤销,不可返回函数内局部对象的引用或指针,否则,后续使用将造成不确定的后果。

2.4.4　this 指针、类成员作用域和生存期

普通类成员函数隐含 this 指针,指向当前对象。C＋＋保证每个对象至少占 1 个字节的存储空间,任一时刻,不同对象的地址不同。

类成员作用域在该类定义内和类成员函数定义内有效,公有成员在类外可通过对象.成员或对象指针－＞成员访问。规范命名可以避免类数据成员与成员函数形参同名,类数据成员与成员函数形参同名时,根据最小作用域原则,成员函数体内同名对象默认代表形参,如果需要访问同名类数据成员,则可以通过类名::成员或通过 this－＞成员指定访问类的成员。

如上述时钟类,如果成员函数参数与类数据成员命名相同,则可用下述办法解决。

```
void CClock::SetTime (int m_iHour, int m_iMinute, int m_iSecond)
    {
        this->m_iHour = m_iHour;
        this->m_iMinute = m_iMinute;
```

```
        this->m_iSecond = m_iSecond;
    }
```

或者

```
    void CClock::SetTime (int m_iHour, int m_iMinute, int m_iSecond)
    {
        CClock::m_iHour = m_iHour;
        CClock::m_iMinute = m_iMinute;
        CClock::m_iSecond = m_iSecond;
    }
```

当然，命名应该规范，应该尽量避免上述成员函数形参和类数据成员同名的情况出现。

类成员作为所在对象的一部分，随着所在对象生成而生成，随着所在对象消失而消失，生存期与所在对象基本相同。

2.5 常用容器使用举例

本节介绍 C++ STL(Standard Template Library)标准模板库提供的常用容器类和它们的常用接口。所谓容器是一种对象，可以容纳和管理很多其他类型的对象，容器里存放的其他类型对象称为容器里的元素。C++ STL 提供的容器类经过精心设计、广泛验证，具有接口良好、使用方便、效率高的特点，现代 C++程序设计应该尽量选用标准库提供的容器类。另一方面，这些容器类或容器类模板的设计和实现充分体现了 C++面向对象程序设计的特点，是非常好的学习 C++面向对象程序设计的样例。为了使容器类更通用，C++标准库以类模板的形式产生容器类。关于类模板的知识，详见第 6 章。本节主要以整型元素为例，举例说明这些容器的常用用法，这些用法同样适用于元素类型为其他内置数据类型和其他类类型的情况。大家从掌握样例里这些常用容器的常用接口函数的使用出发开始学习，其他常用接口函数的使用，会在后续相关章节补充介绍，附录中包含了本书相关容器较完整的接口介绍，STL 其他容器和它们的更多接口的介绍推荐查阅参考文献中的《C++标准程序库(第 2 版)》。

2.5.1 向量 vector

向量容器用于连续存放多个对象，主要存储空间位于堆上，内部封装了动态分配，具有运行时确定向量大小和运行时扩充向量的功能。使用向量可随机访问向量里的元素，这与访问数组元素的效率类似，但比使用数组更方便、更灵活。标准库向量类模板可产生整型向量类 vector<int>，使用时需包含头文件<vector>。

使用举例：

```
//Ex2.3
1   #include <iostream>
2   #include <vector>
3   using namespace std;
4
```

```
5    int main ()
6    {
7        size_t i;
8        int   n;
9        cin >> n;
10       vector<int> V1, V2(n);
11       V1. reserve(5);
12       V1. push_back(1);
13       V1. push_back(2);
14       V1. push_back(3);
15       V1. push_back(5);
16       V1. push_back(7);
17       cout << V1. back() << endl;
18       V1. pop_back();
19
20       for (i = 0; i < V2. size (); ++i)
21           cin >> V2[i];
22       for (i = 0; i < V1. size (); ++i)
23           cout << V1[i] <<'\t';
24       cout << endl;
25       for (i = 0; i < V2. size (); ++i)
26           cout << V2[i] <<'\t';
27       cout << endl;
28   }
```

　　上述程序中，定义了 size_t 类型变量 i，size_t 是标准库通过 typedef 提供的用于描述大小的类型，一般是无符号整型，接着定义了变量 n 并输入正整数 n，随后建立了整型向量 V1、V2，建立时 V1 向量内元素个数为 0，V2 向量内元素个数为 n，每个元素初值都为 0。reserve 成员函数用于保证向量内部空间，在程序可预测所需向量大小时可一步到位建立内部空间。注意：reserve 不影响向量内部实际元素个数，不会导致成员函数 size 返回的向量内元素个数发生变化。向量成员函数 push_back 具有运行时在尾部动态添加元素的功能，V1 随后 5 次调用 push_back，在向量 V1 尾部添加了 5 个元素。向量成员函数 back 返回非空向量尾部元素引用，向量成员函数 pop_back 弹出非空向量尾部元素。程序中输出向量 V1 尾部元素，再弹出尾部元素。容器成员函数 size 返回向量里存放的元素个数，此时，V1. size () 将返回 4。接下来的第一个 for 循环完成了具有 n 个元素的 V2 向量的输入，可通过下标访问向量元素，向量的下标访问方式与数组的下标访问方式相同，既可作为表达式中右值使用，也可作为左值使用。注意：有效下标范围是 0～size() − 1，与数组一样，下标必须有效，否则，后果与数组越界基本相同，关于下标访问原理，详见第 4 章运算符重载。最后，程序使用两个 for 循环分别输出两个向量的所有元素。

　　至此，大家可以理解上一章顺时针矩阵为何可以替换为整型向量。

　　程序运行输入如下：

5

```
    1 3 5 7 9
```
程序输出如下：
```
    7
    1      2      3      5
    1      3      5      7      9
```

如果将整型向量里的 int 替换为 string，就形成了字符串向量，大家可以在学习完2.5.4 字符串这一小节后，自己对样例程序进行修改和测试。

2.5.2　链表 list

链表也是程序设计中常用容器之一。C++ list 链表容器内元素存放在节点内，容器用双链表管理，内部封装了动态分配，主要存储空间位于堆上，支持在任意位置插入、删除、查找元素等操作，具有插入和删除元素时无需像向量容器一样搬动元素的优点。链表不支持下标访问，链表里的元素不可像数组元素一样快速随机访问，一般需要通过迭代器访问。标准库链表类模板可产生整型链表类 list<int>，使用时需包含头文件<list>。下面的样例介绍了在链表对象两端操作链表和遍历链表内所有元素的方法，链表的大多数操作需要通过迭代器进行，关于迭代器和迭代器访问的更多知识将在第 8 章讲述，关于链表容器的功能还可查阅附录。

使用举例：

```
//Ex2.4
 1    # include <iostream>
 2    # include <list>
 3    using namespace std;
 4
 5    int main ()
 6    {
 7        list<int> lst1;
 8        lst1. push_back(1);
 9        lst1. push_front(-1);
10        lst1. push_back(2);
11        lst1. push_front(-2);
12        lst1. push_back(3);
13        lst1. push_front(-3);
14        lst1. push_back(5);
15        lst1. push_front(-5);
16        lst1. push_back(7);
17        lst1. push_front(-7);
18        cout <<"size ："<< lst1. size() <<endl;
19        cout <<"front ："<<lst1. front() << endl;
20        lst1. pop_front();
21        cout <<"back ："<<lst1. back() << endl;
22        lst1. pop_back();
```

```
23
24        list<int>::iterator it;
25        for (it = lst1. begin(); it != lst1. end(); ++it)
26            cout << * it << '\t';
27        cout << endl;
28  }
```

上述程序首先建立整型链表容器对象 lst1，建立时 lst1 内元素个数为 0。链表成员函数 push_back、push_front 分别具有在链表尾部、头部添加元素的功能，程序通过这两个成员函数在链表尾部和头部各扩充了五个元素。容器共有成员函数 size 具有返回容器里元素个数的功能。链表成员函数 front、back 分别具有返回非空链表头部、尾部元素引用的功能。成员函数 pop_front、pop_back 则分别具有弹出非空链表头部、尾部元素的功能。容器共有成员函数 begin、end 则分别具有返回容器内起始位置、结束位置迭代器的功能。迭代器是一种泛型指针对象，可以通过迭代器访问所在位置元素，也可通过迭代器操作更新位置。样例程序最后通过 * it 访问迭代器所在位置元素，通过 ++it 更新迭代器位置，直到遍历结束。

程序运行输出如下：

```
size : 10
front : -7
back : 7
-5      -3      -2      -1      1       2       3       5
```

如果将整型链表里的 int 替换为 string，就形成了字符串链表，如果替换为其他类类型后，就可以构成其他对象链表，这些链表都具有一致的接口。

2.5.3 双端队列 deque

与向量容器、链表容器一样，双端队列容器也是常用容器之一。双端队列容器里元素通常保存在多个分段的内存区块中，段内连续、段间不需要连续。C++双端队列容器支持在头尾两端快速添加、删除元素，也支持通过下标快速、随机访问容器内元素。相对于向量容器，双端队列因为分段特点，在头尾两端添加、删除元素时，具有无需大量搬动容器内原有元素的优点；相对于链表容器，双端队列容器无需存放每个节点的前后节点指针，具有内存使用率较高的优点，还可通过下标较快速访问容器内元素。

标准库双端队列类模板可产生整型双端队列类 deque<int>，使用时需包含头文件<deque>。下述样例介绍了在双端队列两端操作双端队列和遍历双端队列内所有元素的方法。

```
//Ex2.5
1   # include <iostream>
2   # include <deque>
3   using namespace std;
4
5   int main ()
6   {
```

```
7      deque<int> deque1;
8      deque1. push_back(1);
9      deque1. push_front(-1);
10     deque1. push_back(2);
11     deque1. push_front(-2);
12     deque1. push_back(3);
13     deque1. push_front(-3);
14     deque1. push_back(5);
15     deque1. push_front(-5);
16     deque1. push_back(7);
17     deque1. push_front(-7);
18     cout <<"size : "<< deque1. size() <<endl;
19     cout <<"front :"<<deque1. front() << endl;
20     deque1. pop_front();
21     cout <<"back :"<<deque1. back() << endl;
22     deque1. pop_back();
23
24     deque<int>::iterator it;
25     for (it = deque1. begin(); it ! = deque1. end(); ++it)
26         cout << * it << '\t';
27     cout << endl;
28     size_t i;
29     for (i = 0; i < deque1. size (); ++i)
30         cout << deque1 [i] << '\t';
31     cout << endl;
32  }
```

上述程序首先建立整型双端容器对象 deque1，建立时 deque1 内元素个数为 0。双端队列成员函数 push_back、push_front 分别具有在双端队列尾部、头部添加元素的功能，程序通过这两个成员函数在双端队列尾部和头部各扩充了五个元素。容器共有成员函数 size 具有返回容器里元素个数的功能。双端队列成员函数 front、back 分别具有返回非空双端队列头部、尾部元素引用的功能。成员函数 pop_front、pop_back 则分别具有弹出非空双端队列头部、尾部元素的功能。容器共有成员函数 begin、end 则分别具有返回双端队列容器内起始位置、结束位置迭代器的功能。样例程序通过迭代器遍历双端队列容器，* it 访问迭代器所在位置元素，通过++it 更新迭代器位置。双端队列支持下标运算符访问，样例最后通过下标访问遍历输出整个双端队列里的元素。

样例程序运行输出如下：

```
size : 10
front : -7
back : 7
-5      -3      -2      -1      1      2      3      5
-5      -3      -2      -1      1      2      3      5
```

如果将整型双端队列里的 int 替换为 string，就形成了字符串双端队列容器，替换为其他类类型后就可以构成其他对象类型双端队列容器，这些双端队列容器都具有相同的功能。关于双端队列容器的更多功能可参见附录。

2.5.4 字符串 string

C++标准库提供了字符串类 string，使用时需包含头文件<string>。

字符串里面存放的是字符，可看作存放字符的特殊容器。字符串对象建立时可以是一个空串或具有指定字符串值。字符串类 string 对象可像整型变量一样进行输入、输出。字符串类具有返回长度的成员函数 length。两个字符串类对象可用运算符＝＝、！＝、＞－、＜＝、＜、＞进行各类比较运算，两个字符串对象还可用＋运算符进行连接运算，返回一个新字符串对象，原字符串对象不变。字符串对象可复制和赋值，字符串对象可像访问向量元素一样，通过下标访问字符串内字符，同样，下标必须有效，有效下标范围是：0～length() － 1。C++编译器也可将字符串字面常量转换为字符串对象进一步参加运算。关于字符串类的更多功能可参见附录 B。

使用样例如下：

```
//Ex2.6
1    # include <iostream>
2    # include <string>
3    using namespace std；
4
5    int main ()
6    {
7        size_t i；
8        string  str1,str2, str3, str4("HelloWorld")；   //建立四个字符串对象
9        cin >> str1；                              //输入字符串对象
10       cin >> str2；
11       cout << str1 << endl；                     //输出字符串对象
12       cout << str2 << endl；
13       str3 = str1 + str2；                       //字符串连接，结果赋值给 str3
14       cout << str3 << endl；
15       if (str3 == "HelloWorld")                  //字符串比较
16       {
17           cout <<"Equal HelloWorld"<< endl；
18       }
19       else
20           cout <<"Not Equal HelloWorld"<< endl；
21       if (str3 == str4)                          //字符串比较
22       {
23           cout <<"Equal "<< str4 << endl；
24       }
25       else
26           cout <<"Not Equal "<< str4 << endl；
```

```
27      for (i = 0; i < str3. length(); ++i)
28          if (str3[i] >= 'a' && str3[i] <= 'z')
29              str3[i] = str3[i] − 'a' + 'A';            //小写字母转成大写字母
30   cout << endl <<"After change:";
31      for (i = 0; i < str3. length(); ++i)
32          cout << str3 [i];                             //采用单字母输出
33      cout << endl <<"After change:";
34      if (str3 == str4)
35      {
36          cout <<"Equal "<<str4 << endl;
37      }
38      else
39          cout <<"Not Equal "<< str4 << endl;
40      string str;
41      getline(cin, str);                               //整行输入作为字符串
42      cout << str << endl;
43   }
```

上述样例先建立了四个字符串对象,前三个是空串,后一个具有指定字符串值,随后,完成了两个字符串的输入和输出。语句 13 实现了两个字符串相加,代表字符串连接。语句 15 进行了字符串对象与字符串字面常量的比较。语句 21 进行了两个字符串对象比较。语句 27~29 循环执行通过字符串下标逐个访问并修改字符串内字符的操作。与 C 语言字符串输入类似,字符串对象输入时以空格或 '\t' 作为字符串对象输入结束分隔符。如需将整行输入作为一个字符串对象,则需使用 getline 函数。样例 Ex2.6 中的 getline 函数执行时将本行输入时未提取的部分作为一个字符串提取。

程序运行输入如下:

Hello
World Hello again

程序运行输出如下:

Hello
World
HelloWorld
Equal HelloWorld
Equal HelloWorld

After change:HELLOWORLD
After change:Not Equal HelloWorld
Hello again

大家可以将本小节字符串类与前面其他容器结合,形成字符串向量、字符串链表等,进行测试和推导。

2.5.5　栈 stack

栈和队列是程序设计中常用的两种特殊容器,栈具有后进先出的特点,队列具有先进

先出的特点。C++ STL 里栈类模板是通过改造其他容器接口实现的，是一种容器适配器，关于容器适配器的介绍，详见第 8 章。使用栈时需包含头文件<stack>，使用队列时需包含头文件<queue>。

使用栈类模板一样可产生栈类。栈对象建立时调用无参构造函数，构造一个空栈，栈还具有判空 empty、入栈 push、取栈顶 top 和出栈 pop 功能，还支持栈的复制和赋值。

本章开始时已提供整型栈样例，本小节提供字符串栈样例。当栈中需要保存的元素为字符串对象时，C++标准库产生字符串栈类 stack<string>，下面的样例建立两个字符串栈 S1、S2，完成若干字符串对象的输入，输入字符串若是以大写字母开头，则入 S1 栈，否则，入 S2 栈，输入完成后，先后将两个字符串栈中保存的所有字符串弹出并输出。前面已介绍，Windows 系统下键盘输入时，可以在输入尾部，新行开始时，在按下"Ctrl"键的同时按下"Z"键，然后再输入回车模拟输入结束，UNIX 系统下键盘输入时，可以在输入尾部，新行开始时，在按下"Ctrl"键的同时按下"D"键，然后再输入回车模拟输入结束。

```cpp
//Ex2.7
1    # include <iostream>
2    # include <string>
3    # include <stack>
4    using namespace std;
5
6    int main ()
7    {
8        string   str;
9        stack<string>   S1, S2;
10
11       while (cin >> str)
12       {
13           if (! str. empty() && str [0] >='A' && str [0] <= 'Z')
14               S1. push(str);
15           else
16               S2. push(str);
17       }
18       while (! S1. empty())
19       {
20           cout << S1. top() << '\t';
21           S1. pop();
22       }
23       cout << endl;
24       while (! S2. empty())
25       {
26           cout << S2. top() << '\t';
27           S2. pop();
28       }
29       cout << endl;
```

```
30  }
```

程序运行输入如下：

Hello　hello　again　zhang　wang　Zhao　Again　bye

\`Z

程序运行输出如下：

Again　Zhao　Hello

bye　　wang　zhang　again　hello

2.5.6　队列 queue

正如前面所述，队列是具有先进先出特点的常用特殊容器，C++标准库里队列类模板也是通过改造其他容器接口实现的，是一种容器适配器。使用队列时，需包含头文件<queue>。

使用队列类模板一样可产生队列类。队列对象建立时调用无参构造函数，构造一个空队列。队列具有判空 empty、入队列 push、取队列首元素 front 和出队列 pop 功能，队列还可复制和赋值。

下面的样例是通过将样例程序 Ex2.7 中的字符串栈类换成字符串队列类 queue<string> 形成的。样例建立了两个字符串队列 Q1、Q2，完成若干字符串对象的输入，若输入字符串以大写字母开头，则入 Q1 队列，否则，入 Q2 队列。输入完成后，先后将两个字符串队列中保存的所有字符串取出并输出。

```cpp
//Ex2.8
1   #inclfude <iostream>
2   #include <string>
3   #include <queue>
4   using namespace std;
5
6   int main ()
7   {
8       string  str;
9       queue<string>  Q1, Q2;
10
11      while (cin >> str)
12      {
13          if (!str.empty() && str[0] >= 'A' && str[0] <= 'Z')
14              Q1.push(str);
15          else
16              Q2.push(str);
17      }
18      while (!Q1.empty())
19      {
20          cout << Q1.front () << '\t';
21          Q1.pop();
```

```
22          }
23          cout << endl;
24          while (! Q2. empty())
25          {
26              cout << Q2. front () << '\t';
27              Q2. pop();
28          }
29          cout << endl;
30      }
```

程序运行输入如下：

Hello hello again zhang wang Zhao Again bye

^Z

程序运行输出如下：

Hello　　Zhao　　Again

hello　　again　　zhang　　wang　　bye

2.6　类的嵌套定义

2.6.1　类的嵌套定义简介

特殊场合下，C++可以在一个类内定义另一个内部类，形成类的嵌套关系。

内部类可以像普通类一样，在定义时直接实现内部类成员函数。内部类名是外部类的类型成员，可直接使用的有效范围是外部类，在其他地方使用时，需要在内部类名前添加外部类名::，如下所示：

外部类名::内部类名

内部类成员函数在类定义外部实现时也需要在内部类名前添加外部类名::，如下所示：

外部类名::内部类名::成员函数名(形参表)函数体

使用内部类的好处是表明内部类和外部类的关系，内部类名的作用域是外部类，多个外部类可以具有同名的内部类，不会引起名字冲突。

C++ STL 中大量使用的迭代器类就是以容器类的内部类方式提供的，前面添加外部类名后，可以与普通类一样使用和定义对象。下述语句分别定义了整型向量容器的迭代器 it1、double 链表容器的迭代器 it2 和字符串双端队列容器的迭代器 it3。

vector<int>::iterator　it1；

list<double>::iterator　it2；

deque<string>::iterator　it3；

迭代器本身还有多种类型成员，关于迭代器的具体内容，详见第 8 章。

2.6.2　使用单链表实现的整型栈类

下面介绍简单整型栈类的设计和实现。我们以单链表表示整型栈中元素组成的线性表，本节设计和实现的整型栈类具有与标准库整型栈基本相同的接口，可以替换前面样例中使用的标准库产生的整型栈。需要注意的是，本节实现的整型栈类不支持栈对象的复制和赋值，关于使用动态分配的类对象的复制和赋值，详见第3章。

栈的操作均在栈顶进行，表示栈内整型元素线性表的单链表无需头节点，而且，用链表首节点代表栈顶元素，链表的表尾部分代表栈底整型元素。图2.5是单链表表示的整型栈空栈和具有5个元素(20，1，3，5，10)链栈的状态图。

空栈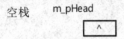

具有5个元素链栈（栈顶元素20）

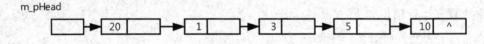

图2.5 单链表实现的整形栈状态图

样例 Ex2.9 中单链表中节点类型 Node 采用整型栈类内嵌节点类的方式，每个节点建立时，包括动态分配时，调用节点类的构造函数，指针域初始化为 nullptr。

栈对象建立时应该是一个空栈，单链表表示的整型栈应该具有构造空栈的构造函数。栈内元素用动态分配的节点表示，栈撤销时应该释放所有动态分配的空间，因此，单链表表示的整型栈类应该实现析构函数。另外，栈需要具备入栈、判空、取栈顶元素以及出栈功能，图2.6是单链表表示的整型栈类图。

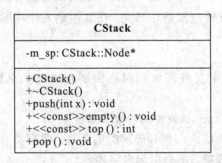

图2.6 单链表表示的整型栈类图

样例 Ex2.9 中，实现栈类入栈、出栈、析构等成员函数中用到的指针变量 p 是临时变量，使用时在栈中分配，使用完后撤销，不代表栈状态，不应该作为类数据成员。

最后，给出整数栈类的完整实现和测试举例。

题目描述：模拟 STL stack 类设计实现 CStack 栈类，该类需具有入栈、出栈、判栈空、取栈顶元素等功能。利用该类实现下述要求。

输入描述如下：

分别构造两个空栈，再读入若干对整数 v、x，1≤v≤2；将元素 x 入第 v 个栈。

输出描述如下：

最后将两个栈中元素出栈，并输出；每个栈输出占一行，元素间以空格分隔。

样例输入如下：（数据输入完毕后，在新的一行，同时按下"Ctrl"键和"Z"键，再按回车

键，模拟输入结束）

1 100

2 200

1 300

2 400

1 50

1 60

2 80

样例输出如下：

60 50 300 100

80 400 200

//Ex2.9

```
 1    # include <iostream>
 2    using namespace std;
 3
 4    class CStack
 5    {
 6    public :
 7
 8        CStack ()  :m_sp(nullptr)       //构造函数
 9        {}
10        ~CStack ()                      //析构函数
11        void    push (int x);           //入栈
12        bool    empty () const;         //判栈空
13        int     top () const;           //非空时取栈顶元素
14        void    pop ();                 //非空时出栈
15    private :
16        struct Node                     //内嵌节点类
17        {
18            Node():next (nullptr) {}    //节点建立时指针域值为 nullptr
19            int data;
20            Node * next;
21        };
22        Node * m_sp;                    //链表首指针
23    };
24
25    CStack::~CStack ()
26    {
27        //删除所有节点
28        while (m_sp != nullptr)
29        {
30            Node * p = m_sp;            //临时指针变量 p
31            m_sp = m_sp->next;
```

```
32          delete p;                    //删除 p 所指节点, 删除后不可使用该节点
33      }
34  }
35
36  void CStack∷push (int x)
37  {
38      Node * p = new Node;             //动态分配 1 个节点
39      p->data = x;
40      p->next = m_sp;
41      m_sp = p;
42  }
43
44  bool CStack∷empty () const
45  {
46      return (m_sp == nullptr);
47  }
48  int CStack∷top () const
49  {
50      return m_sp->data;
51  }
52
53  void CStack∷pop ()
54  {
55      Node * p = m_sp;
56      m_sp = p->next;
57      delete p;
58  }
59
60  int main()
61  {
62      CStack S1, S2;
63      int v, x;
64
65      while (cin >> v >> x)
66      {
67          if (v == 1)
68              S1. push (x);
69          else
70              S2. push (x);
71      }
72
73      while (!S1. empty ())
74      {
```

```
75          x = S1. top ();
76          cout << x <<"";
77          S1. pop ();
78      }
79      cout << endl;
80
81      while (!S2. empty ())
82      {
83          x = S2. top ();
84   cout << x <<"";
85          S2. pop ();
86      }
87      cout << endl;
88  }
```

2.7 类类型的数据成员和 has-a 关系

2.7.1 类类型的数据成员和 has-a 关系介绍

在现实世界里，不同类型的物体间存在一种重要的关系，即整体和局部的关系，如一辆轿车一般具有四个轮胎，还有发动机和传动系统等，轿车与轮胎、轿车与发动机、轿车与传动系统间的关系是非常紧密的整体和局部的关系，也称为 has-a 关系。这里轿车与轮胎、发动机、传动系统分别属于不同的类别，这样的关系在现实世界里比比皆是。反映在面向对象程序设计中，如果把轿车抽象成一个轿车类，轮胎抽象成轮胎类，发动机抽象成发动机类，传动系统抽象成传动系统类，则一辆轿车可以由四个轮胎、一个发动机、一个传动系统组成。一辆轿车是整体对象，轮胎、发动机、传动系统是整体对象的一部分，具有不同的类型，是整体对象的成员子对象。子对象构成了一辆轿车，轿车的功能通过协调这些子对象的功能来实现。

C++类对象的状态通过类的数据成员值的组合来表示，类的数据成员类型不仅可以是内置数据类型或内置数据类型延伸出的指针型、数组型，还可以是其他类类型或其他类类型延伸出的指针型和数组型。

2.7.2 点类、圆类以及它们的关系

下面样例里的点类和圆类，分别用于表示二维平面世界里的点和圆。二维平面世界里，每个点的位置由 x、y 坐标构成，我们可以抽象出点类 CPoint，它具有构造、显示、设置、相对移动和绝对移动以及析构功能。

二维平面世界里的圆，以一个点为圆心，以某个数值为半径，具有构造、显示、相对移动和绝对移动、放大以及析构功能。圆的显示、绝对移动、相对移动都是通过点的显示、绝对移动、相对移动实现的，圆的构造函数里显式或隐式地调用了点的构造函数。构造函数里没有显式调用点类的构造函数时，编译器会自动调用点类的无参构造函数，如果点类

不提供无参构造函数，则编译将报错。

　　下述样例分别设计和实现了点类 CPoint 和圆类 CCircle，并进行了测试。图 2.7 是表示其中的圆类、点类以及它们之间的组合关系的 UML 图。

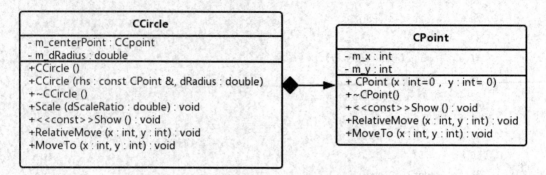

图 2.7　圆类、点类以及它们之间的组合关系的 UML 图

```
//Ex2.10
1    #include <iostream>
2    using namespace std;
3    class CPoint
4    {
5    public:
6        CPoint (int x = 0, int y = 0);
7        ~CPoint ();
8        void Show () const;
9        void RelativeMove (int x, int y);
10       void MoveTo (int x, int y);
11   private :
12       int   m_x, m_y;
13   };
14   CPoint::CPoint (int x, int y)
15       :m_x(x),m_y(y)
16   {
17       cout <<"construct point <"<< m_x <<',' << m_y << '>' << endl;
18   }
19   CPoint::~CPoint ()
20   {
21       cout <<"destruct point <"<< m_x <<',' << m_y << '>' << endl;
22   }
23   void CPoint::Show () const
24   {
25       cout << '<' << m_x <<',' << m_y << '>' << endl;
26   }
```

```
27   void CPoint::RelativeMove (int x, int y)
28   {
29       m_x += x;
30       m_y += y;
31   }
32   void CPoint::MoveTo (int x, int y)
33   {
34       m_x = x;
35       m_y = y;
36   }
37   class CCircle
38   {
39   public:
40       CCircle ();
41       CCircle (const CPoint &rhs, double dRadius);
42       ~CCircle ();
43       void Scale (double dScaleRatio);
44       void Show () const;
45       void RelativeMove (int x, int y);
46       void MoveTo (int x, int y);
47   private :
48       CPoint m_centerPoint;
49       double m_dRadius;
50   };
51
52   CCircle::CCircle () : m_dRadius (1)
53   {
54       cout <<"circle default construct"<< endl;
55   }
56   CCircle::CCircle (const CPoint &rhs, double dRadius)
57       : m_centerPoint (rhs),m_dRadius (dRadius)
58   {
59       cout <<"construct circle"<< endl;
60   }
61   CCircle::~CCircle ()
62   {
63       cout <<"destruct circle "<< endl;
64   }
65   void CCircle::Scale (double dScaleRatio)
66   {
67       this->m_dRadius *= dScaleRatio;
68   }
```

```
69
70   void CCircle::Show () const
71   {
72        cout <<"circle, radius :"<< this->m_dRadius <<",center :";
73        this->m_centerPoint. Show();
74   }
75   void CCircle::RelativeMove (int x, int y)
76   {
77        this->m_centerPoint. RelativeMove(x, y);
78   }
79   void CCircle::MoveTo (int x, int y)
80   {
81        this->m_centerPoint. MoveTo(x, y);
82   }
83
84   int main ()
85   {
86        CPoint   point1, point2(10, 20);
87        point1. Show();
88        point2. Show();
89        CCircle circle1, circle2 (point2, 2);
90        circle1. RelativeMove(2,2);
91        circle2. Scale(2.5);
92        circle2. MoveTo(5, 5);
93        circle1. Show();
94        circle2. Show();
95   }
```

　　上述样例中的很多输出语句是为了测试、分析用，实际程序设计中是不必要的。大家可以分析出样例程序的输出，必要时可调试跟踪验证。程序首先创建了两个点：point1、point2，创建过程中两次执行构造函数，输出两行信息，随后，执行两个点的显示，输出两行坐标信息。

　　接下来，程序创建 circle1、circle2 对象。circle1 创建时，执行圆类的无参构造函数，圆类无参构造函数没有指定子对象圆心点_centerPoint 的构造函数，编译器会调用点类的无参构造函数，得到第 5 行输出，圆类无参构造函数的函数体继续输出第 6 行信息。circle2 创建时，执行的是圆类的指定参数的构造函数，子对象圆心点_centerPoint 用 rhs 复制构造，完成点的状态的复制，无输出。编译器支持简单对象的复制和赋值，关于复制和赋值的其他知识，详见第 3 章。圆类指定参数的构造函数的函数体输出了第 7 行信息。

　　接下来程序对 circle1 执行了相对移动，对 circle2 执行了放大和绝对移动，过程中改变了对象的状态，无输出。

　　程序的最后两个语句输出了两个圆的信息，得到第 8、9 两行输出。

main 函数执行完成后，先后析构运行栈上的局部对象 circle2、circle1、point2、point1，圆对象析构时先执行圆类析构函数，然后执行子对象_centerPoint 的析构，每个圆对象析构有两行输出。最后两行是两个点析构时的输出。

上述分析过程，大家可以用调试跟踪来验证。

程序执行结果如下：

```
construct point <0,0>
construct point <10,20>
<0,0>
<10,20>
construct point <0,0>
circle default construct
construct circle
circle，radius :1,center :<2,2>
circle，radius :5,center :<5,5>
destruct circle
destruct point <5,5>
destruct circle
destruct point <2,2>
destruct point <10,20>
destruct point <0,0>
```

2.8 典型范例——简单集合类

在程序设计中，经常遇到集合处理问题。每个集合可以存放若干集合元素，集合也可被看作是一个简单容器。一般情况下，集合需要支持集合元素的增加、删除、查询功能，还需要显示集合内容；另外，集合还需要进行并、交、差运算。集合并、交、差运算涉及三个集合，两个集合执行运算后返回运算结果，运算结果也是一个集合。

样例 Ex2.11 设计、实现并测试了一个简单的集合类，为简单起见，假设集合元素类型为整型，集合元素个数不超 100 个。样例中集合类具有 m_iDatasA 和 m_ICount 两个数据成员，m_iDatasA 是大小为枚举常量 MaxSIZE 的数组，用于保存集合元素，m_ICount 用于表示数组内存放的集合元素个数。样例中的集合类具有无参构造空集、增加元素、包含元素判断和集合显示功能。由于样例中集合对象撤销时并不需要进行扫尾处理，因此样例中集合类无需定义析构函数。集合显示时，每个集合元素间以逗号分隔；每个集合显示在一行内。限于篇幅，样例中集合类设计和实现了并运算，集合交、差运算留待大家实现。集合的并运算涉及三个集合，集合类的每个实例表示一个集合。并运算常成员函数 Union 用于执行当前集合对象和作为形参的 rhs 集合对象的并运算，返回函数结果就是它们的并集，如果需要，可进一步参加集合运算。并运算过程中，当前集合和 rhs 集合均保持不变，所以 Union 是常成员函数，rhs 是常引用。

样例程序 Ex2.11 中，main 函数测试了集合类的部分功能。本题开始构造了空集 A、B、S，接着输入两个正整数 m、n，将后续输入的 m 个整数加入集合 A，再将后续输入的 n

个整数加入集合 B，然后执行集合并运算，将得到的结果赋值给 S。样例程序中，显示了两个集合和它们的并运算结果集。样例程序体现出面向对象程序设计思想，具有结构合理、程序可读性好的特点。

图 2.8 表示空集和具有 5 个元素{1，3，5，10，15}集合对象的内存状态。图 2.9 是简单集合类的 UML 类图。

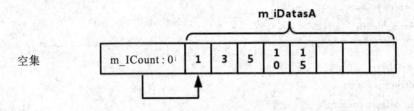

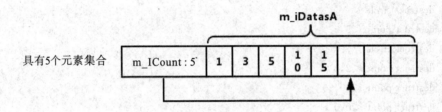

图 2.8　简单集合对象内存状态示意图

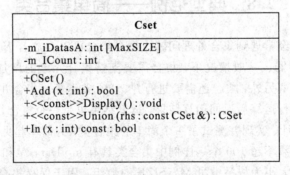

图 2.9　简单集合类 UML 类图

程序设计中，算法是解决问题的方法，是程序的核心内容之一。样例 Ex2.11 中，就体现了多个算法，如集合显示 Display 成员函数实现的显示算法、并运算成员函数 Union 实现的集合并运算算法、Add 成员函数实现的加入集合元素算法等，有的算法非常简单，有的算法比较复杂。评估算法性能好坏的一个非常重要的指标是：算法复杂度。算法复杂度分为时间复杂度和空间复杂度。时间复杂度用于估算执行算法程序所需要的基本计算的总工作量，代表算法的效率，用算法中基本操作执行次数的最高阶来表示，一般与问题的规模 n 有关联，用大 O 记法表示，常见的算法时间复杂度有 $O(1)$、$O(n)$、$O(n^2)$、$O(\text{lb}n)$、$O(2^n)$ 等；空间复杂度用于估算执行这个算法程序所需要的内存空间。前面栈类的入栈、出栈、判栈空、取栈顶元素操作的实现算法的时间复杂度均是 $O(1)$。计算机最重要的资源是时间资源和内存空间资源，与之相关的算法复杂度的定义和评估可以参见数据结构或算法分析与设计的有关书籍。

样例 Ex2.11 中实现的集合类的显示算法和加入集合元素算法的时间复杂度都是 $O(n)$，并运算算法时间复杂度为 $O(m+n)$，m、n 指涉及的两个集合的元素个数。注意：样例中，集合内部元素顺序始终保持递增排序，各成员函数调用前和调用后都必须保证这一点。

```
//Ex2.11
1   #include <iostream>
2   using namespace std;
3
4   class CSet
5   {
6   public:
7       //构造函数
8       CSet();
9       //增加元素
10      bool Add(int x);
11      //显示集合
12      voidDisplay() const;
13      //并集
14      CSet Union (const CSet &rhs) const;
15      //是否包含元素 x
16      bool In (int x) const;
17  private:
18      enum {MaxSIZE = 100};
19      int m_iDatasA [MaxSIZE];      //集合元素，递增排序表示
20      int m_ICount;                 //元素个数
21  };
22
23  //构造函数
24  CSet::CSet() : m_ICount (0)
25  {
26  }
27
28  //增加元素
29  bool CSet::Add(int x)
30  {
31      if (In (x))
32          return false;             //元素已在集合中
33      if (m_ICount >= MaxSIZE)
34          throw "OverFlow";         //集合已满，抛出异常待处理
35      int i = m_ICount-1;
```

```
36          while (i >= 0 && x < m_iDatasA [i])
37          {
38              m_iDatasA [i+1] = m_iDatasA [i];
39              i − −;                          //从后往前,元素后移
40          }
41          m_iDatasA [i+1] = x;                //填入元素
42          m_ICount + +;                       //调整元素个数
43          return true;
44      }
45
46      //显示集合
47      void CSet∷Display( ) const
48      {
49          cout <<"{";
50          int i;
51          for (i = 0; i < m_ICount−1; i++)
52          {
53              cout << m_iDatasA [i] <<",";
54          }
55          if (i < m_ICount)
56              cout << m_iDatasA [i];
57          cout <<"}"<< endl;
58      }
59
60      //并集,结果为 A、B 并集,效率为 O(m+n)
61      CSet CSet∷Union (const CSet &rhs) const
62      {
63          CSet result;
64          int i,j;
65          i=j=0;
66          while (i < m_ICount && j < rhs. m_ICount)
67          {
68              if  (result. m_ICount >= MaxSIZE)
69                  throw "OverFlow";           //集合已满,抛出异常待处理
70              //元素小先处理
71              if (m_iDatasA [i] < rhs. m_iDatasA [j])
72              {
73                  result. m_iDatasA [result. m_ICount++] = m_iDatasA [i];
74                  i++;
75              }
76              else if  (m_iDatasA [i] == rhs. m_iDatasA [j])
77              {
78                  result. m_iDatasA [result. m_ICount++] = m_iDatasA [i];
```

```
79              i++;
80              j++;
81          }
82          else
83          {
84              result. m_iDatasA [result. m_ICount++] = rhs. m_iDatasA [j];
85              j++;
86          }
87      }
88      while (i < m_ICount)              //抄送其余元素
89      {
90          if  (result. m_ICount >= MaxSIZE)
91              throw "OverFlow";          //集合已满，抛出异常待处理
92          result. m_iDatasA [result. m_ICount++] = m_iDatasA [i];
93          i++;
94      }
95      while (j < rhs. m_ICount)          //抄送 rhs 其余元素
96      {
97          if  (result. m_ICount >= MaxSIZE)
98              throw "OverFlow";          //集合已满，抛出异常待处理
99          result. m_iDatasA [result. m_ICount++] = rhs. m_iDatasA [j];
100         j++;
101     }
102     return result;
103 }
104
105 //是否包含元素 x
106 bool CSet::In(int x) const
107 {
108     int i = 0;
109     while (i < m_ICount&& x > m_iDatasA [i])
110         i++;
111     if (i < m_ICount && x == m_iDatasA [i])
112         return true;
113     return false;
114 }
115
116 int main()
117 {
118     CSet A,B,S;
119     int i,m,n,x;
120
121     cin >> m >> n;
```

```
122        //建立 A 集
123        for(i = 0; i < m; i++)
124        {
125            cin >> x;
126            A. Add(x);
127        }
128        //建立 B 集
129        for(i = 0; i < n ; i++)
130        {
131            cin >> x;
132            B. Add(x);
133        }
134
135        A. Display();
136        B. Display();
137
138        S = A. Union (B);
139        S. Display();
140 }
```

样例程序输入如下：

3 5

1 2 3

3 5 8 2 6

样例程序输出如下：

{1,2,3}

{2,3,5,6,8}

{1,2,3,5,6,8}

2.9　特 殊 机 制

前面我们已经学习了普通类的设计和实现方法，本节介绍类的设计和实现时一些特定场合使用的 C＋＋特殊机制。

2.9.1　友元函数

在一个类中，成员访问控制分公有、私有和保护三种，本类的成员函数可以访问本类的所有成员，在类外只能访问类的公有成员。这样的封装机制提高了数据的安全性，但在有些应用中，有的类有少量关系比较紧密的函数和类，需要容许这些关系比较紧密的函数和类访问保护成员和私有成员。但是，如果为了让少量关系比较紧密的函数和类可以访问而将这些成员的访问控制改为公有，就会破坏类的封装和信息隐蔽，而且为了操作这些成员增加公有函数也会增加用户的记忆负担，使类的接口不清晰合理。为了在信息隐蔽和访问便利上取得平衡，C＋＋提供了友元(friend)机制，包括友元函数和友元类，允许友元访问类的保护成员与私有成员。

友元可以访问类中的保护成员和私有成员，这在某种程度上是对封装原则的一个小破坏。只有关系比较紧密的函数和类，才可使用友元，并且使用友元时必需能使程序精练、提高程序的效率。

一个类的友元函数可以访问这个类中的保护成员和私有成员。在对这个类进行声明时，在类体中用 friend 可以声明本类的友元函数，将普通函数声明为友元函数是在类体中采用如下方式声明：

```
friend 返回值类型 函数名(形参表)；
```

将普通函数声明为友元函数的程序示例。

```cpp
#include <iostream>
using namespace std;

class Date
{
public：
    Date(int y, int m, int d)：year(y), month(m), day(d) { }   // 构造函数
    friend void Show(const Date &dt)；                          // 输出日期，声明为友元
private：
    int year；                                                  // 年
    int month；                                                 // 月
    int day；                                                   // 日
};
void Show(const Date &dt)                                       // 输出日期
{
    cout<<dt. year<<"年"<<dt. month<<"月"<<dt. day<<"日"<<endl；
                                                                //可以访问私有成员
}
int main()                                                      // 主函数 main()
{
    Date dt(2009，6，18)；                                       // 定义日期对象 dt；
    Show(dt)；                                                   // 输出日期 2009 年 6 月 18 日
}
```

友元函数不仅可以是普通函数(非成员函数)，还可以是另一个类中的成员函数，声明方式如下：

```
friend 返回值类型 类名::函数名(形参表)；
```

Ex2.12 是将另一个类的成员函数声明为一个类的友元函数的程序样例。

```cpp
//Ex2.12
1  #include <iostream>
2  #include <cstring>
3  using namespace std；
4
5  class CPerson；                                              // 对类 CPerson 的提前引用声明
```

```
6    //声明夫妻类
7    class CSpouse
8    {
9    private：
10       CPerson * pHusband;                    // 丈夫
11       CPerson * pWife;                       // 妻子
12   public：
13       CSpouse(const CPerson &hus, const CPerson &wf);    //构造函数
14       ~CSpouse();
15       void Show() const;                     // 输出信息
16   };
17   class CPerson
18   {
19   private：
20       char name[18];                         // 姓名
21       int age;                               // 年龄
22       char sex[3];                           // 性别
23   public：
24       CPerson(const char * nm, int ag, const char * sx): age(ag)    // 构造函数
25       {
26           strcpy(name, nm);
27           strcpy(sex, sx);
28       }
29       void Show() const                      // 输出信息
30       {
31           cout << name <<""<< age <<"岁 "<< sex << endl;
32       }
33       //声明类 CSpouse 的成员函数 Show()为类 CPerson 的友元函数
34       friend void CSpouse::Show() const;
35   };
36   CSpouse::CSpouse(const CPerson &hus, const CPerson &wf)
37   {
38       pHusband = new CPerson(hus);           // 为丈夫对象分配存储空间
39       pWife = new CPerson(wf);               // 为妻子对象分配存储空间
40   }
41   CSpouse::~CSpouse()
42   {
43       delete pHusband;                       //析构函数
44       delete pWife;
45   }
46   void CSpouse::Show() const                 // 输出信息
47   {
48       cout<<"丈夫:"<< pHusband -> name <<""<< pHusband -> age <<
```

```
          "岁"<<endl;
   49       cout<<"妻子:"<<pWife->name<<""<<pWife->age <<"岁"<< endl;
   50     }
   51     int main()                           // 主函数 main()
   52     {
   53       CPerson huf("张锋", 30, "男");      // 定义丈夫对象
   54       CPerson wf("吴英", 28, "女");       // 定义妻子对象
   55       CSpouse sp(huf, wf);               // 定义夫妻对象
   56       huf. Show();                       // 输出丈夫信息
   57       wf. Show();                        // 输出妻子信息
   58       sp. Show();                        // 输出夫妻信息
   59     }
```

在特殊情况下，在正式定义类之前，需要使用该类时，可采用提前声明来解决问题。

类的提前声明的使用范围是有限的。只有在正式声明一个类以后，才能用它去定义类对象。在类 CSpouse 的数据成员中，不能直接用 CPerson 定义对象作数据成员，只能用 CPerson 的指针作数据成员，也就是说，如果将 CSpouse 的数据成员改为

```
CPerson   husband;    // 丈夫
CPerson   wife;       // 妻子
```

编译将报错，这是因为在定义对象时需要为这些对象分配存储空间，在正式定义类之前，编译系统无法确定应为成员对象分配多大的空间。

2.9.2　友元类

可以将一个类声明为另一个类的友元类。如将 B 类声明为 A 类的友元类，意味着友元类 B 中的所有成员函数都是 A 类的友元函数，可以访问 A 类中的所有成员。

声明友元类的一般形式为

```
friend   class 类名;
```

可以将上小节中样例 CSpouse 类中的友元函数声明改为友元类声明，即将 CSpouse 类声明为 CPerson 类的友元类，这样 CSpouse 中的所有成员函数都可以访问 CPerson 类中的所有成员，大家可以自己修改运行上述样例程序。需要注意的是将 CSpouse 类声明为 CPerson 类的友元类并不意味着 CPerson 类也是 CSpouse 类的友元类，除非另外声明。

2.9.3　静态数据成员

一般情况下，类的数据成员用于表达对象的状态，在不同的对象中有不同的存储空间，对应存储空间份数等于实际对象数。

在有些特定应用场合，比如对象计数，希望所有对象共享计数单元存储空间，普通数据成员不能满足这样的需求，全局变量虽然可以完成这一任务，但一定程度上破坏了类的封装性。

C＋＋可以用静态数据成员满足这样的需求。在一个类中，若在一个数据成员声明前加上 static，则该数据成员称为静态数据成员，静态数据成员被该类的所有对象共享。无论建立多少个该类的对象，都只有一个静态数据成员的存储空间。静态数据成员的声明格

式如下：

　　　　static 类型名　数据成员名；

　　静态数据成员的访问权限与普通数据成员相同，也分为公有、保护和私有。在类外只能访问公有静态数据成员，访问方式为

　　　　类名::静态数据成员名

　　静态数据成员也可以像普通数据成员一样通过对象访问，访问方式为

　　　　对象名 . 静态数据成员名

　　由于这种方式没有体现静态成员的特点，因此不建议读者这样使用。

　　在类内可以直接访问所有的静态数据成员，类的静态数据成员必须在类外进行初始化，初始化方式为

　　　　类型名 类名::静态数据成员名 ＝ 初始值；

　　如果只声明了类而未定义对象，则为静态数据成员分配存储空间，但不为类的非静态数据成员分配存储空间，只有在建立对象后，才为对象的非静态数据成员分配空间。

　　下面的样例程序定义了 Student 类，静态数据成员 _iCount 用于统计学生个数并自动生成学号，初始值为 0。

```
//Ex2.13
1   # include <iostream>
2   # include <string>
3   using namespace std;
4
5   class Student
6   {
7   private:
8   //数据成员
9       int m_iNum;                        // 学号
10      string m_strName;                  // 姓名
11      int m_iAge;                        // 年龄
12      string m_strSex;                   // 性别
13  public:
14  //公有成员
15  Student(const char * nm, int ag, const char * sx): m_strName(nm), m_iAge(ag), m_
    strSex(sx)                             // 构造函数
16      {
17          m_iNum = 1000 + _iCount++;
18      }
19      void Show() const                  // 输出信息
20      {
21          cout << m_iNum <<"\t"<< m_strName <<"\t"<< m_iAge <<"岁\t"
22              << m_strSex << endl;       // 输出学号、姓名、年龄和性别
23      }
24      static int _iCount;                // 计数器
25  };
```

```
26
27    int Student::_iCount = 0;                    // 初始化静态数据成员 count
28    int main()                                   // 主函数 main()
29    {
30        Student st1("张强", 32, "男");            // 定义对象 st1
31        Student st2("吴珊", 28, "女");            // 定义对象 st2
32        Student st3("吴倩", 23, "女");            // 定义对象 st3
33        st1.Show();                              // 输出 st1 的信息
34        st2.Show();                              // 输出 st2 的信息
35        st3.Show();                              // 输出 st3 的信息
36        cout<<"共有"<<Student::_iCount<<"个学生"<<endl;  // 输出人数
37    }
```

样例程序运行输出如下：

```
1000    张强    32 岁    男
1001    吴珊    28 岁    女
1002    吴倩    23 岁    女
共有 3 个学生
```

2.9.4 静态成员函数

成员函数也能被声明为静态成员函数。静态成员函数只属于类。因此，在类外调用一个静态成员函数时不需要指明对象。静态成员函数的声明方式为

    static 返回值类型 函数名(形参表);

在类外调用静态成员函数的方式为

    类名::静态成员函数名(实参表)

同样，可采用对象名来调用静态成员函数，这时的调用方式为

    对象名.静态成员函数名(实参表)

静态成员函数没有当前对象，也没有 this 指针，只能直接访问静态成员，而不能访问非静态成员。

静态成员函数的功能效果与普通函数的功能效果相同。

将上节样例中的静态数据成员改为私有，增加静态成员函数后的程序如下，运行结果不变。

```
//Ex2.14
#include <iostream>
#include <string>
using  namespace std;

class Student
{
private:
//数据成员
    int m_iNum;                        // 学号
    string m_strName;                  // 姓名
```

```
        int m_iAge;                              // 年龄
        string m_strSex;                         // 性别
        staticint _iCount;                       // 计数器
    public:
    //公有成员
        Student(const char * nm, int ag, const char * sx): m_strName(nm),m_iAge(ag),m_str-
Sex(sx)                                          // 构造函数
        {
            m_iNum = 1000 + _iCount++;
        }
        void Show() const                        // 输出信息
        {
            cout << m_iNum <<"\t"<< m_strName <<"\t"<< m_iAge <<"岁\t"
<< m_strSex << endl;                             //输出学号、姓名、年龄和性别
        }
        static int GetCount()                    // 返回学生人数
        {
            // m_iNum = 0;                        //错,静态成员函数不能直接引用非静态
                                                       数据成员
            return _iCount;                       // 返回 count
        }
    };

    int Student::_iCount = 0;                     // 初始化静态数据成员 count
    int main()                                    // 主函数 main()
    {
        Student st1("张强", 32, "男");            // 定义对象 st1
        Student st2("吴珊", 28, "女");            // 定义对象 st2
        Student st3("吴倩", 23, "女");            // 定义对象 st3
        st1. Show();                              // 输出 st1 的信息
        st2. Show();                              // 输出 st2 的信息
        st3. Show();                              // 输出 st3 的信息
        cout<<"共有"<<Student::GetCount()<<"个学生"<<endl;    // 输出人数
    }
```

* 2.9.5   mutable 和 volatile

一般情况下,常对象的状态不会发生变化,普通对象的常成员函数也不允许修改对象的数据成员。在某些特殊应用中,可能需要修改常对象中的某个数据成员的值,或常成员函数要修改某个数据成员的值,例如类中有一个用于记录显示次数计数的变量 count,其值应当能不断变化,C++对此作了特殊的处理,可将数据成员声明为 mutable,如下所示:

```
    mutable int count;
```

把 count 声明为易变的数据成员,这样即使是常对象、常成员函数也可以修改它的值。

下列程序可以正常编译运行。

```cpp
# include <iostream>
using namespace std;

class MyTest
{
public:
    MyTest(): count(0) {}                 // 构造函数
    void Show() const                     // 输出信息,常成员函数
    {
        cout<<"第"<<++count<<"调用对象 Show()成员函数"<<endl;
    }
private:
    mutable int count;                    // 用于计数
};
int main()
{
    MyTest a;                             // 定义非常对象 a
    cout <<"普通对象 a:"<< endl;
    a. Show();                            // 第 1 次调用 a. Show()
    a. Show();                            // 第 2 次调用 a. Show()
    const MyTest b;                       // 定义常对象 b
    cout << endl <<"常对象 b:"<< endl;
    b. Show();                            // 第 1 次调用 b. Show()
    b. Show();                            // 第 2 次调用 b. Show()
}
```

volatile 是 C++并发程序设计中用于修饰变量类型的重要关键字。用 volatile 修饰类型的变量、类成员具有易变性和不可优化性,可以保证多个线程访问同一个变量,大家可以在进行并发程序设计时进一步学习。

习　题　2

一、单项选择题

1. C++对 C 语言作了很多改进,从面向过程变成为面向对象的主要原因是(　　)。

A. 增加了一些新的运算符　　　　　　B. 允许函数重载,并允许设置缺省参数

C. 规定函数说明符必须用原型　　　　D. 引进了类和对象的概念

2. 以下关键字不能用来声明类的访问权限的是(　　)。

A. public　　　　　　　　　　　　　B. static

C. protected　　　　　　　　　　　　D. private

3. 一个类的构造函数(　　)。

A. 可以有不同的返回类型　　　　　　　　B. 只能返回整型

C. 只能返回 void 型　　　　　　　　　　D. 没有任何返回类型

4. 在语句"cin ＞＞ data;"中，cin 是（　　　）。

A. C 的关键字　　　　　　　　　　　　B. 类名

C. 对象名　　　　　　　　　　　　　　D. 函数名

5. 若 AA 为一个类，a 为该类的非静态数据成员，则在该类的一个成员函数定义中访问 a 时，其书写格式为（　　　）。

A. a　　　　　　　　　　　　　　　　B. AA.a

C. a()　　　　　　　　　　　　　　　D. AA∷a()

6. C++系统预定义了四个用于标准数据流的对象，下列选项中不属于此类对象的是（　　　）。

A. cout　　　　　　　　　　　　　　　B. cin

C. cerr　　　　　　　　　　　　　　　D. cset

7. 下列关于类和对象的叙述中，错误的是（　　　）。

A. 一个类只能有一个对象

B. 对象是类的具体实例

C. 类是某一类对象的抽象

D. 类和对象的关系就像数据类型和变量的关系

8. 有以下类声明：class MyClass{ int num；}；，则 MyClass 类的成员 num 是（　　　）。

A. 公有数据成员　　　　　　　　　　　B. 公有成员函数

C. 私有数据成员　　　　　　　　　　　D. 私有成员函数

9. 构造函数是在（　　　）时执行的。

A. 程序编译　　　　　　　　　　　　　B. 创建对象

C. 创建类　　　　　　　　　　　　　　D. 程序装入内存

10. 下面有关构造函数的描述中，正确的是（　　　）。

A. 构造函数可以带有返回值　　　　　　B. 构造函数的名字与类名完全相同

C. 构造函数必须带有参数　　　　　　　D. 构造函数必须定义，不能缺省

11. 若 MyClass 为一个类，则执行"MyClass a[4]，＊p[2]；"语句时会自动调用该类构造函数的次数是（　　　）。

A. 2　　　　　　　　　　　　　　　　B. 4

C. 6　　　　　　　　　　　　　　　　D. 0

12. 要定义一个引用 MyClass 类对象的变量 p，正确的定义语句是（　　　）。

A. MyClassp＝MyClass；　　　　　　B. MyClass p＝new MyClass；

C. MyClass & p＝new MyClass；　　　　D. MyClass a，&p＝a；

13. 下列程序段中包含四个函数，其中具有隐含 this 指针的是（　　　）。

```
int fun1();
class Test
{
public:
```

```
        int fun2();
        friend int fun3();
        static int fun4();
    };
```

A. fun1   B. fun2

C. fun3   D. fun4

14. 若 A 是类名，则下列定义中，（   ）定义指向对象数组的指针 p。

A. A $*$ p[3];   B. A（$*$ p)[3];

C. (A $*$)p[3];   D. A $*$ p();

15. 下列对 C++中静态数据成员的描述中，正确的是（   ）。

A. 类的每个对象都有自己独立的静态数据成员

B. 类的不同对象有不同的静态数据成员值

C. 静态数据成员是类的所有对象共享的数据

D. 静态数据成员不能通过类的对象来调用

16. 下面有关静态成员函数的描述中，正确的是（   ）。

A. 在静态成员函数中可以使用 this 指针

B. 在建立对象前，就可以为静态数据成员赋值

C. 静态成员函数在类外定义时，要用 static 前缀

D. 静态成员函数只能在类外定义

17. 已知类 A 中一个成员函数说明如下：

     void Set (A &a);

其中，A &a 的含义是（   ）。

A. 指向类 A 的指针为 a

B. 将 a 的地址值赋给变量 Set

C. a 是类 A 对象的引用，用作函数 Set()的参数

D. 变量 A 与 a 按位相与作为函数 Set()的参数

18. 在下面有关析构函数特征的描述中，正确的是（   ）。

A. 一个类可以有多个析构函数   B. 析构函数与类名完全相同

C. 析构函数不能指定返回类型   D. 析构函数可以有一个或多个参数

19. ptr 是指向 A 类对象的指针变量，将 ptr 所指对象的成员 n 的值改为 20 的语句应该为（   ）。

A. A(20);   B. ptr. set(20);

C. ptr$-$>set(20);   D. set(20);

20. 已知 f1 和 f2 是同一类的两个成员函数，但 f1 不能直接调用 f2，这说明（   ）。

A. f1 和 f2 都是静态函数

B. f1 是静态函数，f2 不是静态函数

C. f1 不是静态函数，f2 是静态函数

D. f1 和 f2 都不是静态函数

21. 关于 new 运算符的下列描述中，（   ）是错误的。

A. 它可以用来动态创建对象和对象数组

B. 使用它创建的对象或对象数组可以使用运算符 delete 删除

C. 使用它创建对象时要调用构造函数

D. 不可以使用它创建对象

22. 关于封装,下列说法中不正确的是( )。

A. 通过封装,对象的全部属性和操作结合在一起,形成一个整体

B. 通过封装,一个对象的实现细节被尽可能地隐藏起来(不可见)

C. 通过封装,每个对象都成为相对独立的实体

D. 通过封装,对象的属性都是不可见的

23. 如果类 A 被说明成类 B 的友元,则( )。

A. 类 A 的成员即类 B 的成员

B. 类 B 的成员即类 A 的成员

C. 类 A 的成员函数不得访问类 B 的成员

D. 类 B 不一定是类 A 的友元

24. 在下列函数原型中,可以作为类 AA 构造函数的是( )。

A. void AA(int);   B. int AA();

C. AA(int) const   D. AA(int);

25. 类的指针成员的初始化是通过函数完成的,这个函数通常是( )。

A. 析构函数   B. 构造函数

C. 其他成员函数   D. 友元函数

26. 假定 A 为一个类,则执行"A * p=new A(2,3);"语句时共调用该类构造函数的次数为( )。

A. 0   B. 1

C. 2   D. 3

E. 6

二、程序设计题

1. 改写本章第 2.1 节里的样例 Ex2.1,要求程序输入若干个整数,将输人后的正整数和负整数分别保存起来,输入完成后,首先以与输入次序相反的次序输出所有保存的正整数,再以与输入次序相反的次序输出所有保存的负整数,正整数的输出和负整数的输出各占一行。

2. 继续改写本章第 2.1 节里的样例 Ex2.1,要求程序输入若干个整数,将输入后的正整数和负整数分别保存起来,输入完成后,首先以与输入次序相同的次序输出所有保存的正整数,再以与输入次序相同的次序输出所有保存的负整数,正整数的输出和负整数的输出各占一行。

3. 编写程序,建立一个整数链表容器,要求程序输入若干个整数,将输入后的正整数和负整数分别插入容器两端,输入完成后,遍历输出链表容器里的所有整数。

4. 编写程序,建立一个整数双端队列容器,要求程序输入若干个整数,将输入后的正整数和负整数分别插入容器两端,输入完成后,分别以迭代器和下标两种方式遍历输出双端队列容器里的所有整数。

5. 编写程序，建立一个字符串链表容器，要求程序输入若干个字符串，将输入后的以小写字母开头的字符串和其他字符串分别插入容器两端，输入完成后，遍历输出链表容器里的所有字符串。

6. 编写程序，建立一个字符串双端队列容器，要求程序输入若干个字符串，将输入后的长度小于 5 的字符串和其他字符串分别插入容器两端，输入完成后，分别以迭代器和下标两种方式遍历输出双端队列容器里的所有字符串。

7. 设计一个圆类，使其具有计算设置半径、获取半径、计算面积、计算周长的功能，实现这些成员函数，编写圆类测试程序。

8. 设计一个用数组保存整型元素的整型元素队列类，要求实现的队列类具有与 STL 整型队列类同样的功能，可以替换本章第 2.1 节样例 Ex2.1 里的整型队列类。注意区分队空和队满状态，注意入队列和出队列的运算效率。

9. 设计一个用链表保存整型元素的链队列类，要求实现的队列类具有与 STL 整型队列类同样的功能，可以替换本章第 2.1 节样例 Ex2.1 里的整型队列类。注意入队列和出队列的运算效率。

10. 编写程序，进一步完善典型案例中的简单集合类，添加集合交、差、删除元素等成员函数功能，并编写测试程序。

第3章 拷 贝 控 制

对象的传递涉及对象的复制、赋值或转移。对象的复制、赋值、转移和销毁通过类拷贝控制函数来完成。拷贝控制函数由类的拷贝构造、拷贝赋值、移动构造、移动赋值和析构函数组成。前面讨论涉及的大部分类和对象的数据成员类型都是内置数据类型、固定大小数组或类类型，这些类型一般无需定义上述 5 个拷贝控制函数，因为这不影响这些类型对象的复制、赋值、转移，也不影响它们的正确析构。程序设计中还经常遇到一些对象，如集合、栈、字符串和向量，这些对象具有比较复杂的状态，为表示这些状态复杂多变的对象，往往需要采用动态分配的方式，如用链表存储集合内的元素，用动态分配的连续空间存放向量元素等。标准库提供的 vector、string、list 等类模板就是在动态分配基础上实现的，这些类需要定义和实现 5 个拷贝控制函数。本章分析对象的复制、赋值及转移过程，讨论具有动态分配的类在设计和实现时的拷贝控制问题，学习设计正确、高效的C++程序。

3.1　对象的传递、复制和赋值

正如上一章所述，函数间经常需要传递和返回对象。C++函数可以传递对象的引用、对象的地址以及对象数组，也可以传递对象复制的副本。

C++函数传递对象的引用时，形参本质上是实参的别名，实参是对象名，实参和形参是同一个对象。对于大型对象，引用传递具有极高的传递效率，它是 C++函数间最为普遍的参数传递方式。如果希望函数处理期间对象不发生变化，则一般将其声明为常引用。假设 CSet 是一个类，那么常引用声明和调用的形式如下：

    CSet   Union (const CSet &rhs);
    C   =   A.Union(B);

C++函数传递对象的地址时，形参是类指针类型，实参是对象的地址，形参指向实参代表的对象，对于大型对象，一样具有极高的传递效率，但因为不如引用传递方式直接明了，所以一般较少采用。如果希望函数处理期间对象不发生变化，则可以声明指针所指对象不可变。传递对象地址时，函数的声明和调用形式如下：

    CSet   Union (const CSet * pSet);
    C   =   A.Union(&B);

C++函数传递对象数组时，形参是类类型数组，实参是对象数组名，形参实际是实参代表数组的起始地址。由于传递的是数组，因此对于大型对象数组，对象数组传递也具有极高的传递效率，一般对象数组传递需求较少。传递对象数组时，函数的声明和调用形式如下：

    double   TotalSize (CCircle   allCircles [], int iCount) ;
    x   =   TotalSize (circles,   n) ;//circles 是 CCircle 对象组成的数组

C++函数传递对象的复制副本时，实参是对象名，形参是在运行栈上根据实参对象新复制

构造的对象，构造完成后，形参和实参是两个独立的对象，形参是变化的，实参是不变的。对于大型对象，复制效率较低，一般在确实必要时才采用。函数的声明和调用形式如下：

```
void  DoSomeThing  （CSample  obj）；
DoSomeThing  （obj）；
```

　　类似的，函数返回值的类型也有返回对象引用、对象指针和对象值三种类型。对于局部对象，由于函数执行完毕后局部对象会析构，因此不可返回局部对象的引用或指针，否则，根据函数返回结果去访问对象会导致不确定的错误结果。当函数返回对象值类型时，编译器会通过复制构造一个副本对象返回，因此，函数返回值具有对象类型时，函数可以返回局部对象。

　　C++程序设计中，还经常需要显式根据对象 A 复制构造一个新对象 B，如：

```
CSample  B（A）；
```

或

```
CSample  B｛A｝；
```

或

```
CSample  B = A；
```

　　除上述参数传值、函数返回对象和显式复制构造外，如果对象作为另一个类型大对象的成员子对象时，随着大对象的复制构造，成员子对象也会复制构造。

　　这些对象的复制是通过复制构造函数来完成的。通常，C++编译器会自动合成复制构造函数，合成复制构造函数的实际效果是逐个数据成员的复制。如果一个类的所有数据成员类型都是内置数据类型、固定大小数组或类类型，则编译器合成的复制构造函数就是我们需要的效果，如同前面简单集合类所示，对于这样的类，我们无需特殊处理就可以使用复制构造。复制构造函数也称为拷贝构造函数。

　　类似的，C++程序中经常需要对象赋值，如：

```
CSample  A，B；
    ⋮
B = A；
```

　　上述赋值语句将对象 A 赋值给对象 B。执行赋值前已存在两个独立对象 A、B，赋值完成后两个对象的状态相同：对象 B 的状态变得与对象 A 的状态一样。注意：这与前述对象 A 复制构造对象 B 不同，复制构造前只有一个对象 A 存在，复制构造完成后有两个独立且状态一样的对象。

　　同样的，对象的赋值是通过赋值运算符完成的。通常，C++编译器会自动合成赋值运算，合成赋值运算的实际效果是逐个数据成员的赋值。如果一个类的所有数据成员类型都是内置数据类型、固定大小数组或类类型，则编译器合成的赋值函数就是我们需要的效果，如同前面简单集合类所示，对于这样的类，我们无需特殊处理就可以使用赋值。

3.2　具有动态分配的类

　　C++程序设计中，并不是所有类的数据成员类型都是内置数据类型、固定大小数组，还经常会遇到一些对象，具有比较复杂的状态，如集合、栈、字符串、向量，为表示这些状态复杂多变的对象，往往需要采用动态分配，如用链表表示集合内的元素，用动态分配的

连续空间存放向量内容,等等,标准库提供的 vector、string、set 等类模板就是在动态分配
基础上实现的,内部定义和实现了拷贝控制函数。对于具有动态分配的类,使用编译器合
成的拷贝构造函数和复制赋值运算,运行时会出现严重问题,但编译器并不会发出警告。

第 2 章讨论过简单集合类。本章讨论对象的复制、赋值和转移,再以链集合类为例,
分析需要动态分配的类该如何设计和实现拷贝控制函数。链集合类用带头节点的单链表存
储集合内元素,不限定集合内元素的个数,其完整样例 Ex3.1 在本章第 3.3 节给出。链集
合类中,增加集合元素和删除元素分别需要插入节点和删除节点,正如第 1 章单链表样例
中所述,本章集合类带头节点的目的也是为了简化插入节点和删除节点算法。为了提高处
理效率,单链表中的元素始终保持递增状态。图 3.1 描述了空集时集合对象的内存状态和
具有 5 个元素{1,3,5,10,15}时的集合对象的内存状态。

空集
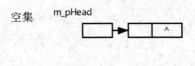

具有5个元素集合

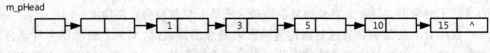

图 3.1   链集合对象的内存状态示意图

3.2.1 拷贝构造

拷贝构造也称为复制构造。我们先来分析根据集合对象 A 拷贝构造集合对象 B 的
情况:

    CSet   B(A);

如图 3.2 所示,拷贝构造前只有一个集合对象 A,假设集合 A 的内容为{1,3,5,10,15},
集合对象 B 事先不存在,B 的指针成员值不确定。

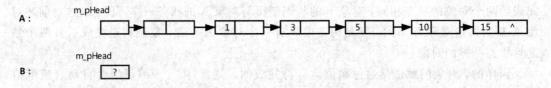

图 3.2   链集合类对象的拷贝构造前状态示意图

如果类没有定义拷贝构造函数和移动构造函数时,那么编译器会合成拷贝构造函数。
移动构造函数是 C++ 11 引入的,稍后介绍。编译器合成的拷贝构造函数实现了逐个成员
的拷贝构造,本例中就是指针成员的拷贝构造,图 3.3 是编译器合成的拷贝构造函数的效
果图。从中可以看出 A、B 两个集合对象的头指针指向同一个链表,如果将来 B 对象消失
了,则执行析构函数,A 对象去访问链表时就会访问无效节点,从而产生严重问题;B 对象
内容变化进而造成链表变化,这一样会产生 A 对象访问时的严重问题。反过来,A 对象消
失或变化时,也一样会产生 B 对象访问的严重问题。两个对象都消失时,也会产生链表销

毁两次的问题。

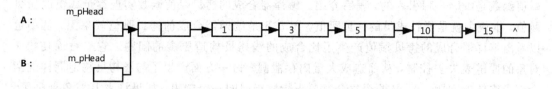

图 3.3　链集合类编译器合成的拷贝构造函数的效果图

　　编译器合成的拷贝构造也称为浅复制构造,它不适用于采用动态分配的链集合类。链集合类需要重载拷贝构造函数,才能达到正确效果,如图 3.4 所示。这样重载的拷贝构造函数称为深复制构造。深复制构造完成后,A、B 对象相互独立存在,互不影响。

　　拷贝构造函数形式如下:

　　　　CSet （const　CSet　&rhs）;

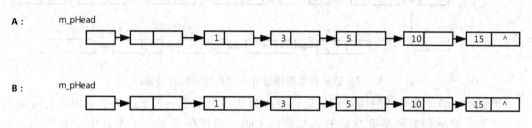

图 3.4　链集合类重载的拷贝构造函数的效果图

　　这是一个特别的构造函数,常引用参数传递表示拷贝构造过程中形参 rhs 集合对象不会发生变化。特别需要注意:拷贝构造形参不可使用传值方式,否则,实参复制形参需要采用拷贝构造,会造成永远递归,导致运行栈溢出的后果。样例 Ex3.1 中的语句 13 是重载拷贝构造函数声明语句,语句 130～149 是拷贝构造函数的定义,采用了链表复制算法。

3.2.2　拷贝赋值

　　分析完拷贝构造,我们再来分析赋值,拷贝赋值也称为复制赋值。拷贝赋值语句如下:

　　　　B = A;

　　下一章会讲到运算符本质上就是函数,因此,重载赋值运算符也可理解为重载赋值运算符函数。与拷贝构造前只有一个集合对象不同,赋值前两个对象都已存在且有正确内容。假设集合 A 内容为{1, 3, 5, 10, 15},集合 B 内容为{3, 6, 10, 28},则拷贝赋值前,两个集合对象的状态如图 3.5 所示。

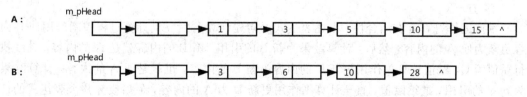

图 3.5　链集合类对象赋值前的状态示意图

如果类没有定义拷贝赋值函数和移动赋值函数时，编译器会合成拷贝赋值函数，移动赋值函数是C＋＋11引入的，稍后介绍。编译器合成的拷贝赋值函数实现逐个成员的拷贝赋值，本例中就是指针成员的拷贝赋值，图3.6是编译器合成的拷贝赋值效果图，从中可以看出编译器合成的拷贝赋值产生了比合成的浅拷贝构造更多的问题。它一方面使得B对象的原链表失去控制，从而造成大量内存泄漏，另一方面产生了与浅拷贝构造同样的两个链表连体的问题：A、B两个集合对象头指针指向同一个链表，如果将来B对象消失了，则执行析构函数，A对象去访问链表时就会访问无效节点，产生严重问题；B对象内容变化进而造成链表变化，这一样会产生A对象访问时的严重问题。反过来，A对象消失或变化时，也一样会产生B对象访问的严重问题。两个对象都消失时，也会产生链表销毁两次的问题。

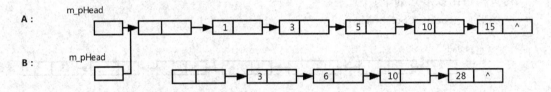

图 3.6　链集合类编译器合成的拷贝赋值效果图

类似的，编译器合成的拷贝赋值运算也称为浅拷贝赋值，它不适用于采用动态分配的链集合类。链集合类需要重载赋值运算符，才能达到正确效果，释放B集合对象的原链表，再将A对象的链表复制过来，复制后的状态如图3.7所示。这样重载的赋值运算称为深拷贝赋值。深拷贝赋值完成后，A、B对象相互独立存在，互不影响。

拷贝赋值运算符重载形式如下：

CSet ＆ operator ＝ (const　CSet　＆rhs);

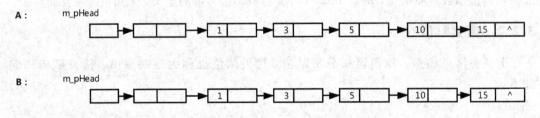

图 3.7　链集合类重载的拷贝赋值效果图

赋值运算符可以看作一个特殊的函数，具体内容详见第4章运算符重载。拷贝赋值过程中形参rhs集合对象不会发生变化。特别需要注意，赋值运算符完成后返回当前对象的引用，使我们可以像内置数据类型一样使用连续赋值：

D ＝ C ＝ B ＝ A;

赋值运算符具有右结合性，上述表达式语句先计算B ＝ A，计算过程中副作用使B内容更新为原A的内容，然后，计算结果为新B的引用，新B的内容就是A的内容，继续执行赋值给C，赋值计算副作用更新C的内容为新B的内容，也就是原A的内容，计算结果为新C的引用，继续赋值，直至计算副作用更新D为A的内容，最后废弃整个表达式的计算结果，也就是新D的引用，完成连续赋值。

样例Ex3.1中语句21是重载赋值运算声明语句，语句159～168是赋值运算函数的定

义,程序采用了一个技巧,语句 162 通过调用拷贝构造复制了 rhs 对象的副本 tmp,然后,
交换了当前对象的链表和局部对象 tmp 的链表,因此,当前对象的内容变为 tmp 的内容,
也就是 rhs 的内容,当前对象的原内容交换给了对象 tmp,赋值运算执行完成后,局部对
象 tmp 消失,执行析构函数时释放当前对象的原链表,没有任何内存泄漏。

　　更重要的是,在复制链表的过程中申请分配节点时,可能会抛出异常。如果发生异常
并且处理不当,则可能造成当前对象被破坏,甚至链表被破坏,从而导致后续运行发生严
重问题。样例 Ex3.1 重载的赋值运算达到了保证异常安全的理想效果:无异常时正确赋
值,有异常时赋值失败,原对象 A、B 不变,程序可以从赋值前状态继续安全运行。关于异
常的介绍,详见第 7 章。

3.2.3　C++ 11移动构造

　　前面通过重载拷贝构造函数和拷贝赋值解决了具有动态分配类的对象的拷贝构造和拷
贝赋值问题,可保证程序的正确执行。考虑如下语句:

　　　　CSet C = A. Union (B);

　　执行过程中集合 A 与集合 B 进行并运算,结果先保存在一个局部对象中,并运算返回
后,编译器通过重载的拷贝构造复制给临时匿名返回值集合对象,局部对象消失,执行析
构函数,释放链表,最后,再根据匿名返回值对象复制构造对象 C,C 得到正确结果,匿名
返回值对象消失,执行析构函数,释放链表。这个过程结果正确,也没有造成内存泄漏,
但内含若干次不必要的链表复制和释放,造成了极大的性能浪费,效率极低。过去主要通
过编译器优化解决这个效率问题,但有些情况下,编译器无法解决这一效率问题,如交换
两个链集合对象语句:

　　　　CSet tmp = A;

　　　　A = B;

　　　　B = tmp;

　　这些语句在执行过程中存在多次链表复制和销毁,极大地降低了执行效率。C++ 11
引入了移动构造和移动赋值用于解决这一类问题。根据 A 对象移动构造 B 对象时,A、B
对象的状态与图 3.2 所示拷贝构造时的状态一样,A 对象事先拥有链表,B 对象没有初始
化,没有链表。如果 A 对象事后无需使用,则只需简单地将 A 对象链表转移给 B 对象,A
对象不再拥有链表,A 对象指针置 nullptr,消失时析构函数不再释放链表,从而实现了高
效完美的资源即链表的转移,这也是移动构造名称的由来。图 3.8 是 A 对象链表转移给 B
对象的效果图。

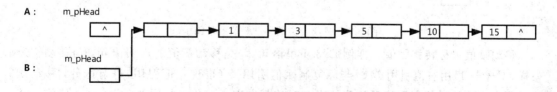

图 3.8　链集合类的移动构造效果图

　　移动构造也称转移构造。样例 Ex3.1 里语句 15 是移动构造的声明语句,C++ 11用
右值引用 && 与原引用 &(也称左值引用)进行区分,移动构造过程中被移动的对象和需

移动构造的当前对象都发生了变化，因此，前面无 const 修饰。移动构造过程中一般不需要新申请资源，可以做到不抛出异常，因此，后面有 noexcept 声明，用来承诺移动构造不抛出异常，这样，对象在 STL 容器中使用时可以发挥极佳效率，具体可参见本章第3.4 节。

　　样例 Ex3.1 里语句 151～157 是移动构造函数的实现代码。注意：移动构造后必须保证被移动的对象将来的正确析构，一般也应该保证被移动对象将来可重新赋值使用。

　　如果类定义了拷贝构造，但未定义移动构造，则编译器将统一用拷贝构造代替该类的移动构造；如果类定义了移动构造，但未定义拷贝构造，则编译器将禁止该类对象的拷贝构造。

3.2.4　C++ 11移动赋值

　　单靠移动构造还不够，如果用临时对象给对象赋值，就会存在与移动构造类似的情况。考虑如下语句：

　　　　C = A. Union (B)；

　　执行过程中集合 A 与集合 B 并运算，结果先保存在一个局部对象中，并运算返回后，编译器通过重载的拷贝构造先复制一个临时匿名返回值集合对象，局部对象消失，执行析构函数，释放链表，最后，再根据匿名返回值对象给对象 C 赋值，C 得到正确结果，匿名返回值对象消失，执行析构函数，释放链表。这个执行过程结果正确，也没有造成内存泄漏，但内含若干次不必要的链表复制、赋值和释放，造成了极大的性能浪费，效率极低。同样，C++ 98主要通过编译器优化解决这个效率问题。但有些情况下，编译器无法解决这一效率问题，如前面交换两个链集合对象。

　　C++ 11引入了移动赋值用于解决这一问题。将对象 A 移动赋值给 B 时，A、B 对象状态与移动构造时不同，与图 3.5 所示复制赋值时相同，赋值前对象 B 已存在，A、B 对象事先均拥有链表，如果 A 对象事后无需使用，则只需先释放 B 对象的链表，再将 A 对象链表转移给 B 对象，A 对象不再拥有链表，A 对象指针置 nullptr，消失时析构函数不再释放链表，从而实现了高效完美的资源即链表的转移。图 3.9 是用这种方法处理的移动赋值效果示意图。

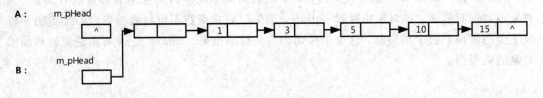

图 3.9　链集合类的移动赋值效果图 1

　　移动赋值也称转移赋值。样例 Ex3.1 里语句 23 是移动赋值的声明语句，与移动构造一样，C++ 11用右值引用 && 与原复制赋值引用 &（也称左值引用）进行区分，移动赋值过程中被移动对象和需移动赋值的当前对象都发生了变化，参数前面无 const 修饰。移动赋值过程中一般不需要新申请资源，可以做到不抛出异常，因此，后面有 noexcept 声明，用来承诺移动赋值不抛出异常，这样，对象在 STL 容器中使用时可以发挥极佳效率，详见本章第 3.4 节。

样例 Ex3.1 里语句 171~178 是移动赋值函数的实现代码。样例 Ex3.1 里采用了巧妙的办法来交换 A、B 对象的资源(链表),这样达到了改变当前被赋值对象的目的,同时,当前对象废弃的资源(链表)转移给临时对象 A,将来临时对象消失时会执行析构函数,完成资源的释放。图 3.10 是采用这一处理方法的移动赋值效果示意图。注意:移动赋值后必须保证被移动的对象将来的正确析构,一般也应该保证被移动对象将来可以重新赋值使用。

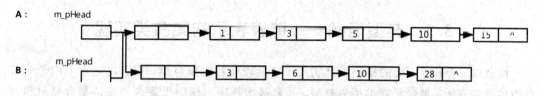

图 3.10　链集合类的移动赋值效果图 2

如果某类定义了拷贝赋值,但未定义移动赋值,则编译器将统一用拷贝赋值代替该类的移动赋值;如果类定义了移动赋值,但未定义拷贝赋值,则编译器将禁止该类对象的拷贝赋值。

3.2.5　std∷move 应用

类如果具有拷贝构造函数、移动构造函数、拷贝赋值和移动赋值定义,则使用时一般由编译器决定实际使用的是拷贝版还是移动版。针对临时对象,如函数返回值对象,编译器会使用移动构造或移动赋值;对于具有名字的普通对象,编译器会使用拷贝构造或拷贝赋值。

如果需要对具有名字的普通对象使用移动构造或移动赋值,则可利用 C++标准库提供的 std∷move 函数模板来实现,视指定具名对象为临时对象,拷贝或赋值时使用移动构造或移动赋值。std∷move 可适用于各类对象,使用方法与普通函数基本相同,关于函数模板的介绍,详见第 6 章。如下述函数交换两个链集合对象时,使用移动构造和移动赋值完成交换,具有非常高的效率,算法时间复杂性为 O(1)。

```
void  swapSet  (CSet &A, CSet &B)
{
    CSet    tmp = std∷move (A);        //根据 A 移动构造 tmp
    A = std∷move (B);                  //B 移动赋值给 A
    B = std∷move (tmp);                //tmp 移动赋值给 B
}
```

实际上,上述函数无需自己定义,C++标准库提供了类似的算法函数模板 swap。可以直接调用 std∷swap, swap (A, B);来完成对象交换。只要对象的类具有高效率、无异常的移动构造、移动赋值,这样的交换就是高效、无异常的。

如果类没有定义自己的拷贝构造函数、拷贝赋值、移动构造函数和移动赋值,则编译器会给类提供合成的拷贝构造函数、拷贝赋值、移动构造函数和移动赋值。当然,如果类具有无法拷贝构造、拷贝赋值、移动构造和移动赋值的数据成员时,则编译器也无法合成相应函数。一般来说,没有使用动态分配的类无需定义拷贝控制函数;具有动态分配的类需要同时定义组成拷贝控制的拷贝构造、移动构造、复制赋值、移动赋值及析构函数。拷贝控制函数中析构函数用来释放对象占用的资源。后两个函数是C＋＋ 11新引入的，这个法则就是通常所述的三/五法则。

最后，除已删除相应功能的特殊容器外，C＋＋ 11标准库提供的容器都已实现拷贝构造、移动构造、复制赋值、移动赋值和析构函数这五个拷贝控制函数。现代C＋＋程序设计需要表示复杂对象状态时，应该优先使用STL提供的容器作为类成员，这样就无需使用动态分配，这样的类也就无需定义与拷贝控制相关的函数，直接由编译器合成即可。

3.3　典型范例——链表表示的集合类实现

综合以上分析，下面的样例设计实现了功能较完备的集合类，集合内元素采用带头节点的单链表表示，集合元素类型为整型，元素递增排序。样例里集合类支持集合显示和元素增加、查询，并支持集合并运算，运算结果返回集合对象。样例设计和实现了拷贝构造、移动构造、复制赋值、移动赋值及析构函数五个拷贝控制函数，不会有内存泄漏。

样例利用该集合类完成了基本测试，测试程序输入数据开始为两个正整数 m、n；后续 m 个整数构成集合 A，再后续 n 个整数构成集合 B，分别输出集合 A、B 和它们的并集。

```
//Ex3.1
1    # include <iostream>
2    using namespace std;
3
4    class CSet
5    {
6    public：
7        //构造函数
8        CSet();
9        //析构函数，释放链表
10       ~CSet();
11
12       //拷贝构造函数
13       CSet(const CSet &);
14       //移动构造函数
15       CSet(CSet &&) noexcept;
16       //删除元素 x
17       bool Remove(int x);
18       //是否包含元素 x
19       bool In(int x);
20       //复制赋值
21       CSet & operator = (const CSet &rhs);
22       //移动赋值
23       CSet & operator = (CSet &&rhs) noexcept;
24
25       //增加元素
```

```
26        bool Add(int x);
27        //显示集合
28        void Display();
29        //结果为 A、B 交集
30        CSet Join (const CSet &rhs) const;
31   private:
32        struct Node
33        {
34            int data;
35            Node * next;
36        } * m_pHead; //集合采用递增排序单链表表示
37   };
38
39   //构造函数
40   CSet::CSet()
41   {
42        m_pHead = new Node;;
43        m_pHead->next = NULL;
44   }
45   //析构函数，释放链表
46   CSet::~CSet()
47   {
48        while (m_pHead)
49        {
50            Node * p = m_pHead;
51            m_pHead = p->next;
52            delete p;
53        }
54   }
55
56   //增加元素
57   bool CSet::Add(int x)
58   {
59        Node * p = m_pHead;
60        while (p->next && (p->next->data < x))
61        {
62            p = p->next;
63        }
64        if (p->next && p->next->data == x)
65            return false; //元素已在集合中
66        Node * q = new Node;
67        q->data = x;
68        q->next = p->next;
```

```
69        p->next = q;
70        return true;
71  }
72
73  //显示集合
74  void CSet::Display()
75  {
76        Node * p = m_pHead->next;
77        cout <<"{";
78        while (p)
79        {
80            cout << p->data;
81            p = p->next;
82            if (p) cout <<",";
83        }
84        cout <<"}"<< endl;
85  }
86
87  //结果为 A、B 交集
88  CSet CSet::Join (const CSet &rhs) const
89  {
90        CSet   result;
91
92        Node * last = result. m_pHead;
93
94        Node * p = m_pHead->next;
95        Node * q = rhs. m_pHead->next;
96        while (p && q)
97        {
98            if (p->data == q->data)
99            {
100                Node * s = new Node;
101                s->data = p->data;
102                last->next = s;
103                last = s;
104
105                p = p->next;
106                q = q->next;
107            }
108            else if (p->data  < q->data)
109                p = p->next;
110            else
111                q = q->next;
```

```
112        }
113        last->next = NULL;
114        return result;
115   }
116
117   //是否包含元素 x
118   bool CSet::In(int x)
119   {
120        Node * p = m_pHead;
121        while (p->next && (p->next->data < x))
122        {
123            p = p->next;
124        }
125        if (p->next && p->next->data == x)
126            return true;
127        return false;
128   }
129
130   //拷贝构造函数
131   CSet::CSet(const CSet &rhs)
132   {
133        //复制头节点
134        m_pHead = new Node;
135        Node * last = m_pHead; //最后节点
136
137        Node * p = rhs.m_pHead->next;//不可修改 rhs.m_pHead，故引入临时变量 p
138        while (p)
139        {
140            Node * q = new Node;//申请一节点
141            q->data = p->data; //复制元素
142            //挂在最后
143            last->next = q;
144            last = q;
145            //后移一节点
146            p = p->next;
147        }
148        last->next = NULL;
149   }
150
151   //移动构造函数
152   CSet::CSet(CSet &&rhs) noexcept
153   {
154        //移动头节点
```

```
155        m_pHead = rhs. m_pHead;
156        rhs. m_pHead = NULL;
157    }
158
159    //复制赋值
160    CSet & CSet::operator = (const CSet &rhs)
161    {
162        CSet tmp (rhs);
163
164        Node * t = m_pHead;
165        m_pHead = tmp. m_pHead;
166        tmp. m_pHead = t;
167        return * this;
168    }
169
170    //移动赋值
171    CSet & CSet::operator = (CSet &&rhs) noexcept
172    {
173        Node * p = this->m_pHead;
174        this->m_pHead = rhs. m_pHead;
175        rhs. m_pHead = p;
176
177        return * this;
178    }
179
180    int main()
181    {
182        CSet A, B, S, S2;
183        int i, m, n, x;
184        cin >> m >> n;
185
186        for (i = 0; i < m; i++)
187        {
188            cin >> x;
189            A. Add(x);
190        }
191        for (i = 0; i < n; i++)
192        {
193            cin >> x;
194            B. Add(x);
195        }
196        A. Display();
197        B. Display();
```

```
198
199      S = A.Join(B);
200      S.Display();
201   }
```

程序输入样例：

```
3 5
1 2 3
3 5 8 6 1
```

程序输出如下：

```
{1,2,3}
{1,3,5,6,8}
{1,2,3,5,6,8}
```

＊3.4　链集合向量空间扩充探讨

前面我们已经看到，STL 提供了程序设计中广泛使用的向量类模板。向量元素类型为链集合时，STL 向量类模板就可以产生链集合向量模板类，它的实例就是链集合向量，是一种典型的容器对象。链集合向量可以存放若干链集合对象，并且具有根据需要调用 pushback 在尾部添加链集合对象的能力。链集合类需要动态分配，链集合向量类本身也需要动态分配，以保存内部连续存放的所有链集合对象，并可以像数组一样根据下标随机访问。向量类可以通过三个元素对象类型的指针成员来管理内部的所有元素对象。

本节探讨复合向量对象的内存状态和复杂的向量扩展操作的实现原理，复合向量元素类型为链表集合对象，具有动态分配功能的类应该具有五个成员函数：拷贝构造、移动构造、复制赋值、移动赋值及析构函数，移动版本的构造和赋值需要声明 noexcept。

图 3.11 表示向量内含两个集合对象：{1, 3, 5, 10, 15}和{2,6,8}。图 3.11 所示向量内部容量已满，假如再进行 pushback（obj）操作，向量内部需要先扩充空间容量，为了减少向量扩充内存空间的次数，提高效率，一般扩充空间时都留有余地，如扩充 1 倍或按指定空间容量扩充，达到图 3.12 所示状态。

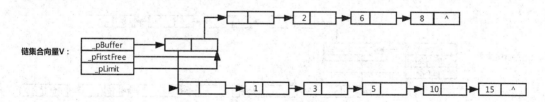

图 3.11　无空闲单元、含两个链集合类对象的复合向量内存状态示意图

向量在堆里动态分配内存空间，通过三个指针成员（_pBuffer、_pFirstFree、_pLimit）管理。图 3.12 表示某链集合复合向量的内存状态示意图，向量空间容量为 4，可存放 4 个对象，实际元素个数为 2。向量指针成员_pBuffer 指向动态分配的连续内存空间，向量内两个链集合元素从此位置开始连续存放。每个向量元素都是一个链集合对象，链集合对象具有一个带头节点的指针，指向链表表首节点。向量指针成员_pLimit 指向动态分配的连续内存空

间尾部，代表向量容量为_pLimit － _pBuffer。向量指针成员_pFirstFree 指向动态分配的连续内存空间中未使用的开始位置，代表向量内元素个数为_pFirstFree － _pBuffer，图中的"?"单元代表该位置尚未存放元素，元素集合的链表首指针未初始化。

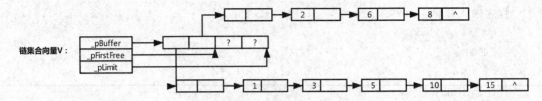

图 3.12　扩充后含两个空闲单元的链集合对象的复合向量内存状态示意图

　　STL 复合向量在需要扩充空间时，必须保证异常安全，即无异常时扩充完成，异常发生时扩充不成功，恢复扩充前向量状态。一般在返回向量扩充过程中会先建立一个临时向量 tmp，图 3.13 表示临时向量 tmp 分配的内存容量为 4，已复制构造完原向量内的一个链集合对象，接下来继续其他元素的复制构造。临时向量 tmp 建立时，在分配内存或临时对象内元素复制构造过程中出现异常时，临时对象析构，释放空间，扩充失败，原向量保持不变，达到异常安全要求。图 3.14 表示原向量内各链表集合元素已复制构造完毕的状态，接下来只要交换原向量 V 和临时向量 tmp 就完成了扩充过程，交换过程比较简单，容易保证无异常发生。

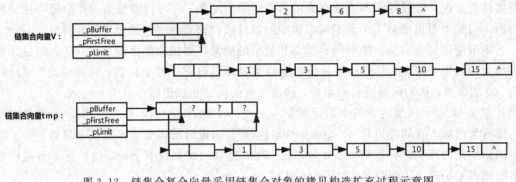

图 3.13　链集合复合向量采用链集合对象的拷贝构造扩充过程示意图

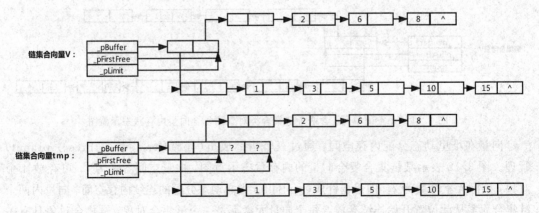

图 3.14　链集合复合向量采用链集合对象的拷贝构造扩充即将完成的示意图

上述扩充过程中存在大量元素的复制构造，代价较大。如果元素对象类实现了无异常抛出的移动构造和移动赋值，则 STL 复合向量类会采取下列策略：建立一个临时向量 tmp，图 3.15 表示临时向量 tmp 分配的内存容量为 4，已移动构造完原向量内的一个链集合对象，接下来继续其他元素的移动构造。临时向量 tmp 建立时，分配内存出现异常时，临时对象析构，释放空间，扩充失败，原向量元素未开始移动，保持不变。临时向量内存分配完成后，后续临时对象内元素移动构造过程中不会出现异常，图 3.16 表示原向量内各链表集合元素已移动构造完毕的状态，接下来只要交换原向量 V 和临时向量 tmp 就完成了扩充过程，达到了异常安全要求。整个过程不存在元素的复制构造或复制赋值，实现了高效率的扩充。如果移动构造可能抛出异常，则移动过程出现异常时就已破坏了原向量，原向量无法复原，扩充过程就无法达到异常安全要求。

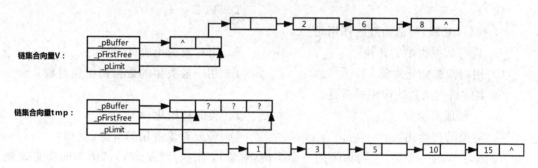

图 3.15　链集合复合向量采用链集合对象的移动构造扩充过程示意图

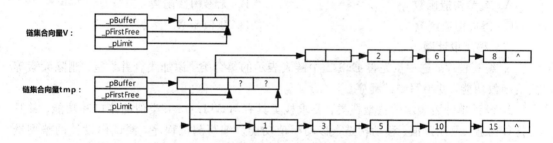

图 3.16　链集合复合向量采用链集合对象的移动构造扩充即将完成的示意图

STL 标准库承诺，元素对象移动构造和移动赋值不抛出异常时，存放元素的容器可以发挥最佳性能。因此，使用动态分配，需要重载拷贝控制函数的类，如果需要作为元素存放在 STL 容器中时，则移动构造和移动赋值函数应具有不抛出异常的 noexcept 声明。

习　题　3

一、单项选择题

1. 下面选项中，（　　）不是类的成员函数。

A. 构造函数

B. 析构函数

C. 友元函数

D. 复制构造函数

2. 下列情况中，不会调用复制构造函数的是( )。

A. 用一个对象去初始化同一类的另一个新对象时

B. 函数的返回值是类的对象，函数执行返回调用时

C. 函数的形参是类的对象，调用函数进行形参和实参结合时

D. 函数的返回值是类的对象的引用，函数执行返回调用时

3. 下面关于类的对象性质的描述，正确的是( )。

A. 一个对象能用作其他对象的成员　　　B. 不可以说明指向对象的指针

C. 对象不能用作数组元素　　　　　　　D. 对象之间不可以相互赋值

4. 假定 T 为一个类，则该类的拷贝构造函数的声明语句为( )。

A. T & (T x)；　　　　　　　　　　　B. T(T x)；

C. T(const T &)；　　　　　　　　　　D. T(T * x)；

5. 拷贝(复制)构造函数的作用是( )。

A. 进行数据类型的转换　　　　　　　　B. 用对象调用成员函数

C. 用对象初始化对象　　　　　　　　　D. 用一般类型的数据初始化对象

6. 类的析构函数的作用通常是( )。

A. 一般成员函数　　　　　　　　　　　B. 类的初始化

C. 对象的初始化　　　　　　　　　　　D. 释放对象占用的资源(空间)

7. 假定 A 为一个类，y 为该类的一个实例(对象)，则执行"A x(y);"语句时将自动调用该类的( )。

A. 有参构造函数　　　　　　　　　　　B. 无参构造函数

C. 拷贝构造函数　　　　　　　　　　　D. 赋值函数

二、程序设计题

1. 编写程序，进一步完善 Ex3.1 中链表表示的集合类，添加集合并、差、删除元素等成员函数功能，并编写测试程序。

2. 设计单链表表示的整型栈类，要求栈类具有与 STL stack 类似的接口和功能，并具有拷贝构造、复制赋值、移动构造、移动赋值功能。编写测试程序，测试你设计的整型链栈类。

3. 设计单链表表示的整型队列类，要求队列类具有与 STL queue 类似的接口和功能，并具有拷贝构造、复制赋值、移动构造和移动赋值功能。编写测试程序，测试你设计的整型链队列类。

4. 编写程序，设计和实现用 STL vector 存储集合元素的集合类，实现集合并、交、差运算，支持集合元素的增加和删除。编写测试程序，测试你的集合类。

5. 模拟 STL vector 接口，设计和实现存放整型元素、可扩充空间的整型向量类，要求具有按指定大小构造功能和无参构造功能，可通过成员函数 at 随机访问整型向量容器内的元素，支持拷贝构造、复制赋值、移动构造和移动赋值。编写测试程序，测试你的整型向量类。

6. 设计一个具有拷贝构造、复制赋值、移动构造和移动赋值功能的 CSamplePart 类，再设计一个含类型为 CSamplePart 的数据成员的类，让编译器为你合成拷贝构造、移动构造、复制赋值和移动赋值。编写测试程序，测试合成的拷贝控制函数的效果。

7. 设计一个具有拷贝构造、复制赋值、移动构造和移动赋值功能的 CSamplePart 类，再设计一个含类型为 CSamplePart 的数据成员的类，重载该类的拷贝构造、移动构造、复制赋值和移动赋值中的部分函数。编写测试程序，测试编译器是否合成其余函数。

* 8. 编写程序，用C++ 11 forword_list 存储集合元素，重新设计、实现集合类，并编写测试程序，完成测试。

第4章　运算符重载

C++支持运算符重载，重载的方式主要有成员运算符重载和友元运算符重载两种。运算符本质上就是函数，可理解为函数的不同表达形式。重载运算符后，对象可以像内置类型变量一样参与运算，有利于程序的可读性，C++ STL 中使用了大量的运算符重载。本章还介绍了不同类型对象间或对象与内置类型变量间的转换。

4.1　成员运算符重载

我们知道，int 型变量或 double 型变量可以进行加、减、乘、除等运算，如何让我们设计的对象也能参加运算呢？下面以复数类为例进行说明。下面的复数类可以通过普通成员函数 Add 实现两个复数的相加，通过友元函数 Sub 实现两个复数的相减，友元函数 Dump 用于实现复数的输出。同时，作为无需动态分配的简单对象，复数对象可以直接赋值和复制。

Ex4.1

```
1   # include <iostream>
2   using namespace  std;
3
4   class Complex
5   {
6   public：
7       Complex(double r = 0, double i = 0):_dReal(r), _dImag(i) {}
8       Complex Add (const Complex &rhs) const;          //成员函数，复数加法
9       //友元函数，复数减法
10      friend Complex Sub (const Complex &z1, const Complex &z2);
11      //友元函数，输出复数
12      friend ostream & Dump(ostream &os, const Complex &rhs) ;
13  private：
14      double _dReal;                                   // 实部
15      double _dImag;                                   // 虚部
16  };
17
18  //成员函数，复数加法
19  Complex Complex::Add(const Complex &rhs) const
20  {
21      Complex z(_dReal+rhs._dReal, _dImag+rhs._dImag);
22      return z;                                        // 返回结果
23  }
```

```
24
25   //友元函数，复数减法
26   Complex Sub(const Complex &z1, const Complex &z2)
27   {                                                    //返回结果：匿名复数对象
28       return Complex (z1._dReal−z2._dReal, z1._dImag−z2._dImag);
29   }
30
31   //友元函数，输出复数
32   ostream & Dump(ostream &os, const Complex &rhs)
33   {
34       if (rhs._dImag < 0)                              //虚部为负
35           os << rhs._dReal << rhs._dImag <<"i"<< endl;
36       else                                             //虚部非负
37           os << rhs._dReal <<"+"<< rhs._dImag <<"i"<< endl;
38       return os;
39   }
40
41   int main()
42   {
43       Complex z1(2, 3), z2(6, −5), z3;                 //定义复数对象
44
45       Dump(cout, z1);                                  //输出
46       Dump(cout, z2);
47       z3 = z1.Add(z2);                                 //相"加"
48       Dump(cout, z3);
49       z3 = Sub (z1, z2);                               //相"减"
50       Dump(cout, z3);
51   }
```

上述样例中成员函数 Add 实现了两个复数的相加，返回的结果就是两个复数之和 z；友元函数 Sub 实现了两个复数的相减，返回的结果是个匿名复数对象，表示两个复数之差；友元函数 Dump 实现了复数的输出，输出过程中，复数 rhs 保持不变，采用常引用方式传递。输出流对象 os 输出后有了新内容，采用引用方式传递，不可以传常引用，同时，流对象不可复制，因此，也不可采用传值方式，输出函数最后返回流对象的引用，可以继续作为下次输出函数调用的实参，因此，语句 45、46 也可以用下述一条语句替代：

Dump (Dump (cout, z1), z2);

如果把样例里的 Add 统一更换为 operator＋，则可以发现，程序一样可以编译、链接、运行，结果正确。

再进一步，将语句 47 改为

z3 = z1 + z2;   //等价于 z1.operator− (z2);

本质上就是简化了表达方式，程序同样可以编译、链接、运行，结果正确。由此，可以知道运算符本质上是函数的不同表达形式。复数类完成了＋成员运算符重载，用于复数相加操作，以此类推可以实现其他成员运算符重载。

4.2　友元运算符重载

上一节，我们重载了成员运算符＋。运算符除了作为成员运算符重载外，还可以作为友元运算符重载。把样例 Ex4.1 中的友元函数 Sub 替换为 operator－后重新编译、链接、执行，程序可以得到正确结果，再进一步，将语句 49 改为

　　　　z3 ＝ z1 － z2 ;　　　　　　　　　//等价于 operator－（z1, z2）;

简化了表达方式，程序同样可以编译、链接、运行，运行结果不变，由此，可以知道本例中的运算符"－"本质上是友元函数的不同表达形式。复数类完成了"－"作为友元运算符重载。

能否重载输入/输出运算符，使我们设计完成类的对象可以像内置数据类型变量一样输入/输出呢？答案是肯定的。运算符作为类成员重载时，调用时需通过对象 . 运算符调用，第一操作数必须是当前类对象，由于插入运算符＜＜的第一操作数不是我们自己设计的类的对象，而是一个输出流 ostream 类的对象，因此，运算符＜＜不可作为成员运算符重载。

进一步把样例 Ex4.1 中的友元函数 Dump 替换为 operator＜＜后重新编译、链接、执行，程序一样可以得到正确结果，再将语句 45、46 简化后改为

　　　　cout ＜＜ z1 ;　//等价于　operator ＜＜（cout, z1）;

　　　　cout ＜＜ z2 ;

再进一步，可将上述两个语句改为

　　　　cout ＜＜ z1 ＜＜ z2;　//等价于　operator ＜＜（operator ＜＜（cout, z1）, z2）;

程序同样可以编译、链接、运行，结果正确。如果在程序中使用 ofstream 流对象 ofs 作为实参，ofstream 流是 ostream 流的派生类，ofstream 流对象 ofs 也是一个特殊的 ostream 实例，参见第 5 章的赋值兼容原则，ofs 可以作为插入运算符重载中形参 os 的实参。修改后，可以看到，输出结果保存在指定的输出文件里，写文件前后，文件的打开和关闭由流对象 ofs 建立和撤销时执行的构造函数和析构函数完成。由此，我们学会了插入运算符＜＜重载的方法，可以完成自己设计的类对象的输出。提取运算符＞＞重载的过程类似，输入流类变为 istream，如果需要，类中也可以重载提取运算符＞＞。

最后，改写后重载运算符的复数类完整样例如下：

```
//Ex4.2
1    # include ＜iostream＞
2    # include ＜fstream＞
3    using namespace  std;
4
5    class Complex
6    {
7    public：
8        Complex(double r = 0, double i = 0):_dReal(r), _dImag(i) {}
9        Complex operator＋(const Complex ＆rhs) const;        //成员函数，复数加法
10       //友元函数，复数减法
```

```
11      friend Complex operator- (const Complex &z1, const Complex &z2);
12      //友元函数，输出复数
13      friend ostream & operator << (ostream &os, const Complex &rhs);
14  private:
15      double _dReal;                    // 实部
16      double _dImag;                    // 虚部
17  };
18
19  //成员函数，复数加法
20  Complex Complex::operator+(const Complex &rhs) const
21  {
22      Complex z(_dReal+rhs._dReal, _dImag+rhs._dImag);
23      return z;                         // 返回结果
24  }
25
26  //友元函数，复数减法
27  Complex operator-(const Complex &z1, const Complex &z2)
28  {                                     //返回结果:匿名复数对象
29      return Complex (z1._dReal-z2._dReal, z1._dImag-z2._dImag);
30  }
31
32  //友元函数，输出复数
33  ostream & operator << (ostream &os, const Complex &rhs)
34  {
35      if (rhs._dImag < 0)              //虚部为负
36          os << rhs._dReal << rhs._dImag <<"i"<< endl;
37      else                             //虚部非负
38          os << rhs._dReal <<"+"<< rhs._dImag <<"i"<< endl;
39      return os;
40  }
41
42  int main()
43  {
44      Complex z1(2, 3), z2(6, -5), z3;  //定义复数对象
45      ofstream  ofs ("\\result.txt");   //定义输出文件流对象 ofs
46
47      //后续输出至文件。如 ofs 替换为 cout，则输出至显示器
48      ofs << z1 << z2;      //输出，等价于 operator << (operator << (ofs, z1),z2)
49      z3 = z1 + z2;                     //相"加"，等价于 z3 = z1.operator+(z2);
50      ofs << z3;                        //输出，等价于 operator << (ofs, z3)
51      z3 = z1 - z2;                     //相"减"，等价于 z3 = operator- (z1, z2);
52      ofs << z3;
53  }
```

4.3　常用运算符重载

　　C＋＋的运算符按参加运算的操作数个数不同可分为单目运算符、双目运算符、三目运算符以及不确定目数运算符。单目运算符只有一个操作数，例如!p(取反运算符)、－b(负号运算符)；双目运算符有两个操作数参与运算，例如 2＋3(加法运算符)、a＝b(赋值运算符)、x＞＝y(大于或等于运算符)、V[i](下标运算符)；三目运算符有三个操作数参与运算，三目运算符只包括?:运算符，例如 z?x:y；不确定目数运算符的操作数个数不确定，可根据需要重为不同的操作数个数，不确定目数运算符只包括函数调用运算符()，如 sumObj(x，y，z)。STL 算法里使用了大量的重载了函数调用运算符()的对象，这样的对象也被称为函数对象或仿函数，具体详见第 8 章。

　　前面两节介绍了运算符重载的两种方式：成员运算符重载和友元运算符重载。除"."":"" * ""?"":""sizeof"等少数运算符外，C＋＋的绝大部分运算符都可以重载，包括常用数学运算符、比较运算符、解引用运算符 * 、成员访问运算符－＞、下标运算符[]、函数调用运算符()及 new、delete 运算符，详见附录 A。C＋＋运算符重载时，不可改变运算符的优先级和结合性，不可改变操作数个数，不可引入新运算符，也不可改变内置类型上的运算符定义，重载运算符时，至少有一个操作数具有新类型。引入运算符重载的目的是为了有利于程序的可读性，不可违背初衷滥用运算符重载。STL 中大量使用了运算符重载。new、delete 运算符重载用于应用程序自己管理内存分配和释放，程序员一般很少使用，在此不再展开。

　　在类内声明成员运算符重载和友元运算符重载的形式如下：

　　　　返回值类型 operator 运算符(形参表)；　　　　　//成员运算符重载

　　　　friend 返回值类型 operator 运算符(形参表)；　//友元运算符重载

　　友元运算符重载时，如果只需访问类的公有成员，则可改为普通运算符重载，在类外声明，一般形式如下：

　　　　返回值类型 operator 运算符(形参表)；　　　　　//普通运算符重载

　　C＋＋规定下标运算符[]只能重载为类的成员函数，一般运算符既可采用成员运算符重载方式，也可采用友元或普通运算符重载方式，大家可以自由选择。

　　友元运算符或普通运算符重载时，形参个数等于操作数个数；成员运算符重载时，当前对象作为第一操作数，其他操作数通过参数传递，形参个数比操作数个数少 1。第一操作数不是当前类对象时，运算符只能作为友元运算符或普通运算符重载。作为特例，为了区分先＋＋、后＋＋、先－－、后－－，C＋＋ 规定，后＋＋和后－－重载时增加一个整型形参，用于区分上述情况，增加的整型形参不参加运算。下述时钟类用于模拟 12 小时循环计时的时钟，重载了多个运算符和插入提取运算符。由于时钟类中没有动态分配和使用指针成员，因此，无需重载拷贝构造、移动构造、复制赋值、移动赋值和析构函数，使用编译器合成版本即可。

　　注意：样例 Ex4.3 中，多个运算符重载实现时使用了其他运算符，相当于函数的相互调用，切记，不可形成死递归，否则会造成运行栈溢出。流对象不可复制，重载插入运算符＜＜时，输出流对象发生了变化，传递的是引用，时钟对象没有发生变化，传递的是常引用；重载提取运算符＞＞时，输入流对象和时钟对象都发生了变化，传递的都是引用，不可传递常引用。另外，样例 Ex4.3 实现了先＋＋和后＋＋，两者的副作用相同，都使当前时钟前进 1 秒，但两者的返回值不同，测试程序没有测试返回值。如果需要，大家可自行测试。

另外，样例 Ex4.3 中的语句 17 声明了时钟对象转换为整型的转换运算符重载，语句 83～86 是具体转换运算符的实现。程序中多处 static_cast＜int＞（时钟对象）语句调用了这个转换运算符，得到了时钟对象转换后的秒数。同时构造函数前加入了关键字 explicit。下一节讨论类型转换。

```
//Ex4.3
1    #include <iostream>
2    #include <iomanip>
3    using namespace  std;
4    //时钟类，12 小时循环计时
5    class CClock
6    {
7    public：
8         explicit CClock (int iHour = 0, int iMinute = 0, int iSecond = 0)；
9         CClock operator + (int iAddSeconds) const；          //返回若干秒后的时间
10        CClock operator - (int iAddSeconds) const；          //返回若干秒前的时间
11        int operator - (const CClock &rhs) const；           //相差秒数
12        CClock& operator ++ ()；                             //时间先++，返回新时间
13        CClock operator ++ (int)；                           //时间后++，返回原时间
14        bool    operator > (const CClock &rhs) const；
15        bool    operator == (const CClock &rhs) const；
16        bool    operator >= (const CClock &rhs) const；
17        explicit operator int () const；                     //类型转换，换算成秒
18        friend ostream & operator << (ostream &os, const CClock &rhs)；
19        friend istream & operator >> (istream &is, CClock &rhs)；
20    private：
21        int _iHour, _iMinute, _iSecond；                     //时，分，秒
22    }；
23    CClock::CClock (int iHour, int iMinute, int iSecond)
24    :_iHour (iHour),_iMinute (iMinute),_iSecond (iSecond)
25    {}
26    //返回若干秒后的时间
27    CClock CClock::operator + (int iAddSeconds) const
28    {
29        int iSecondTotal = static_cast<int>( * this) + iAddSeconds；
30        iSecondTotal = (iSecondTotal % (12 * 60 * 60) + (12 * 60 * 60)) % (12 * 60 * 60)；
31        int   iHour,iMinute,iSecond；
32        iHour = iSecondTotal / (60 * 60) % 12；
33        iMinute = iSecondTotal % (60 * 60) / 60；
```

```
34        iSecond = iSecondTotal % 60;
35        return CClock (iHour,iMinute,iSecond);
36    }
37    //返回若干秒前的时间
38    CClock CClock::operator - (int iAddSeconds) const
39    {
40        return * this + (-iAddSeconds);
41    }
42    //相差秒数
43    int CClock::operator - (const CClock &rhs) const
44    {
45        return static_cast<int> (* this) - static_cast<int> (rhs);
46    }
47    //时间先++,返回新时间
48    CClock& CClock::operator ++ ()
49    {
50        if (++_iSecond == 60) {
51            _iSecond = 0;
52            if (++_iMinute == 60) {
53                _iMinute = 0;
54                if (++_iHour == 12) {
55                    _iHour = 0;
56                }
57            }
58        }
59        return * this;
60    }
61    //时间后++,返回原时间
62    CClock CClock::operator ++ (int )
63    {
64        CClock tmp ( * this);
65        ++( * this);
66        return tmp;
67    }
68    bool    CClock::operator > (const CClock &rhs) const
69    {
70        return static_cast<int>( * this) > static_cast<int> (rhs);
71    }
72    bool    CClock::operator == (const CClock &rhs) const
73    {
74        return _iHour == rhs._iHour
75            && _iMinute == rhs._iMinute
```

```
76              && _iSecond == rhs._iSecond;
77     }
78     bool      CClock::operator >= (const CClock &rhs) const
79     {
80          return * this > rhs || * this == rhs;
81     }
82     //类型转换，换算成秒
83     CClock::operator int () const
84     {
85          return _iHour * 60 * 60 + _iMinute * 60 + _iSecond;
86     }
87     //插入运算符<<重载
88     ostream & operator << (ostream &os, const CClock &rhs)
89     {
90          cout.fill ('0');                    //后续时分秒输出不足(2位)部分前补字符0
91          os <<setw(2) << rhs._iHour    //setw(2)后续输出占2位，一次有效
92              <<":"<<setw(2)<<rhs._iMinute
93              <<":"<<setw(2)<<rhs._iSecond;
94          return os;
95     }
96     //提取运算符>>重载
97     istream & operator >> (istream &is, CClock &rhs)
98     {
99          char    ch;                        //用于跳过冒号:
100         is >> rhs._iHour>> ch >> rhs._iMinute >> ch >> rhs._iSecond;
101         return is;
102    }
103
104    int main()
105    {
106         CClock  clock1, clock2, clock3, clock4;
107         cin >> clock1 >> clock2;
108         cout << clock1<<""<< clock2 << endl;
109         ++clock1; clock2++;
110         cout << clock1<<""<< clock2<< endl;
111         clock3 = clock1 + 200;
112         clock4 = clock2 - 300;
113         cout << clock3<<""<< clock4 << endl;
114         cout << clock4 - clock3 << endl;
115         cout << (clock4 >= clock3) << endl;
116    }
```

假设程序执行时输入：

```
05：09：59
07：59：59
```

程序输出：

```
05：09：59    07：59：59
05：10：00    08：00：00
05：13：20    07：55：00
9700
1
```

更多使用运算符重载的例子会在后续章节介绍。

4.4　不同类型对象间的转换

C/C＋＋程序设计中经常需要进行类型转换，有些类型转换是隐式进行的，即由编译器自主决定将某种类型数据转换成另一种类型数据再进一步处理，如整型变量 i 与 double 型数据进行运算时编译器先将整型变量值转换成内部 double 型临时变量值再与其他 double 型数据运算，有时，程序中这种转换是显式的，先将表达式结果转换成程序指定类型的临时变量值后再进行运算。C/C＋＋提供了如下 C 形式的显式类型转换：

（类型）表达式　　或　　类型（表达式）

如 double 型变量 x 可根据下述表达式四舍五入转换成整型：

(int)((x ＞ 0)？(x＋0.5)：(x－0.5))

对象和其他内置数据类型对象间的转换或对象和其他类类型对象间的转换也分隐式和显式两种方式。其他内置数据类型或其他类类型对象转换成当前类对象是通过只有一个参数或其余参数都有默认值的单参数构造函数进行的，如样例 Ex4.3 中的时钟类具有三个整型参数的构造函数，支持单实参构造，其余两个参数都有默认值 0，这个构造函数也可起到将整型转换成时钟对象的作用，也可称为转换构造函数，如整数 10 可以被转换成状态为 10 点 0 分 0 秒的时钟对象。类似的隐式转换可能不是程序员的本意，如何防止这种不需要的，甚至是错误的隐式转换呢？上节的时钟类样例已经给出了答案，就是在构造函数前加 explicit 关键字，这样编译器就不再进行隐式构造转换，如在上节样例 Ex4.3 的语句 112 后加入如下需要隐式转换的语句就会报错：

```
clock3 = 10;
```

报错是因为 CClock 类没有重载过赋值为整型的赋值运算符，编译器也因为构造函数的 explicit 声明不会将 10 隐式转换为 CClock 类的对象，并进一步完成时钟对象的赋值。如果将样例 Ex4.3 中的 explicit 关键字去除，则添加上述语句就可以顺利通过编译，并且输出 clock3 的结果是 10：00：00。这是因为去除构造函数前的 explicit 关键字后，编译器会隐式地将 10 转换为临时时钟对象，临时对象内部状态为 10 点 0 分 0 秒，再将临时时钟对象赋值给 clock3，输出 clock3 的结果就是 10：00：00。因此，构造函数前的 explicit 关键字可以防止隐式转换构造。

当然，Ex4.3 是可以防止隐式转换构造的，但如果需要，也可以进行显式转换构造。如将 Ex4.3 语句 112 后添加的语句改为

```
clock3 = static_cast<CClock> (10);
```

程序就能正常编译，并且后续 clock3 就会输出 10：00：00。这是因为程序显式地将 10 转换为 CClock 类型的临时对象，临时时钟对象内部状态为 10 点 0 分 0 秒，再将临时时钟对象赋值给 clock3，所以 clock3 的输出结果就是 10：00：00，说明通过转换构造函数还是可以显式转换构造的。这种显式转换方式稍后还会讨论。

解决了其他类型转换为当前对象的问题后，还需要解决当前对象转换为其他内置数据类型或其他类类型的问题。上节 Ex4.3 同样给出了答案：转换运算符重载。Ex4.3 中的语句 17 定义了当前时钟对象转换为 int 型的转换运算符重载，语句 83～86 是这个转换运算符重载的具体实现，转换结果将时钟累计为秒数。转换运算符重载的一般形式如下：

    explicit operator 目标类型() const;

转换过程中一般当前对象无需改变，所以声明语句后面有一个 const 关键字，转换结果类型为目标类型。在 Ex4.3 中，static_cast<int>（rhs）表达式就是显式地将时钟对象 rhs 转换为整型数据累计秒，static_cast<int>（* this）语句就是显式地将 this 所指时钟对象，即当前时钟对象转换为整型数据累计秒。同样的，转换运算符重载中关键字 explicit 用于限定只可以进行显式转换。

上述出现的 static_cast 是 C++主张的显式类型转换的主要方式。C++主张的显式类型转换共有如下四种方式，用于替代 C 形式的显式类型转换，即

    static_cast
    const_cast
    reinterpret_cast
    dynamic_cast

使用语法：

    目标类型 result = cast_type<目标类型>（对象或表达式）;

上述四种显式类型转换中，前三种显式转换是在编译阶段决定如何转换的，最后一种显式转换 dynamic_cast 是在运行阶段决定的，具有咨询性质，可检查转换是否成功，主要用于具有虚函数的基类指针到派生类指针的转换，转换失败时返回空指针，成功时返回派生类对象指针；也可用于具有虚函数的基类对象引用到派生类对象引用的转换，转换失败时抛出异常，成功时返回派生类对象引用。一般程序设计中不主张使用这种转换，特殊场合才使用，具体内容参见第 5 章。

static_cast 是较为普遍的显式类型转换，用于显式数据类型转换，如上面讨论中的 static_cast<CClock>（10）显式地将 10 通过转换构造函数转换为 CClock 对象，static_cast<int>（rhs）语句显式地调用转换运算符重载将时钟对象 rhs 转换为整型秒数，用 static_cast<int>((x > 0)? (x+0.5):(x−0.5)) 替换 C 样式的显式类型转换实现了将 double 型变量 x 的四舍五入转换为整型。static_cast 还可用于相关类型的指针之间的转换，实现了编译阶段检查。

    int * ip = &x;
    char * pc;
    pc = (char *) ip;   //C 形式显式类型转换

上述 C 形式显式类型转换可以顺利通过编译运行，但实际 pc 指向的并非是 C 形式字符串，如果用如下方式使用 pc，则可能导致异常运行结果。

    string str（pc）;

改为如下形式，采用 static_cast，编译就可检查出错误，避免发生严重问题。

```
pc = static_cast<char * >(ip);        //编译器报错，不可转换。
```

const_cast 是一种较为罕见的显式类型转换，让程序员能够临时改变对象的 const 特性，只有在特定场合才具有意义，如：

```
const CClock & LaterClock (const CClock &c1, const CClock &c2)
{
    return c1 >= c2 ? c1 : c2;
}

CClock & LaterClock (CClock &c1, CClock &c2)
{
    const CClock &c3 = LaterClock (const_cast<const CClock &>(c1),
                                   const_cast<const CClock &>(c2));
    return const_cast<CClock &>(c3);
}
```

上述第一个函数返回两个常时钟对象中比较晚的常时钟对象引用，可以作为右值在表达式中使用，不可在赋值表达式中作为左值使用。后一个重载的函数通过 const_cast 将两个时钟转换成常时钟对象，从而调用前一个函数，调用后返回一个时钟常引用，最后再转换为普通引用后返回，可以作为左值使用。如执行下列调用后较晚的时钟对象赋值为 10:00:00。

```
LaterClock (c1, c2) = static_cast<CClock> (10);
```

reinterpret_cast 是非常特殊的类型转换操作，可以将一种类型转换为另一种类型，不管它们是否相关，需要程序员确保转换是正确的，编译器不再进行检查，强烈建议慎用。

```
int * ip = &x;
char * pc;
pc = reinterpret_cast<char * > (ip);//编译可以通过，需要程序员确保转换的准确性
```

上述语句可以编译运行，同样，实际 pc 指向的并非是 C 形式字符串，使用时可能导致异常运行结果。

显式类型转换是程序中比较容易出错或影响可移植性的因素，只有 static_cast 较为常见，上述其他显式转换使用时应该特别谨慎。

4.5　典型范例——字符串类的设计和实现

最后，我们将程序设计中常用的字符串类作为典型案例，模拟 STL string 接口设计实现了字符串类，并提供了根据用户操作指令进行模拟字符串类测试的 main 函数。

样例 Ex4.4 设计实现的字符串类能够模拟标准库字符串类接口，具有构造、字符串连接＋、取子串、下标运算符[]重载、拷贝构造、移动构造、拷贝赋值、移动赋值、输出功能，字符串值长度不限。该字符串类使用动态分配存储字符串内容，程序不存在内存泄漏。该字符串类适用于各种长度的字符串，包括空串。Ex4.4 使用了 C 字符串处理库函数，没有使用 STL vector 类模板。

测试该字符串类时建立了 4 个字符串，每个输入样例前两行含长度不超过 200 的两个字符串，输入后赋值给前两个字符串对象，后面包含若干指令，每个指令占一行，分别由指令码和所需参数组成，各部分间采用空格分隔，每个指令码具有不同的参数和意义。指令有下述四种：

     指令 P i 代表输出第 i 个字符串；

     指令 A i j 代表将第 i 个字符串赋值给第 j 个字符串；

     指令 C i j k 代表将第 i 个字符串和第 j 个字符串连接后赋值给第 k 个字符串；

     指令 F i s l k 代表将第 i 个字符串的位置 s 开始的长度为 l 的子串赋值给第 k 个字符串。

所有操作指令和参数保证是有效的。

Ex4.4 中，字符串值存放在动态分配的连续空间里，用 m_pBuffer 管理，存放时以字符'\0'结束，可以使用 C 字符串处理库函数。空串时也以同样的形式保存，简化了相关处理。由于经常需要快速访问字符串内指定下标字符，因此字符串类不适合用链表存放字符串值。本样例使用了动态分配，字符串类需要重载拷贝构造、移动构造、复制赋值、移动赋值和析构函数五个拷贝控制函数。样例中的字符串类提供了以整型长度为参数的私有构造函数，字符串连接和取子串操作中建立结果串对象时，可通过它直接分配好内存空间，既简单又方便，类外不可调用此私有构造函数。字符串类中重载了下标运算符，返回字符引用，引用结果可以作为赋值运算符左值使用，也可在表达式里作为右值使用。

```
//Ex4.4
 1  #include <iostream>
 2  #include <cstring>
 3  using namespace std;
 4
 5  class CString
 6  {
 7  public:
 8      CString();                                //无参构造，构造空串
 9      CString(const char * str);                //传统字符串构造
10      ~CString()                                //析构函数，释放字符串占用的资源
11      {
12          delete [] m_pBuffer;
13      }
14      CString(const CString &rhs);              //拷贝构造
15      CString(CString &&rhs) noexcept;          //移动构造
16      CString & operator = (const CString &rhs); //赋值运算符重载
17      CString & operator = (CString &&rhs) noexcept; //移动赋值
18
19      friend ostream & operator << (ostream &out, const CString &rhs);
20      friend CString operator + (const CString &S1, const CString &S2);
                                                  //字符串连接
21      CString  substr(int start, int len);      //取子串
22      char& operator [] (int index);            //下标运算符，可用于左值
```

```
23        const char& operator [] (int index) const;        //下标运算符，只能用于右值
24        operator const char * () const;                    //转换运算符
25   private :
26        explicit CString (int length)                      //构造函数，便于+、取子串等运算
27        {
28            m_pBuffer = new char [length +1];
29            m_length = length;
30        }
31        char * m_pBuffer;                                   //存放字符串内容
32        int m_length;                                       //字符串长度，便于+运算；也可不设置
33   };
34
35   //无参构造，构造空串
36   CString::CString ()
37   {
38        m_length = 0;
39        m_pBuffer = new char [1];
40        m_pBuffer [0] = '\0';
41   }
42
43   //传统字符串构造
44   CString::CString (const char * str)
45   {
46        m_length = strlen (str);
47        m_pBuffer = new char [m_length +1];
48        strcpy (m_pBuffer, str);
49   }
50
51   //拷贝构造
52   CString::CString (const CString &rhs) : m_pBuffer (NULL)
53   {
54        m_length = rhs. m_length ;
55        m_pBuffer = new char [m_length +1];
56        strcpy (m_pBuffer, rhs. m_pBuffer);
57   }
58
59   CString::CString (CString &&rhs) noexcept        //移动构造
60   {
61        m_length = rhs. m_length ;
62        m_pBuffer = rhs. m_pBuffer;
63        rhs. m_pBuffer = NULL;                       //rhs 资源已转移，不可在析构时释放
64   }
65
```

```
66   //赋值运算符重载
67   CString & CString::operator = (const CString &rhs)
68   {
69        CString    tmp (rhs);
70        swap (m_pBuffer, tmp. m_pBuffer);
71        swap (m_length, tmp. m_length);
72
73        return * this;                          //返回当前对象引用，便于连续赋值
74   }
75
76   CString & CString::operator = (CString &&rhs) noexcept        //移动赋值
77   {
78        //利用 STLswap 交换两个对象值，当前对象的原资源交 rhs 析构时释放
79        swap (m_pBuffer, rhs. m_pBuffer);
80        swap (m_length, rhs. m_length);
81        return * this;
82   }
83   //取子串
84   CString    CString::substr (int start, int len)
85   {
86        CString tempStr (len);
87        strcpy (tempStr. m_pBuffer, m_pBuffer+start, len);
88        tempStr. m_pBuffer [len] = '\0';
89        return tempStr;
90   }
91
92   //插入运算符重载
93   ostream & operator << (ostream &out, const CString &rhs)
94   {
95        out << rhs. m_pBuffer;
96        return out;
97   }
98
99   //字符串连接
100  CString operator + (const CString &S1, const CString &S2)
101  {
102       CString tempStr (S1. m_length + S2. m_length);
103       strcpy (tempStr. m_pBuffer, S1. m_pBuffer);
104       strcat (tempStr. m_pBuffer, S2. m_pBuffer );
105       return tempStr;
106  }
107
108  //下标运算符，只能用于右值
```

```
109    const char& CString::operator [] (int index) const
110    {
111        if (index < 0 || index > m_length)
112        {
113            static charc;
114            return c;
115        }
116        return m_pBuffer [index];
117    }
118
119    //下标运算符，可用于左值
120    char& CString::operator [] (int index)
121    {
122    if (index < 0 || index > m_length)
123        {
124            static char c;
125            return c;
126        }
127        return m_pBuffer [index];
128    }
129
130    //转换运算符
131    CString::operator const char * () const
132    {
133        return m_pBuffer;
134    }
135
136    //测试用例，命令解释器
137    int main()
138    {
139        char bufs1 [256], bufs2 [256];
140
141        cin >> bufs1 >> bufs2;
142        CString s [4] {CString (bufs1), CString (bufs2)};
143
144        char  op;
145        int i,j,k,l,pos;
146
147        while (cin>> op)
148        {
149            switch (op)
150            {
```

```
151          case 'P':
152              cin >> i;
153              cout << s[i-1] << endl;
154              break;
155          case 'A':
156              cin >> i >> j;
157              s[j-1] = s[i-1];
158              break;
159          case 'C':
160              cin >> i >> j >> k;
161              s[k-1] = s[i-1] + s[j-1];
162              break;
163          case 'F':
164              cin >> i >> pos >> l >> k;
165              s[k-1] = s[i-1].substr(pos, l);
166              break;
167          }
168      }
169  }
```

样例程序运行输入：

Hello

HDU

P 1

P 2

C 1 2 3

P 3

F 3 5 3 4

P 4

程序输出：

Hello

HDU

HelloHDU

HDU

习　题　4

一、单项选择题

1. 下列说法中，（　　）是正确的。

A. 所有 C++运算符都能被重载

B. 运算符被重载时，其优先级与结合性不会改变

C. 需要时，可以自定义一个新运算符来进行重载

D. 每个运算符都可以被重载为成员函数和友元函数

2. 下列关于运算符重载的描述中，错误的是（　　　）。

A. 可以通过运算符重载在 C++中创建新的运算符

B. 赋值运算符只能重载为成员函数

C. 运算符函数重载为类的成员函数时，第一操作数是该类对象

D. 重载类型转换运算符时不需要声明返回类型

3. 使用友元运算符 obj1＞＞obj2 被 C++编译器解释为（　　　）。

A. operator＞＞（obj1,obj2） 　　　 B. operator＞＞（obj2,obj1）

C. obj2.operator＞＞（obj1） 　　　 D. obj1.operator＞＞（obj2）

4. 将运算符"＋"重载为非成员函数，下列原型声明中，错误的是（　　　）。

A. MyClock operator ＋（MyClock,long）；

B. MyClock operator ＋（MyClock,MyClock）；

C. MyClock operator ＋（long,long）；

D. MyClock operator ＋（long,MyClock）；

5. 若要将大数类 BigNumber 的特殊大数对象转换成 long 类型，则（　　　）是正确重载的类型转换运算。

A. operator long（） const； 　　　 B. operator long(BigNumber)；

C. long operator long（） const； 　　　 D. long operator long(BigNumber)；

6. 关于插入运算符＜＜的重载，下列说法不正确的是（　　　）。

A. 运算符函数的返回值类型是 ostream &

B. 重载的运算符必须定义为类的成员函数

C. 运算符函数的第一个参数的类型是 ostream&

D. 运算符＜＜函数有两个参数

7. 下列关于运算符重载的描述中，正确的是（　　　）。

A. 运算符重载为成员函数时，若参数表中无参数，则重载的一定是一元运算符

B. 一元运算符只能作为成员函数重载

C. 二元运算符作为非成员函数重载时，参数表中只有一个参数

D. C++中可以重载所有的运算符

8. 假设类 AB 用成员函数的方式重载加法运算符，以实现两个 AB 类对象的加法，并返回相加的结果，则该成员函数的声明为（　　　）。

A. AB operator ＋（AB &a, AB&B）； 　　　 B. AB operator ＋（AB&）；

C. operator ＋（AB a）； 　　　 D. AB& operator ＋（）

二、程序设计题

1. 设计并实现一个具有＋、－、＊、＝、插入运算符重载等功能的有理数类，有理数内部应化简。

2. 为样例 Ex4.4 中的字符串类添加比较运算符＞、＜、＞＝、＜＝、＝＝、！＝重载，为字符串类提供比较功能。编写测试程序，测试改写后的字符串类。

3. 将第 2 章中的简单集合类和第三章中的链集合类改为运算符重载版本，并使用运算符＜＜输出集合对象。

4. 为本章中的时钟类添加＜、＜＝、！＝运算符重载并测试。

5. 设计并实现一个具有构造、＋、－ 、＊、/、％、＞、＜、＞＝、＜＝、!＝、＝＝、
＜＜等功能的无符号大数类。提示：为便于运算，无符号大数内部存放连续十进制位时采
用低位在前、高位在后的方式，去除高位多余的 0。无符号大数类应支持复制和赋值。

6. 在上述无符号大数类基础上，设计实现有符号大数类，有符号大数应支持复制和赋
值。提示：有符号大数由符号位和无符号大数绝对值两部分组成。

7. 完成如下日期类 CDate。

```
CDate {
    CDate ();
    CDate (int year, int  month, int day);
    CDate&  operator ++();
    CDate  operator ++ (int);
    CDate  operator + (long  days) const;        //若干天后的日期
    CDate  operator - (long   days) const;        //若干天前的日期
    long   operator -(const CDate &rhs) const;    //相差天数
    int    WeekDay () const;                       //星期几，0 代表星期日
    static  int     IsLeapYear (int year);        //该年是否闰年
    friend ostream & operator << (ostream &, const CDate&);
private：
    intm_year, m_month, m_day;                     //年、月、日
};
```

第 5 章　继 承 和 多 态

　　面向对象的核心思想是抽象、封装与信息隐蔽、继承和多态。前面我们学习了对现实世界或思维世界中的实体进行抽象，用类完成封装，完成类的接口和类的实现的分离，类的用户只需了解类的接口，无需关心类实现的细节，达到了信息隐蔽的目的，同时，通过函数重载和运算符重载实现了静态多态性。本章学习面向对象程序设计中重要的继承机制和通过动态绑定实现的动态多态性。

5.1　公有继承和 is-a 关系

5.1.1　继 承 和 派 生

　　人们经常将现实世界或思维世界中的实体进行分类。例如，动物一般可分为脊椎动物和非脊椎动物，脊椎动物又细分为鸟类、哺乳类、鱼类等，哺乳类动物继续细分为狗、猫、牛、马等；二维平面中的形状可分为三角形、圆、矩形等；交通工具可分为火车、汽车、飞机等，汽车还可细分为大轿车、客车等；人根据角色分工不同也可分为工人、大学生、教师等，大学生又可细分为本科生、研究生、博士生(如图 5.1 所示)。上述分类形成树形层次关系，细分类的个体和基础类个体之间具有特殊和一般的关系，细分类的个体也是一种基础类的个体，称为 is-a 关系，细分类个体除了具有基础类个体的属性和行为能力外，还具有自己特殊的属性和行为能力。

　　在面向对象程序设计中，用公有继承和派生机制反映上述分类关系。如果按照上述分类关系抽象出类，则用于描述基础类个体的类称为基类，也可称为父类，用于描述细分类个体的类称为派生类，也可称为子类。继承和派生是从不同角度观察到的同一个机制，从基类产生派生类的过程称为派生，派生类对象除了具有派生类本身的属性和功能外，还具有基类对象所具有的属性和功能，这个现象称为继承。

　　同一个类可以直接派生出多个派生类，每个派生出的子类均继承了基类的公有属性和公有函数描述的功能，同时，派生类本身也可作为基类继续派生，形成多级派生。借用人类社会关系命名，一个类直接派生出的子类以及子类直接或间接派生出的所有类统称为它的子孙类，一个类及它的子孙类形成一个派生关系类族，派生关系类族中从父类一直往上到最上层节点路径上的所有类统称为该类的祖先类，子孙类从祖先类直接或间接派生产生。子孙类继承祖先类的所有公有属性和公有函数成员描述的功能。

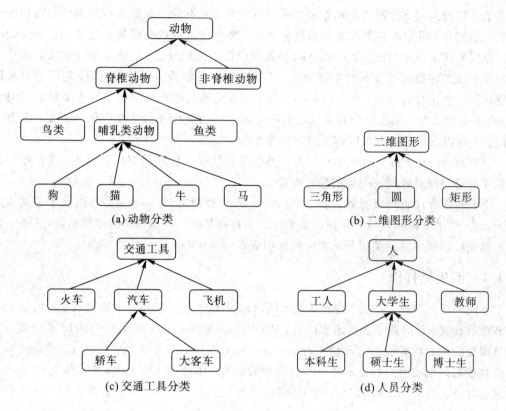

图 5.1　分类关系举例

5.1.2　派生类定义

声明公有派生类的一般格式为

```
class 派生类名：public 基类名｛
public：
        派生类公有函数成员
private：
        派生类私有函数成员


private：
        派生类私有数据成员
｝；
```

其中基类名是一个已经定义的类的名称，派生类名是继承原有类的特性而生成的新类的名称。与普通类声明一样，C++语言本身并未限制派生类成员的声明顺序。这里声明的是公有派生，绝大部分派生是公有派生，反映 is-a(是)关系，关于特殊场合使用的其他派生，请参见本章第 5.7 节。

5.1.3　派生类访问控制

C++中访问控制修饰符有三种：private、protected 和 public，其中，private 和 public

已在第 2 章介绍过,分别表示私有成员和公有成员,私有成员只能在本类成员函数和友元函数里访问,不可在派生类的成员函数里访问,公有成员可以在任何地方访问。protected访问控制专用于继承和派生,protected 修饰的成员是保护成员,它除了可以像私有成员一样在本类成员函数和友元函数里访问外,还可在派生类的成员函数里访问,但不可在其他位置访问。无论公有成员、私有成员还是保护成员,基类数据成员都是派生类对象的组成部分,公有继承时,基类的公有成员和保护成员的可访问性在派生类中保持不变,多级派生时,子孙类成员函数也可以直接访问祖先类的保护成员和公有成员。

公有继承时,子孙类对象继承了祖先类的公有数据属性和公有函数功能,在程序中任何位置都可访问对象的祖先类的公有成员。

下节样例程序里可以看到,学生类 CStudent 和教师类 CTeacher 公有继承了普通人类CPerson,学生个体和教师个体作为派生类对象具有基类公有函数所描述的功能,同时,在派生类成员函数中可直接访问基类中的保护成员 m_strName。

5.1.4　派生类样例

下面的样例涉及三个类,普通人类 CPerson 具有姓名、年龄两个数据成员,可分别设置和获取姓名、年龄两个公有函数成员,从 CPerson 派生出的学生类 CStudent 本身具有学习某课程的能力和显示已学课程列表的功能,从 CPerson 派生出的教师类 CTeacher 本身具有教授某课程的能力和显示所有教授课程的能力,学生类 CStudent 和教师类 CTeacher继承了普通人类 CPerson 的公有成员。图 5.2 是它们的 UML 类图,图中♯表示访问控制是 protected。

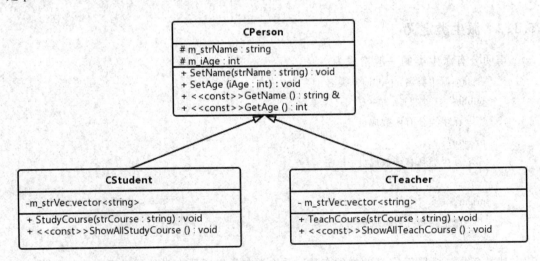

图 5.2　普通人类 CPerson、学生类 CStudent、教师类 CTeacher 的 UML 类图

下面的样例程序实现了上面设计的三个类,并进行了测试。

```
//Ex5.1
1   ♯include <iostream>
2   ♯include <string>
3   ♯include <vector>
4   using namespace std;
```

```
5   class CPerson
6   {
7   public :
8       void SetName (string strName)
9       {
10          m_strName = strName;
11      }
12      void SetAge (int iAge)
13      {
14          m_iAge = iAge;
15      }
16      const string & GetName () const
17      {
18          return m_strName;
19      }
20      int GetAge () const
21      {
22          return m_iAge;
23      }
24  protected :
25      string m_strName;
26      int     m_iAge;
27  };
28  class CStudent : public CPerson
29  {
30  public :
31      void   Show () const;
32      void StudyCourse (string strCourse);
33      void ShowAllStudyCourse () const;
34  private :
35      vector<string> m_strVec;
36  };
37
38  void CStudent::StudyCourse (string strCourse)
39  {
40      this->m_strVec. push_back (strCourse);
41  }
42  void CStudent::ShowAllStudyCourse () const
43  {
44      cout << m_strName <<"同学选修课程列表:"<< endl;
45      for (size_t i = 0; i < m_strVec. size(); ++ i)
46      {
47          cout << m_strVec [i] << endl;
```

```
48        }
49        cout << endl;
50   }
51   class CTeacher : public CPerson
52   {
53   public :
54        void   Show () const;
55        void TeachCourse (string strCourse);
56        void ShowAllTeachCourse () const;
57   private :
58        vector<string> m_strVec;
59   };
60   void CTeacher::TeachCourse (string strCourse)
61   {
62        this->m_strVec. push_back (strCourse);
63   }
64
65   void CTeacher::ShowAllTeachCourse () const
66   {
67        cout << m_strName <<"老师教授课程列表:"<< endl;
68        for (size_t i = 0; i < m_strVec. size(); ++ i)
69        {
70            cout << m_strVec [i] << endl;
71        }
72        cout << endl;
73   }
74   int main ()
75   {
76        CStudent studZhang, studWang;
77        CTeacher teacherLiu;
78
79        studZhang. SetName("张三丰");
80        studZhang. SetAge(20);
81        studWang. SetName("王某某");
82        studWang. SetAge(19);
83        studZhang. StudyCourse("程序设计基础");
84        studZhang. StudyCourse("体育");
85        studZhang. StudyCourse("C++程序设计");
86        studWang. StudyCourse("程序设计基础");
87        studWang. StudyCourse("高等数学");
88        studWang. StudyCourse("离散数学");
89        studWang. StudyCourse("C++程序设计");
90        teacherLiu. SetName("刘蓓");
```

```
91          teacherLiu. SetAge(30);
92          teacherLiu. TeachCourse("程序设计基础");
93          teacherLiu. TeachCourse("C＋＋程序设计");
94          studZhang. ShowAllStudyCourse();
95          studWang. ShowAllStudyCourse();
96          teacherLiu. ShowAllTeachCourse();
97      }
```

样例程序运行输出：

张三丰 同学选修课程列表：
程序设计基础
体育
C＋＋程序设计

王某某 同学选修课程列表：
程序设计基础
高等数学
离散数学
C＋＋程序设计

刘蓓老师教授课程列表：
程序设计基础
C＋＋程序设计

5.2　派生类对象的构造、析构

　　派生类对象分为两部分：基类部分对象和派生类部分对象。表示派生类对象状态的数据成员由两部分构成：基类部分数据成员，用于表示基类部分对象状态；派生类本身的所有数据成员，用于表示派生类部分对象状态。基类部分数据成员包括直接基类的所有数据成员，也包括间接基类的所有数据成员，不论它们的访问控制是公有的、保护的还是私有的。整个派生类对象状态包含基类部分对象状态和派生类部分数据成员构成的状态。

　　派生类构造函数的一般形式如下：

派生类名(形参表)：基类构造函数名(基类构造函数参数表)，
数据成员 1(数据成员参数表 1)，数据成员 2(数据成员参数表 2)，……
{
……// 函数体
}

　　对象建立时数据成员初始化由构造函数完成，对象撤销时扫尾处理工作由析构函数完成。基类构造函数只能完成基类部分对象的初始化，不可能完成整个派生类对象的初始化。基类的析构函数只能完成基类部分对象的扫尾处理工作，不可能完成整个派生类对象的扫尾处理工作。从这个层面来说，基类的构造函数和析构函数不可继承。

　　派生类构造函数会先调用基类构造函数来完成基类部分数据成员的初始化，再完成派生类部分数据成员的初始化，析构时，次序正好相反，派生类析构函数会先执行派生类析构函数体，以完成派生类部分对象的扫尾处理工作，再隐式调用基类析构函数来完成基类部分对象的扫尾处理工作。样例 Ex5.1 中基类和派生类均未定义构造函数和析构函数，基类和派生类的构造函数和析构函数由编译器合成。编译器合成的 CPerson 构造函数调用 string 类构造函数将名字成员 m_strName 初始化为空字符串，年龄成员 m_iAge 未初始化，派生类 CStudent 构造函数先调用基类无参构造函数完成基类部分对象的初始化，再将数据成员子对象选修课表向量 m_strVec 初始化为空向量，派生类 CTeacher 构造函数先调用基类无参构造函数完成基类部分对象的初始化，再将数据成员子对象讲授课表向量 m_strVec初始化为空向量。

如果需要在建立 CStudent 类对象时直接指定学生的名字和年龄，在建立 CTeacher 类对象时直接指定教师的名字和年龄，则需要为基类 CPerson 类增加下述公有构造函数：

```
CPerson (string strName, int iAge)
:m_strName (strName), m_iAge (iAge)
{
}
```

同时，CStudent 类和 CTeacher 类也需要增加下述公有构造函数：

```
CStudent (string strName, int iAge)
: CPerson (strName, iAge)
{
}
CTeacher (string strName, int iAge)
    : CPerson (strName, iAge)
{
}
```

上述派生类构造函数在初始化列表里指明调用基类的构造函数。如果派生类构造函数初始化列表里没有指明调用基类的构造函数，则编译器会隐含调用基类的缺省无参构造函数，在基类有其他构造函数而无缺省无参构造函数时，编译器会报错。

样例 Ex5.1 中，建立两个学生对象的语句 76 和设置学生对象名字、年龄的语句 79～82 可直接用下列语句代替：

```
CStudent   studZhang ("张三丰", 20), studWang ("王某某", 19);
```

建立教师对象的语句 77 和设置教师对象名字、年龄的语句 90、91 可直接用下列语句代替：

```
CTeacher teacherLiu ("刘蓓", 30);
```

注意：样例中三个类定义构造函数后，编译器已不再合成无参构造函数。上述改写后，程序输出结果不变。

5.3　同名覆盖原则

一般情况下，派生类继承了基类公有的数据成员和公有函数成员，同时，派生类还可定义自己的数据成员和函数成员，用于表示派生类对象特殊的状态和功能。如果派生类新增的数据成员和函数成员与基类中成员同名，则基类中所有同名成员的名字被覆盖，派生类成员函数中或外部通过派生类对象名不可直接访问基类同名成员，这一原则称为同名覆盖原则。

如为上节样例中 CPerson 类增加显示人员信息的成员函数 Show：

```
void   Show () const
{
    cout << m_strName <<", "<< m_iAge <<"years old"<< endl;
}
```

再为 CStudent 类和 CTeacher 类分别增加显示学生信息和教师信息的成员函数 Show 后，基类 CPcrson 中同名成员函数已被覆盖。CStudent 类、CTeacher 类的对象或它们的派生类对象调用的 Show 函数都是覆盖后的派生类成员函数 Show。如下面两个语句调用的分别是 CStudent 类、CTeacher 类的成员函数 Show：

```
studZhang. Show ();    //studZhang 是一个 CStudent 类对象
teacherLiu. Show ();    //teacherLiu 是一个 CTeacher 类对象
```

如果需要调用基类中被覆盖的同名成员函数，则调用时可在成员函数名前添加基类名::。如下述 CStudent 类成员函数 Show 和 CTeacher 类成员函数 Show 实现时，用 CPerson::Show()调用基类 Show 成员函数。

```
void   CStudent::Show () const
{
    CPerson::Show()；
    cout <<"is a student"<< endl;
}


void   CTeacher::Show () const
{
    CPerson::Show()；
    cout <<"is a teacher"<< endl;
}
```

同名覆盖后，CStudent 类和 CTeacher 类对象如需调用基类 Show 成员函数，则需用下述方式调用：

```
studZhang. CPerson::Show ();    //studZhang 是一个 CStudent 类对象
teacherLiu. CPerson::Show ();    //teacherLiu 是一个 CTeacher 类对象
```

5.4　赋值兼容原则

公有继承下，派生类或子孙类对象也是一种特殊的基类对象，具有基类对象的属性和公有函数描述的功能，因此，在需要基类对象的场合，派生类对象或子孙类对象也都可以满足需要，这称为赋值兼容原则。具体讨论如下：

首先，考虑对象指针类型。

指针类型变量用于存放对象的地址，指向对象。指针类型变量可以指向本类对象，除此之外，C++允许基类指针变量指向派生类对象或子孙类对象，但不可以指向祖先类对象。基类指针变量作为形参时，实参可以是指向本类对象的指针、指向派生类对象或子孙类对象的指针，实参不可以是指向祖先类对象的指针。函数返回对象指针类型时，函数可以返回本类对象的指针、派生类对象或子孙类对象的指针，但不可以返回祖先类对象的指针。赋值时，可以给本类对象指针类型的变量赋值本类对象指针、派生类对象指针或子孙类对象指针，但不可以将祖先类对象的指针赋值给子孙类对象指针类型的变量。

例如，上节例子中 CPerson 类是基类，CStudent 类、CTeacher 类是派生类，普通人 someOne 是 CPerson 类对象，学生 studZhang 和 studWang 是 CStudent 类对象，教师 teacherLiu 是 CTeacher 类对象，函数 OlderOne 可以从候选者中选出年龄最大的人，返回年龄最大者的指针，原型如下：

```
CPerson  * OlderOne(CPserson * first, CPserson * second);
```

可以调用函数 OlderOne 从两位学生 studZhang 和 studWang 中选出年龄大的一位保存在基类对象指针变量 pOlderOne 里，也可以调用函数 OlderOne 从学生 studZhang 和教师 teacherLiu 中选出年龄大的一位保存在基类指针变量 pOlderOne 里，如下：

```
CPerson  * pOlderOne;
pOlderOne= OlderOne(&studZhang, &studWang);
CPerson  * pOlderPerson  = OlderOne(&studZhang, &teacherLiu);
```

但不可以将基类指针变量赋值给派生类指针变量，如下述语句是错误的。

```
CStudent  * pOlderStudent = pOlderOne;   //错误，不可以将基类指针变量赋值给派生类指针变量
```

函数 BestStudent 可以从两位学生中选出选课多的人，返回选课多的学生的指针，原型如下：

```
CStudent  * BestStudent(CStudent  * first,  CStudent  * second);
```

可以调用函数 BestStudent 从两位学生 studZhang 和 studWang 中选出选课多的一位保存在对象指针变量 pTallerStudent 里，如下：

```
CStudent  * pBestStudent;
pBestStudent  = BestStudent(&studZhang, &studWang);
```

但不可以调用函数 BestStudent 从学生 studZhang 和教师 teacherLiu 中选出选课多的一位，也不可以从普通人 someOne 和学生 studZhang 中选出选课多的一位，如下：

```
BestStudent(&studZhang, &teacherLiu);   //错误，&teacherLiu 不是学生对象的指针，此处不可以作为实参
BestStudent(&studZhang, &someOne);   //错误，&someOne 不是学生对象的指针，此处不可以作为实参
```

其次，再来考虑引用。

引用与指针类似。引用是对象的别名，引用对象与被引用对象是同一个对象。引用变量可以引用本类对象，除此之外，C++允许基类引用变量引用派生类对象或子孙类对象，但不可以引用祖先类对象。基类引用变量作为形参时，实参可以是本类对象、派生类对象或子孙类对象，实参不可以是祖先类对象。函数返回对象引用时，函数可以返回本类对象、派生类对象或子孙类对象，但不可以返回祖先类对象。定义引用变量初始化时，可以初始化为本类对象、派生类对象或子孙类对象，但不可以初始化为祖先类对象。

例如，函数 OlderOne2 可以从候选者中选出年龄最大的人，返回年龄最大者的引用，原型如下：

```
const CPerson &OlderOne2 (const CPserson &first, const CPserson &second);
```

可以调用函数 OlderOne2 从两位学生 studZhang 和 studWang 中选出年龄大的一位保

存在基类对象引用变量 olderOne 里，也可以调用函数 OlderOne2 从学生 studZhang 和教师 teacherLiu 中选出年龄大的一位保存在基类引用变量 olderPerson 里，如下：

> CPerson &olderOne = OlderOne2 (studZhang, studWang)；
>
> CPerson &olderPerson = OlderOne2 (studZhang, teacherLiu)；

但不可以在定义派生类引用变量时将其初始化为基类对象，如下述语句是错误的。

> CStudent &olderStudent =olderOne ；　//错误，不可以在定义派生类引用变量时将其初始化
> 为基类对象

函数 BestStudent 可以从两位学生中选出选课多的人，返回选课多的学生的引用，原型如下：

> const CStudent &BestStudent2 (const CStudent &first, const CStudent &second)；

可以调用函数 BestStudent 从两位学生 studZhang 和 studWang 中选出选课多的一位保存在对象引用变量 bestStudent 里，如下：

> const CStudent &bestStudent =BestStudent2 (studZhang, studWang)；

但不可以调用函数 BestStudent2 从学生 studZhang 和教师 teacherLiu 中选出选课多的一位，也不可以从普通人 someOne 和学生 studZhang 中选出选课多的一位，如下：

> BestStudent2(studZhang, teacherLiu)；　//错误，teacherLiu 不是学生对象，此处不可以作为
> 实参
>
> BestStudent2(studZhang, someOne)；　//错误，someOne 不是学生对象，此处不可以作为实参

最后，考虑类类型普通变量和函数参数传值以及函数返回普通对象类型情况。

一个类类型变量作为对象的名字，可以存放一个同类对象，但不能存放其他类类型对象。C++可以将对象赋值给同类对象变量，我们已在第 3 章学习过，与前面讨论的对象指针、对象引用不同，赋值涉及两个对象，同类对象赋值时执行的是对象的复制赋值或转移赋值。C++不可以将对象赋值给不相关类对象变量或派生类对象变量。C++允许将对象赋值给基类对象变量，不会引起编译报错，甚至不会警告，但实际复制的只是基类部分子对象，不是派生类对象的全部，这个现象称为切片现象，一般场合下存在切片现象的赋值是不合适的。因此，参数采用传值方式时，基类变量作为形参，实参可以是本类对象，不可以是祖先类对象，同时 C++允许派生类对象或子孙类对象作实参，但复制给形参的只是基类部分对象，也存在切片现象，并不合适；函数返回对象时，函数可以返回本类对象，不可以返回祖先类对象，C++允许返回派生类对象或子孙类对象，但返回的只是基类部分对象，存在切片现象，也并不合适。

大对象在函数间传递时，如果参数采用传值方式，则存在对象的复制，效率会较低，一般应该尽量避免大对象的传值方式传递或传值方式返回，同时，要保证不可返回临时对象的引用或指针，因为临时对象在函数返回后已析构。

5.5　多态性和虚函数

5.5.1　多态性

面向对象程序设计中，作用在对象上的函数或运算符的调用可以看作向对象发出某个消息，对象接收消息后做出某些动作。不同类的对象接收到同一个消息后可以调用不同的

函数体，做出不同的动作，这个现象称为多态性。

　　抽象、封装、继承和多态性是面向对象程序设计的主要特征。C＋＋面向对象程序设计中的多态性可根据确定实际调用函数时机的不同分为静态多态性和动态动态性。函数名作为消息的体现，如果在编译期间能确定实际调用的函数，也就是采用静态绑定（binding），则这样的多态性称为静态多态性；如果编译期间不能确定实际调用的函数，需要在程序执行时执行到具体函数调用语句时才能确定实际调用的函数，也就是需要采用动态绑定（binding），则这样的多态性称为动态多态性。

　　前面介绍过的普通函数重载和成员函数重载都是在编译阶段确定实际调用函数的，因此，函数重载是一种静态多态性。下一章介绍的函数模板和类模板也是在编译阶段确定实际调用函数和实际使用的类及相应成员函数的，这样的多态性也是一种静态多态性。

　　动态多态性是一种面向对象程序设计中非常重要的多态性。例如，同样调用 run 方法，飞鸟调用时的动作是飞，马调用时的动作是奔跑。面向对象程序设计中，动态多态性的实现得到了继承性的支持，通过在派生类中重定义基类虚函数来实现多态性，利用类继承的层次关系，把具有通用功能的协议存放在类层次中尽可能高的地方，而将实现这一功能的不同方法置于较低层次中，在这些低层次上生成的对象就能给通用消息以不同的响应。同一类族的对象可以统一管理，用户可利用多态性发送一个通用的信息给同一类族的对象，而将所有的实现细节都留给接收消息的对象自行决定，不同类型的对象即可调用不同的函数响应同一消息，从而简化了程序。

5.5.2　虚函数

　　C＋＋动态多态性如何实现呢？

　　我们来分析下面的样例 Ex5.2。在样例 Ex5.1 的基础上，综合了前面各节的内容，样例 Ex5.2 的各类增加了构造函数，增加了成员函数 Show，增加了三个普通函数 ShowByPointer、ShowByReference 和 ShowByValue，参数分别以对象指针、对象引用和对象传值方式传递，根据赋值兼容原则，调用这三个函数时，形参是派生类对象指针（语句 112～114）、派生类对象引用（语句 117～119）和派生类对象的切片（语句 122～124）。

```
//Ex5.2
1   #include <iostream>
2   #include <string>
3   #include <vector>
4   using namespace std;
5   class CPerson
6   {
7   public :
8       CPerson (string strName, int iAge)
9           :m_strName (strName), m_iAge (iAge)
10      {
11      }
12
13      void   Show () const     //观察语句前面添加关键字 virtual 的差异
14      {
```

```
15          cout << m_strName <<", "<< m_iAge <<"years old"<< endl;
16      }
17
18      void SetName (string strName)
19      {
20          m_strName = strName;
21      }
22      void SetAge (int iAge)
23      {
24          m_iAge = iAge;
25      }
26      const string & GetName () const
27      {
28          return m_strName;
29      }
30      int GetAge () const
31      {
32          return m_iAge;
33      }
34  protected :
35      string m_strName;
36      int     m_iAge;
37  };
38  class CStudent : public CPerson
39  {
40  public :
41      CStudent (string strName, int iAge)
42          : CPerson (strName, iAge)
43      {
44      }
45      void   Show () const;
46      void StudyCourse (string strCourse);
47      void ShowAllStudyCourse () const;
48  private :
49      vector<string> m_strVec;
50  };
51  void   CStudent::Show () const
52  {
53      CPerson::Show();
54      cout <<"is a student"<< endl;
55  }
56
57  void CStudent::StudyCourse (string strCourse)
58  {
```

```
59        this->m_strVec. push_back (strCourse);
60    }
61    void CStudent::ShowAllStudyCourse () const
62    {
63        cout << m_strName <<"同学选修课程列表 :"<< endl;
64        for (size_t i = 0; i < m_strVec. size(); ++ i)
65        {
66            cout << m_strVec [i] << endl;
67        }
68        cout << endl;
69    }
70    class CTeacher : public CPerson
71    {
72    public :
73        CTeacher (string strName, int iAge)
74            : CPerson (strName, iAge)
75        {
76        }
77        void  Show () const;
78        void TeachCourse (string strCourse);
79        void ShowAllTeachCourse () const;
80    private :
81        vector<string> m_strVec;
82    };
83    void CTeacher::TeachCourse (string strCourse)
84    {
85        this->m_strVec. push_back (strCourse);
86    }
87
88    void  CTeacher::Show () const
89    {
90        CPerson::Show();
91        cout <<"is a teacher"<< endl;
92    }
93
94    void CTeacher::ShowAllTeachCourse () const
95    {
96        cout << m_strName <<"老师教授课程列表 :"<< endl;
97        for (size_t i = 0; i < m_strVec. size(); ++ i)
98        {
99            cout << m_strVec [i] << endl;
100       }
101       cout << endl;
102   }
```

```
103
104    void     ShowByPointer (CPerson * pPerson);
105    void     ShowByReference (CPerson & person);
106    void     ShowByValue (CPerson person);
107    int main ()
108    {
109        CStudent studZhang ("张三丰", 20), studWang ("王某某", 19);
110        CTeacher teacherLiu ("刘蓓", 30);
111
112        ShowByPointer(&studZhang);
113        ShowByPointer(&studWang);
114        ShowByPointer(&teacherLiu);
115        cout << endl;
116
117        ShowByReference(studZhang);
118        ShowByReference(studWang);
119        ShowByReference(teacherLiu);
120        cout << endl;
121
122        ShowByValue(studZhang);
123        ShowByValue(studWang);
124        ShowByValue(teacherLiu);
125        cout << endl;
126    }
127
128    void     ShowByPointer (CPerson * pPerson)
129    {
130        pPerson->Show();
131    }
132
133    void     ShowByReference (CPerson & person)
134    {
135        person. Show();
136    }
137
138    void     ShowByValue (CPerson person)
139    {
140        person. Show();
141    }
```

样例程序输出结果如下：

张三丰，20years old

王某某，19years old

刘蓓，30years old

张三丰，20years old
王某某，19years old
刘蓓，30years old

张三丰，20years old
王某某，19years old
刘蓓，30years old

可见，无论何种情况，样例程序调用的都是基类的 Show 函数，所需要的动态多态性并未发生，这是由于 C++采用的是静态绑定，普通函数 ShowByPointer、ShowByReference、ShowByValue 中的参数类型分别为基类对象指针、基类对象引用、基类对象，绑定的都是基类的 Show 成员函数。

如果需要动态多态性，则需要在基类成员函数声明或定义前加入关键字 virtual，声明这个成员函数是虚函数，也就是在上述样例语句 13 函数定义前加关键字 virtual，声明 Show 成员函数是虚函数，派生类成员函数 Show 前是否加关键字 virtual 对程序的运行结果没有影响，C++对虚函数采用动态绑定，样例程序中 Show 函数修改为虚函数后的输出结果如下：

张三丰，20years old
is a student
王某某，19years old
is a student
刘蓓，30years old
is a teacher

张三丰，20years old
is a student
王某某，19years old
is a student
刘蓓，30years old
is a teacher

张三丰，20years old
王某某，19years old
刘蓓，30years old

上述结果中，通过对象指针和引用调用虚函数都体现出动态多态性。通过传值调用时，形参得到的实际是派生类对象的切片，已完全是基类对象，因此无动态多态性。

C++规定构造函数不可以是虚函数，析构函数可以是虚函数。类成员函数中直接调用的虚函数或通过 this 调用的虚函数都是当前实际对象类型自己定义或继承的虚函数，具有动态多态性。构造函数里调用虚函数时，由于对象派生类部分尚未构造完成，因此调用的是构造函数所在类或继承的虚函数，而不是派生类中定义的虚函数。

5.5.3 派生类对象的克隆

C++规定构造函数不可以是虚函数，析构函数可以是虚函数。那么，如何精确复制一个基类指针所指的派生类对象呢?

例如,有哺乳动物类 CMammal,从哺乳动物类 CMammal 派生出狗类 CDog 和马类 CHorse,指针向量 zoo 定义如下:

```
vector<CMammal * > zoo;
```

程序运行过程中,指针向量 zoo 已存放了若干动物对象指针,每个指针指向狗类 CDog 或马类 CHorse 对象,如何复制出原指针向量 zoo 里管理的动物,让动物加倍呢? 可以采用克隆技术,就是在哺乳动物类 CMammal 里增加纯虚函数克隆 Clone,在狗类 CDog 和马类 CHorse 中具体实现 Clone 函数,如下:

```cpp
class  CMammal
{
public :
    virtual CMammal * Clone () const = 0;
    …//其他部分省略
};
class CDog : public CMammal
{
public :
    CMammal * Clone () const
    {
        return new CDog ( * this);      //调用拷贝构造动态生成一只狗
    }
    … //其他部分省略
};
class CHorse : public CMammal
{
public :
    CMammal * Clone () const
    {
        return new CHorse ( * this);    //调用拷贝构造动态生成一匹马
    }
    … //其他部分省略
};
```

下列代码执行后会将 zoo 中原有动物逐个克隆,zoo 中的动物多了一倍。

```cpp
size_t  n = zoo. size();                  //原动物数量
for (size_t i = 0; i < n; ++i)
{
    zoo. push_back(zoo[i]->Clone ());    //克隆原动物,放入 zoo 中
}
```

5.5.4　纯虚函数和抽象类

考虑类族统一接口的需要,有时在基类中将某一成员函数声明为虚函数,只是在基类中预留了一个接口函数名,具体功能并没有在基类中实现,而是在派生类中根据需要去实

现。这时应当将基类的这个成员函数声明为纯虚函数，声明纯虚函数的一般形式是：

    virtual 返回值类型 函数名(形参表) = 0;

纯虚函数没有函数定义，所以纯虚函数不能被调用，包含纯虚函数的类称为抽象类或抽象基类。抽象类无法建立对象，只能用作继承时的基类。

如果抽象类派生出的新类还有未定义的纯虚函数，则新派生类仍然是抽象类。只有所派生出的新类中已定义了基类的所有纯虚函数，这时所有虚函数才可以被调用，这样的派生类就不再是抽象类，可以用来建立具体的对象。

虽然不能建立抽象类的对象，但可以定义抽象类的指针变量，用指针变量指向派生类对象，然后通过该指针调用虚函数，实现多态性的操作。同样，可以通过函数形参是抽象类基类的引用，实参是派生类对象来实现多态性。抽象类的派生类对象可以通过统一的形式调用抽象类中声明的虚函数，体现出多态性，抽象类可以起统一接口类的作用。

关于抽象类的具体例子可参见本章第 5.6 节。

5.6   典型范例——各类物体面积求和

程序设计中经常需要求各类形状物体的面积。本样例定义了抽象形状基类 CShape，它包含了求面积的纯虚函数 GetArea，由 CShape 类派生出三个类：圆类 CCircle、长方形类 CRectangle 和三角形类 CTriangle。程序中定义了求面积和的函数 double TotalArea (const vector<CShape *>& vecShapes)，该函数用虚函数计算向量里各基类指针所指物体的面积并求和。程序根据读入的各种图形信息和参数，动态生成各种图形对象，保存在基类指针向量 vector<CShape *>里，它的每一个元素指向一个派生类的图形对象，最后，利用 TotalArea 函数，输出面积总和，并销毁各动态生成的对象。

程序可以输入三种物体和它们的参数：circle 后跟半径、rectangle 后跟长和宽、triangle 后跟三条边，输出结果保留小数点后 4 位。

```
//Ex5.3
1   #include <iostream>
2   #include <vector>
3   #include <iomanip>
4   #include <cmath>
5   #include <string>
6   using namespace std;
7
8   const double PI = 3.1416;
9   class CShape
10  {
11  public :
12      virtual double GetArea () const = 0;
13      virtual ~CShape() {}
14  };
15  class CCircle : public CShape
16  {
```

```
17        double m_radius;
18   public :
19        CCircle (double radius);
20        virtual double GetArea () const;
21   };
22
23   CCircle::CCircle (double radius) : m_radius (radius) {}
24   double CCircle::GetArea () const
25   {
26        return PI * m_radius * m_radius;
27   }
28
29   class CTriangle : public CShape
30   {
31        double m_a, m_b, m_c;
32   public :
33        CTriangle (double a, double b, double c);
34        virtual double GetArea () const;
35   };
36
37   CTriangle::CTriangle (double a, double b, double c) : m_a (a), m_b(b), m_c (c) {}
38   double CTriangle::GetArea () const
39   {
40        return sqrt ((m_a+m_b+m_c) * (m_a+m_b-m_c) * (m_a+m_c-m_b) * (m_
     b+m_c-m_a)) /4.0;
41   }
42
43   class CRectangle : public CShape
44   {
45        double m_a, m_b;
46   public :
47        CRectangle (double a, double b);
48        virtual double GetArea () const;
49   };
50
51   CRectangle::CRectangle (double a, double b) : m_a (a), m_b(b) {}
52   double CRectangle::GetArea () const
53   {
54        return m_a * m_b;
55   }
56
57   double TotalArea (const vector<CShape *>& vecShapes)
58   {
59        double dSum = 0;
```

```
60        for (unsigned int i = 0; i < vecShapes. size (); ++ i)
61        {
62            dSum += vecShapes [i]->GetArea ();
63        }
64        return dSum;
65    }
66    int main()
67    {
68        vector<CShape * > vecShapes;
69        string strShape;
70
71        while (cin >> strShape)
72        {
73            if (strShape == "circle")
74            {
75                double radius;
76                cin >> radius;
77                vecShapes. push_back (new CCircle (radius));
78            }
79            else if (strShape == "triangle")
80            {
81                double a,b,c;
82                cin >> a>>b>> c;
83                vecShapes. push_back (new CTriangle (a,b,c));
84            }
85            else if (strShape == "rectangle")
86            {
87                double a,b;
88                cin >> a>>b;
89                vecShapes. push_back (new CRectangle (a,b));
90            }
91        }
92
93        cout << fixed << setprecision (4) << TotalArea (vecShapes) << endl;
94
95        for (unsigned int i = 0; i < vecShapes. size (); i++)
96        {
97            delete vecShapes[i];
98        }
99    }
```

样例输入:

circle　5. 2 circle　6. 0

rectangle　3. 4 2

triangle　3 4 5

```
rectangle   4.4 10
```
样例输出：
```
254.8465
```

样例程序根据需要动态生成各类对象，将对象指针保存在指针向量容器里，需要时可以调用容器里指针指向对象的求面积函数，从而正确求出各类对象的面积，实现了动态多态性，达到了将创建对象和使用对象分离的目的，即使将来需要增加新类型，如椭圆形，TotalArea 函数也无需修改。

样例程序执行结束时，指针向量容器 vecShapes 可以正常析构，容器对象析构时先执行容器里每个元素对象的析构，再释放本容器直接动态分配的内存空间。本样例中容器里的元素类型为普通指针，析构时并不会主动删除所指对象，需要显式遍历删除所指对象，由于基类析构函数是虚函数，因此可以动态调用各对象相应类的析构函数，从而完成资源的释放。如果配合使用第 7 章介绍的智能指针，则本例中各对象的删除可以自动完成，具体参考第 7 章介绍的智能指针。

5.7　其他继承方式

5.7.1　私有继承和保护继承

前面讨论的继承都是公有继承，反映了派生类对象也是一种基类对象，继承了基类对象的特征。除了公有继承，C++还允许私有继承和保护继承，语法上只需将公有继承关键字改为 private 或 protected 即可，形式如下：
```
class 派生类名 ： private  基类名 {
…
};
class 派生类名 ： protected  基类名 {
…
};
```
私有继承后，基类公有成员和保护成员在派生类里成为私有成员，也就是派生类对象不再具有基类对象所具有的功能，派生类对象不再是一种基类对象，不符合赋值兼容原则。

保护继承后，基类公有成员和保护成员在派生类里成为保护成员，派生类对象不再具有基类对象所具有的功能，派生类对象也不再是一种基类对象，也不符合赋值兼容原则。

下述样例利用私有继承的整型双链表类 list<int>实现了栈类，通过双链表类功能很方便地实现了栈类功能，栈类对象不再是一个双链表对象，不具有双链表对象具有的功能。

```
//Ex5.4
1   #include <iostream>
2   #include <list>
3   using namespace std；
4
5   classCStack：private list<int>
```

```cpp
 6  {
 7  public：
 8      void push (int x)；              //入栈
 9      bool empty () const；            //判栈空
10      int  top () const；             //非空时取栈顶元素
11      void pop ()；                    //非空时出栈
12  }；
13
14  void CStack∷push (int x)
15  {
16      this—>push_back(x)；
17  }
18
19  bool CStack∷empty () const
20  {
21      return (list<int>∷empty())；
22  }
23  int  CStack∷top () const
24  {
25      return this—>back()；
26  }
27
28  void CStack∷pop ()
29  {
30      this—>pop_back()；
31  }
32
33  int main()
34  {
35      CStack S1，S2；
36      int  v，x；
37
38      while（cin >> v >> x）
39      {
40          if（v == 1）
41              S1.push（x）；
42          else
43              S2.push（x）；
44      }
45
46      while（!S1.empty ()）
47      {
48          x = S1.top ()；
49          cout << x <<""；
```

```
50          S1. pop ();
51      }
52      cout << endl;
53
54      while (!S2. empty ())
55      {
56          x = S2. top ();
57          cout << x <<"";
58          S2. pop ();
59      }
60      cout << endl;
61  }
```

面向对象程序设计中，绝大部分继承是公有继承，私有继承和保护继承很少使用。C++规定，没有声明继承方式时，默认继承方式是私有继承。

5.7.2　继承与组合

在第 2 章中介绍过类的数据成员可以是其他类类型的对象，具有其他类类型，这个类类型和数据成员的类类型之间形成了一种组合关系，数据成员对象是类类型主对象的一部分，也可以称为成员子对象，主对象和成员子对象之间有整体和局部的关系，是一种有(has-a)关系，主对象功能可以通过成员子对象功能来实现。

本章讨论的公有继承关系，反映一种是(is-a)关系，派生类对象也是一种基类对象，具有基类对象的功能，派生类对象也具有基类对象部分。所以，反映是(is-a)关系时采用公有继承，反映有(has-a)关系时采用组合。私有继承、保护继承和组合间建议优先采用组合。

5.8　多　继　承

5.8.1　多继承介绍

如果一个派生类有两个或更多个基类，那么这种行为称为多继承。C++允许多继承，具有多继承的派生类的一般声明格式如下：

　　class 派生类名：继承方式 1 基类名 1，继承方式 2 基类名 2…
　　{
　　…// 派生类新增的数据成员和成员函数
　　}

例如已声明了类 A 和类 B，可按如下方式声明多继承的派生类 C：

　　class C：public A, private B
　　{
　　…// 类 C 新增的数据成员和成员函数
　　}

多继承时，派生类对象包含各基类部分对象和派生类数据成员子对象。建立派生类对象时,各基类部分对象和数据成员子对象的初始化通过派生类构造函数完成。

多继承派生类的构造函数定义形式与单继承时的构造函数定义形式基本相同,只是在参数初始化表中可包含多个基类构造函数。多继承派生类的一般定义格式如下:

派生类名(形参表):基类名1(基类构造函数参数表1),基类名2(基类构造函数参数表2),
…,数据成员1(数据成员参数表1),数据成员2(数据成员参数表2),…
{
…// 函数体
}

构造函数中各基类构造顺序应该与声明派生类时的继承顺序一致,派生类构造函数的执行顺序为先调用各基类的构造函数,再执行各数据成员的构造或初始化,最后执行派生类构造函数的函数体。

派生类对象撤销时会执行派生类析构函数,完成数据成员子对象和基类部分对象的扫尾处理工作。析构函数的执行顺序与构造函数的执行顺序正好相反。

派生类对象除具有派生类里描述的公有属性和公有函数描述的功能外,还继承了公有继承的各基类的公有属性和公有函数功能。

例如,鸟类具有会飞的功能,马类具有奔跑的功能,由于飞马类公有继承了鸟类和马类,因此飞马类对象既具有会飞的功能,又具有奔跑的功能。

多继承在实际应用中并不普遍。

5.8.2　二义性问题解决办法

多继承在带来便利性的同时,也可能会带来一些问题。其中一个问题是二义性问题,比如,两个类都具有同名的公有成员函数,派生类对象从两个类都继承了这个功能,调用时就会有二义性。解决二义性的办法是通过在派生类对象调用时,在函数名前加类名::指定调用某个类的成员函数,如下述样例所示,或在派生类中定义同名成员函数覆盖基类同名成员函数,在派生类同名成员函数里通过类名::指明调用哪个基类成员函数。

```
//Ex5.5
# include <iostream>
using namespace std;

class B
{
public :
    void Show () const
    {
        cout <<"B::Show () called"<<endl;
    }
};

class C
{
public :
    void Show () const
```

```
        {
                cout <<"C::Show () called"<<endl;
        }
};
//声明派生类 D
class D：public B，public C
{
};
int main()
{
        D obj;                          //定义对象
//  obj.Show();                         //错误，具有二义性
        obj.B::Show();                  //输出信息，指定调用 B 类 Show()
}
```

*5.8.3 虚继承

多继承可能带来的另一个问题是信息冗余和不一致问题。比如，两个类从同一个类派生，而这两个类又继续派生出了一个新类，形成了一个菱形的继承关系。

B 类和 C 类都从 A 类派生，而 D 类通过多继承由 B 与 C 共同派生。如果 A 类有成员函数 Show()，通过 D 类的对象去访问 A 类的成员函数 Show()，这时由于 B 类和 C 类都有继承来自于 A 类的 Show()的副本，因此编译器无法确定使用哪一个副本，将引发编译时信息错误。同时，D 类的对象中存在两份 A 类对象部分，即 A 类数据成员有两份，这会产生信息冗余和信息不一致问题。

再回顾前面的问题，普通人类 CPerson 具有姓名和年龄两个数据成员以及可以分别设置、获取姓名和年龄的公有函数成员，从 CPerson 派生出的研究生类 CGraduate 代替了原 CStudent 类，它本身具有学习某课程的能力和显示已学课程列表的功能，从 CPerson 派生出的教师类 CTeacher 本身具有教授某课程并显示所有教授课程的能力，研究生类 CGraduate 和教师类 CTeacher 继承了普通人类 CPerson 公有成员。有的教师同时也是在职研究生，既参与教学工作也学习研究生课程，可以抽象为 CGraduateTeacher 类，同时继承了研究生类 CGraduate 和教师类 CTeacher，CGraduateTeacher 类对象研究生助教可以认为既是研究生，也是教师，具有研究生和教师的双重功能，但名字和年龄每人应该只有一份，如何解决这一问题？

虚继承是解决多义性问题的一种简便而有效的方法。虚继承由关键字 virtual 标识，一般语法格式如下：

    class 派生类名：virtual 继承方式 基类名

虚继承时的基类称为虚基类。虚基类不是在基类定义时声明的，而是在声明派生类时，在继承方式前加关键字 virtual 声明的。

虚基类的最终子孙类对象只建立一份虚基类部分对象，虚基类部分对象构造方法在最终建立对象的子孙类构造函数中指明，忽略中间类构造函数里虚基类构造部分，中间类部分对象构造时将不再构造虚基类部分对象。这样就不会出现信息冗余和不一致问题，也不会出现多义性问题。

　　如果在虚基类中定义有带参数的构造函数，并且参数没有默认值，而且没有定义无参构造函数，则在虚基类的直接派生类或间接派生类的构造函数的初始化表中都要对虚基类进行初始化，均应加上：

　　　　虚基类构造函数名(参数表)

　　样例 Ex5.6 中，研究生类 CGraduate 和教师类 CTeacher 虚继承了普通人类 CPerson，子孙类对象建立时，CPerson 部分对象只有一份，按 CGraduateTeacher 构造函数里指明的方法构造，忽略中间类 CGraduate、CTeacher 构造函数中 CPerson 构造部分，在中间类 CGraduate、CTeacher 部分对象构造时将不再构造虚基类部分，CGraduate、CTeacher、CGraduateTeacher 构造函数中均需包含 CPerson 构造部分。

　　CGraduateTeacher 类对象 graduateTeacherHu 既继承了 CGraduate 类的学习能力，又继承了 CTeacher 类的教学能力。各类之间的继承关系如图 5.3 所示。

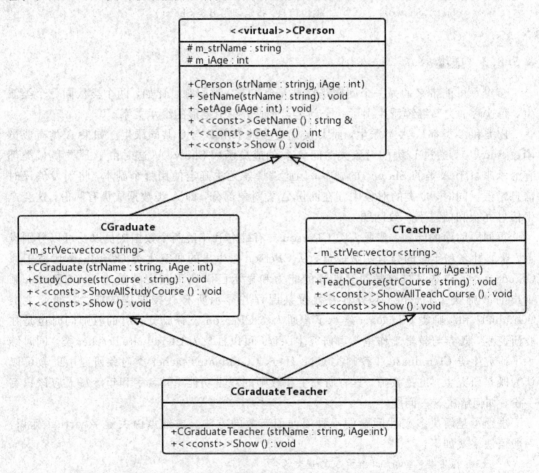

图 5.3　研究生助教类 CGraduateTeacher 菱形继承关系图

　　完整样例和运行结果如下：

```
//Ex5.6
1    #include <iostream>
2    #include <string>
3    #include <vector>
```

```cpp
4   using namespace std;
5   class CPerson
6   {
7   public :
8       CPerson (string strName, int iAge)
9           :m_strName (strName), m_iAge (iAge)
10      {
11      }
12
13      virtual void   Show () const
14      {
15          cout << m_strName <<", "<< m_iAge <<"years old"<< endl;
16      }
17
18      void SetName (string strName)
19      {
20          m_strName = strName;
21      }
22      void SetAge (int iAge)
23      {
24          m_iAge = iAge;
25      }
26      const string & GetName () const
27      {
28          return m_strName;
29      }
30      int GetAge () const
31      {
32          return m_iAge;
33      }
34  protected :
35      string m_strName;
36      int    m_iAge;
37  };
38  class CGraduate : virtual public CPerson
39  {
40  public :
41      CGraduate (string strName, int iAge)
42          : CPerson (strName, iAge)
43      {
44      }
45      void   Show () const;
46      void StudyCourse (string strCourse);
47      void ShowAllStudyCourse () const;
```

```
48    private :
49        vector<string> m_strVec;
50    };
51    void  CGraduate::Show () const
52    {
53        CPerson::Show();
54        cout <<"is a student"<< endl;
55    }
56
57    void CGraduate::StudyCourse (string strCourse)
58    {
59        this->m_strVec. push_back (strCourse);
60    }
61    void CGraduate::ShowAllStudyCourse () const
62    {
63        cout << m_strName <<" 同学选修课程列表 :"<< endl;
64        for (size_t i = 0; i < m_strVec. size(); ++ i)
65        {
66            cout << m_strVec [i] << endl;
67        }
68        cout << endl;
69    }
70    class CTeacher : virtual public CPerson
71    {
72    public :
73        CTeacher (string strName, int iAge)
74             : CPerson (strName, iAge)
75        {
76        }
77        void   Show () const;
78        void TeachCourse (string strCourse);
79        void ShowAllTeachCourse () const;
80    private :
81        vector<string> m_strVec;
82    };
83    void CTeacher::TeachCourse (string strCourse)
84    {
85        this->m_strVec. push_back (strCourse);
86    }
87
88    void  CTeacher::Show () const
89    {
90        CPerson::Show();
91        cout <<"is a teacher"<< endl;
```

```
92      }
93
94      void CTeacher::ShowAllTeachCourse () const
95      {
96          cout << m_strName <<"老师教授课程列表:"<< endl;
97          for (size_t i = 0; i < m_strVec.size(); ++ i)
98          {
99              cout << m_strVec [i] << endl;
100         }
101     cout << endl;
102     }
103     class CGraduateTeacher :   public CTeacher, public CGraduate
104     {
105     public :
106         CGraduateTeacher (string strName, int iAge)
107         : CPerson (strName, iAge),CTeacher (strName, iAge),CGraduate (strName, iAge)
108         {
109         }
110         void  Show () const;
111     };
112
113     void  CGraduateTeacher::Show () const
114     {
115         CPerson::Show();
116         cout <<"是一位研究生助教"<< endl;
117     }
118
119     void    ShowByPointer (CPerson * pPerson);
120     void    ShowByPointer(CPerson * pPerson)
121     {
122         pPerson->Show();
123     }
124
125     int main ()
126     {
127         CGraduateTeacher graduateTeacherHu ("胡某某", 26);
128
129         ShowByPointer(&graduateTeacherHu);
130         graduateTeacherHu. StudyCourse("人工智能");
131         graduateTeacherHu. StudyCourse("高等数学");
132         graduateTeacherHu. StudyCourse("离散数学");
133         graduateTeacherHu. StudyCourse("算法分析与设计");
134         graduateTeacherHu. TeachCourse("程序设计基础");
```

```
135        graduateTeacherHu. TeachCourse("C++程序设计");
136        graduateTeacherHu. ShowAllTeachCourse();
137        graduateTeacherHu. ShowAllStudyCourse();
138    }
```

样例程序运行输出：

胡某某, 26years old

是一位研究生助教

胡某某老师教授课程列表：

程序设计基础

C++程序设计

胡某某 同学选修课程列表：

人工智能

高等数学

离散数学

算法分析与设计

5.9　深　度　探　索

前面讲述了利用继承和多态性进行C++程序设计。本节深度探索派生类对象的内存分布、虚函数机制实现原理以及特殊场合使用的运行时类型识别和动态类型转换。C++标准并未规定这些机制该如何实现，我们探索这些机制的实现原理，有利于加深对C++程序执行机制的理解，设计出结构良好、高效的程序。

5.9.1　派生类对象的内存分布

无论是公有继承、保护继承还是私有继承，派生类对象内部都包含了基类部分对象的数据成员和派生类新增数据成员，基类部分对象的数据成员本身也可能由祖先类部分对象的数据成员和基类本身的数据成员组成。根据赋值兼容原则，基类指针可以指向派生类对象。下面探讨派生类对象的内存分布。

1. 单继承派生类对象内存分布

首先，分析单继承时的情况。下面例子中派生类 CDerived 从基类 CBase 派生，如图 5.4 所示，派生类对象 d 内存包含基类部分对象的数据成员和派生类部分新增的数据成员，派生类指针变量 pd 指向派生类对象 d，根据赋值兼容原则，可以将派生类对象指针 pd 赋值给基类对象指针 pb，单继承时，两个指针变量值相同。

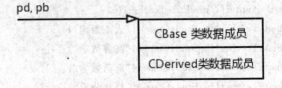

图 5.4　单继承 CDerived 对象内存分布图

```
//Ex5.7A
    #include <iostream>
    using namespace std;

    classCBase {
    public :
    //函数成员省略
    private :
        int m_i;
    };

    class CDerived : public CBase
    {
    public :
    //函数成员省略
    private :
        int m_j;
    };

    int main ()
    {
        CDerived d;
        CBase * pb;
        CDerived * pd;

        pd = &d;
        pb = pd;

        cout << reinterpret_cast<int> (pd) << endl; //输出指针值
        cout << reinterpret_cast<int> (pb) << endl;
    }
```

程序输出：

```
6946512
6946512
```

本样例程序输出结果与执行环境有关。

*2. 多继承派生类对象内存分布

其次，分析多继承时的情况。下面例子中派生类 CDerived 从基类 CBase1、CBase2 派生，如图 5.5 所示，派生类对象 d 内存包含两个基类部分对象的数据成员和派生类部分新增的数据成员，派生类指针变量 pd 指向派生类对象 d。根据赋值兼容原则，可以将派生类对象指针 pd 赋值给基类对象指针 pb1 和基类对象指针 pb2，多继承时，pb1、pd 指针变量值相同，pb2 指针变量值不同，它比 pb1、pd 指针变量值大 CBase1 部分对象内存大小：4 字节。这里，我们看到指针变量赋值不仅仅是数值的复制。

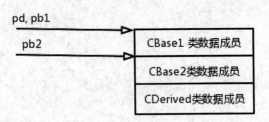

图 5.5　多继承 CDerived 对象内存分布图

注意：当派生类对象指针变量 pd 的值为 nullptr 时，基类对象指针 pb1 和基类对象指针 pb2 的值应该也是 nullptr。

```
//Ex5.7B
# include <iostream>
# include <string>
using namespace std;

class CBase1 {
public：
//     void BF1 ();
private：
    int m_i1；
};
class CBase2 {
public：
//     void BF2 ();
private：
    int m_i2；
};
class CDerived : public CBase1, public CBase2
{
public：
//     void DF ();
private：
    int m_j；
};

int main ()
{
    CDerived d；
    CBase1 * pb1；
    CBase2 * pb2；
    CDerived * pd；
```

```
    pd = &d;
    pb1 = pd;
    pb2 = pd;

    cout << reinterpret_cast<int> (pd) << endl; //输出指针值
    cout << reinterpret_cast<int> (pb1) << endl;
    cout << reinterpret_cast<int> (pb2) << endl;
}
```

程序输出：
```
6946504
6946504
6946508
```
本样例程序输出结果与执行环境有关。

∗3. 虚继承派生类对象内存分布

最后，分析虚继承时的情况。下面例子中基类 CBase1 和 CBase2 本身虚继承公共基类 CCommonBase，派生类 CDerived 又从基类 CBase1 和 CBase2 派生，形成菱形继承。如图 5.6 所示，本例中派生类对象 d 内存包含 1 份公共基类 CCommonBase 部分对象数据成员以及两个基类 CBase1、CBase2 部分对象的数据成员和派生类部分新增的数据成员。虚继承时，所有子孙类的每个对象均只包含 1 份公共基类部分对象，所有子孙类的构造函数需包含公共基类部分的构造。派生类指针变量 pd 指向派生类对象 d，根据赋值兼容原则，可以将派生类对象指针 pd 赋值给 CBase1 类对象指针 pb1、CBase2 类对象指针 pb2、公共基类对象指针 pcb。由于 CBase1 类对象指针 pb1、CBase2 类对象指针 pb2 也需要能够访问对象的公共基类 CCommonBase 部分对象，因此，CBase1、CBase2 基类部分对象需包含公共基类部分对象的偏移或地址，如图 5.6 所示，pb1、pd 指针变量值相同，pb2 指针变量值不同，它比 pb1、pd 指针变量值大 CBase1 部分对象内存大小：数据成员和偏移量共 8 字节，pcb 指针变量值比 pb1、pd 指针变量值大 CBase1 部分对象内存大小 8 字节、CBase2 部分对象内存大小 8 字节和 CDerived 类新增数据成员大小 4 字节，共 20 字节。这里，我们看到了指针变量赋值不仅仅是数值复制的更复杂案例。

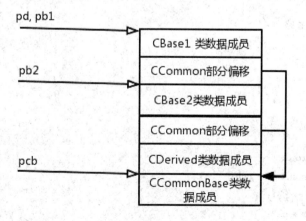

图 5.6　虚继承 CDerived 对象内存分布图

注意：当派生类对象指针变量 pd 的值为 nullptr 时，基类对象指针 pb1、基类对象指针 pb2、公共基类对象指针 pcb 的值也应该是 nullptr。

```cpp
//Ex5.7C
#include <iostream>
using namespace std;

class CCommonBase
{
public:
// 函数成员省略
private:
    int m_iCommon;
};
class CBase1 : virtual public CCommonBase
{
public:
//函数成员省略
private:
    int m_i1;
};
class CBase2 : virtual public CCommonBase
{
public:
//函数成员省略
private:
    int m_i2;
};

class CDerived : public CBase1, public CBase2
{
public:
//函数成员省略
private:
    int m_j;
};

int main ()
{
    CDerived d;
    CCommonBase * pcb;
    CBase1 * pb1;
    CBase2 * pb2;
    CDerived * pd;
```

```
        pd = &d;
        pb1 = pd;
        pb2 = pd;
        pcb = pd;

        cout << reinterpret_cast<int> (pd) << endl; //输出指针值
        cout << reinterpret_cast<int> (pcb) << endl;
        cout << reinterpret_cast<int> (pb1) << endl;
        cout << reinterpret_cast<int> (pb2) << endl;
    }
```

程序输出

```
    6946488
    6946508
    6946488
    6946496
```

本样例程序输出结果与执行环境有关。

5.9.2 虚函数实现原理

C++中动态多态性通过虚函数体现，编译器一般是通过为每个具有虚函数的类建立虚函数表来实现虚函数的。假设基类 CBase 具有四个成员函数：普通成员函数 g1、g2 和虚成员函数 f1、f2，派生类 CDerived 公有继承基类 CBase，也有四个成员函数：普通成员函数 g1、g3 和虚成员函数 f1、f3，其中 g1、f1 覆盖了基类同名成员函数，g3、f3 是派生类新增成员函数。下面样例中通过实际指向派生类对象的基类指针调用 g1、g2 和 f1、f2 时，g1、g2 是普通成员函数，所以根据调用时指针类型静态绑定执行基类函数；f1、f2 是虚成员函数，所以根据调用时指针所指实际对象动态绑定 CDerived 类的相应函数。CDerived 类 f1 虚成员函数已覆盖基类 f1 虚成员函数，执行 CDerived 类 f1 虚成员函数，CDerived 类继承了基类 f2 函数，执行 CBase 类 f2 函数。不可通过基类指针调用派生类 CDerived 新增的成员函数 g3 和 f3。下列是完整样例程序和它的输出结果。

```
//Ex5.8
1   #include <iostream>
2   using namespace std;
3
4   class CBase
5   {
6   public:
7       void  g1 ();
8       void  g2 ();
9       virtual void f1 ();
10      virtual void f2 ();
11  private:
12      int m_i;
```

```
13  };
14  void  CBase::g1 ()
15  {
16      cout <<"Base::g1"<< endl;
17  }
18  void  CBase::g2 ()
19  {
20      cout <<"Base::g2"<< endl;
21  }
22  void CBase::f1 ()
23  {
24      cout <<"Base::f1"<< endl;
25  }
26  void CBase::f2 ()
27  {
28      cout <<"Base::f2"<< endl;
29  }
30
31  class CDerived : public CBase
32  {
33  public:
34      void  g1 ();
35      void  g3 ();
36      virtual void f1();
37      virtual void f3();
38  private:
39      int m_j;
40  };
41  void  CDerived::g1 ()
42  {
43      cout <<"CDerived::g1"<< endl;
44  }
45  void  CDerived::g3 ()
46  {
47      cout <<"CDerived::g3"<< endl;
48  }
49  void CDerived::f1 ()
50  {
51      cout <<"CDerived::f1"<< endl;
52  }
53  void CDerived::f3 ()
54  {
55      cout <<"CDerived::f3"<< endl;
```

```
56    }
57
58    int main ()
59    {
60        CDerived d;
61        CBase * pb;
62        CDerived * pd;
63
64        pd = &d;
65        pb = pd;
66        pb −>g1();
67        pb −>g2();
68        pb −>f1();
69        pb −>f2();
70    }
```

样例程序运行输出:

Base∷g1

Base∷g2

CDerived∷f1

Base∷f2

上述样例中基类 CBase 和派生类 CDerived 都具有虚函数,如图 5.7 所示。

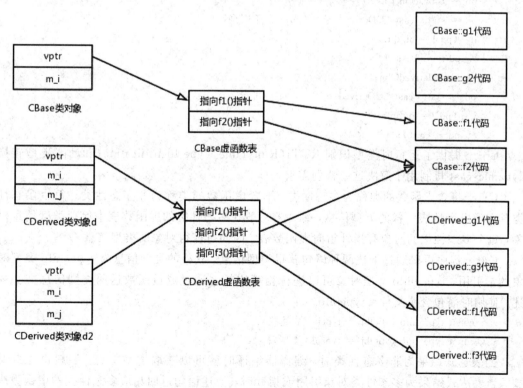

图 5.7　虚函数实现原理

CBase 类虚函数表包含指向 f1、f2 虚函数的两个指针项,实际分别指向 CBase 类 f1、f2 函数。CDerived 类虚函数表包含指向 f1、f2、f3 虚函数的三个指针项,实际分别指向 CDerived 类改写后的 f1 函数、继承 CBase 类的 f2 函数、CDerived 类新增的 f3 函数。每个具有虚函数类的对象都含有一个指针 vptr,指向各自类的虚函数表,动态绑定调用虚函数时,根据对象里保存的 vptr 指针,查找所指虚函数表中对应函数项,取出指针,执行所指函数即可实现动态多态性。虚函数表不含指向普通函数的指针。

需要指出的是,在构造函数中调用虚函数时,派生类部分尚未构造完成,虚函数表中相应项指向目前为止继承的函数,不会指向派生类函数,因此,构造函数中调用虚函数执行的是该类目前为止继承的函数,不会调用派生类函数。

*5.9.3　运行时类型识别 RTTI 和动态类型转换 dynamic_cast

根据赋值兼容原则,派生类对象指针可以赋值给基类对象指针,内部所需转换是在编译时进行的,是静态转换。这样,同一类族的对象可以统一管理,再配合动态多态性统一使用。反过来,有时需要发挥其中某些派生类对象的派生类特有功能,这时,一般不可以使用编译时静态转换 static_cast 将基类对象指针转换成派生类对象指针,因为基类对象指针实际可能并非指向指定的派生类对象,这样的 static_cast 编译时静态转换不安全。下面的讨论建立在上节样例 Ex5.8 的基础上。

```
CBase     * pb, baseObj;
CDerived  * pd, derivedObj;  //CDerived 公有继承 baseObj
pb = &baseObj;
pd = static_cast<CDerived *> (pb);  //不安全
if  (pd != nullptr)
    pd->g3();
pb = &derivedObjj;
pd = static_cast<CDerived *> (pb);  //可行
if  (pd != nullptr)
    pd->g3();
```

C++提供了运行时类型识别 RTTI(Run-Time Type Identification)和动态类型转换 dynamic_cast 机制用于解决这一特别需求。

C++将含虚函数的类称为多态性类,不含虚函数的类称为非多态性类。每个多态性类具有像虚函数表一样的类型信息,编译器一般在多态性类的虚函数表中保存类型信息对象,每个多态性类的对象有指针指向虚函数表,因而可获得对象的类型信息。

C++程序可以通过下述两种语句获得类型信息,获得的类型信息为 type_info 类型对象的常引用,type_info 类型对象可以进行相等比较并通过成员函数返回类型信息文字描述,使用时需包含头文件<typeinfo>。

```
const type_info &tiObj = typeid (表达式);
const type_info &tiObj = typeid (类型);
```

当表达式结果为非多态性类时,编译器编译时就可以获取类型信息,一般也无此必要;当表达式结果为多态性类对象引用或指针时,上述语句返回相应多态性类的虚函数表中类型信息对象的常引用,为多态性类提供了运行时类型识别 RTTI 支持。

　　C++通过运行时类型识别 RTTI 支持，进一步支持运行时动态类型转换 dynamic_cast，其过程是：程序运行过程中，遇到 dynamic_cast 基类指针转换时，查询基类指针所指对象的实际类型信息，基类指针如果实际指向派生类对象，就可以通过 dynamic_cast 安全转换为派生类指针，基类指针如果实际指向的不是派生类对象，则 dynamic_cast 转换返回空指针。下述语句段可以正常获得预期结果。

```
CBase    * pb, baseObj;
CDerived * pd, derivedObj;                     //CDerived 公有继承 baseObj
pb = &baseObj;
pd = dynamic_cast<CDerived * > (pb);           //安全,实际返回空指针
if (pd != nullptr)
    pd->g3();
pb = &derivedObjj;
pd = dynamic_cast<CDerived * > (pb);           //可行,实际返回派生类对象指针
if (pd != nullptr)
    pd->g3();
```

　　动态类型转换 dynamic_cast 同样适用于基类对象引用。程序运行过程中，遇到 dynamic_cast 基类引用转换时，查询基类引用对象的实际类型信息，如果基类引用的是派生类对象，就可以通过 dynamic_cast 安全转换为派生类对象引用，如果基类引用的不是派生类对象，则 dynamic_cast 抛出 bad_cast 异常，程序员需处理异常。关于抛出异常处理的介绍，请参见第 7 章。

　　最后，给出下列较完整的运行时类型识别和动态类型转换的样例和运行结果。

```
//Ex5.9
1    #include <iostream>
2    #include <typeinfo>
3    using namespace std;
4
5    class CBase
6    {
7    public :
8        void   g1 ();
9        void   g2 ();
10       virtual void f1 ();
11       virtual void f2 ();
12   private :
13       int m_i;
14   };
15   void   CBase::g1 ()
16   {
17       cout <<"Base::g1"<< endl;
18   }
19   void   CBase::g2 ()
20   {
```

```
21          cout <<"Base::g2"<< endl;
22  }
23  void CBase::f1 ()
24  {
25          cout <<"Base::f1"<< endl;
26  }
27  void CBase::f2 ()
28  {
29          cout <<"Base::f2"<< endl;
30  }
31
32  class CDerived : public CBase
33  {
34  public :
35          void  g1 ();
36          void  g3 ();
37          virtual void f1();
38          virtual void f3();
39  private :
40          int m_j;
41  };
42  void  CDerived::g1 ()
43  {
44          cout <<"CDerived::g1"<< endl;
45  }
46  void  CDerived::g3 ()
47  {
48          cout <<"CDerived::g3"<< endl;
49  }
50  void CDerived::f1 ()
51  {
52          cout <<"CDerived::f1"<< endl;
53  }
54  void CDerived::f3 ()
55  {
56          cout <<"CDerived::f3"<< endl;
57  }
58
59  //通过基类指针处理
60  void SomeProc (CBase * pb)
61  {
62          pb ->g1();
63          pb ->g2();
```

```
64        pb ->f1();
65        pb ->f2();
66  }
67
68  //通过基类指针进行 RTTI 处理和动态类型转换
69  void SomeSpecialProc (CBase * pb)
70  {
71        CDerived * pd;
72        const type_info & ti1 = typeid (* pb);    //获取 * pb 类型信息
73        //输出类型信息描述，不同编译器可能存在差异
74        cout <<"typeid (pb)： "<< ti1. name () << endl;
75        const type_info & ti2 = typeid (CDerived);
76        cout <<"typeid (pb)： "<< ti2. name () << endl;
77        if (ti1 == ti2) //类型信息对象相等判断
78            cout <<"ti1,ti2 equal"<< endl;
79        else
80            cout <<"ti1,ti2 does not equal"<< endl;
81        pd = dynamic_cast<CDerived * > (pb); //动态类型转换
82        if (pd != nullptr)
83        {//派生类对象就可以调用派生类函数
84            pd ->g3();
85            pd ->f3();
86  }
87        else
88        {   //不是派生类对象，转换结果为空指针
89            cout <<"pd is null"<< endl;
90        }
91        cout << endl;
92  }
93
94  int main ()
95  {
96        CDerived d;
97        CBase b;
98
99        SomeProc (&b);
100       SomeSpecialProc (&b);
101
102       SomeProc (&d);
103       SomeSpecialProc (&d);
104  }
```

样例程序输出结果如下，不同编译器的输出结果可能存在差异。

Base::g1

```
Base::g2
CDerived::f1
Base::f2
typeid(pb)：8CDerived
typeid(pb)：8CDerived
ti1,ti2 equal
CDerived::g3
CDerived::f3

Base::g1
Base::g2
Base::f1
Base::f2
typeid(pb)：5CBase
typeid(pb)：8CDerived
ti1,ti2 does not equal
CDerived::g3
```

一般情况应该使用虚函数，发挥动态多态性，特殊场合可使用动态类型转换 dynamic_cast，运行时类型识别应该是非常特殊的场合才会使用。

习 题 5

一、单项选择题

1. C++中类有两种用法，一种是类的实例化，即生成类对象，另一种是通过(   )派生出新的类。

  A. 复用   B. 继承

  C. 重载   D. 封装

2. 下列有关继承和派生的叙述中，正确的是(   )。

  A. 如果一个派生类私有继承其基类，则该派生类成员函数不能访问基类的保护成员

  B. 派生类的成员函数可以访问基类的所有成员

  C. 基类对象可以赋值给派生类对象

  D. 派生类对象可以赋值给基类对象

3. 下列关于派生类构造函数和析构函数的说法中，错误的是(   )。

  A. 派生类的构造函数会隐含调用基类的构造函数

  B. 如果基类中有默认构造函数(无参构造函数)，那么派生类可以不定义构造函数

  C. 在建立派生类对象时，先调用基类的构造函数，再调用派生类的构造函数

  D. 在销毁派生类对象时，先调用基类的析构函数，再调用派生类的析构函数

4. 派生类的构造函数的成员初始化列表中，不能包含(   )。

  A. 基类的构造函数   B. 派生类中子对象的初始化

  C. 基类的子对象的初始化   D. 派生类中一般数据成员的初始化

5. 下列对派生类的描述中，（　　）是错的。

A. 一个派生类可以作为另一个派生类的基类

B. 派生类至少有一个基类

C. 派生类的成员除了它自己的成员外，还包含了它基类的成员

D. 派生类中继承的基类成员的访问权限到派生类中保持不变

6. 要将类 A 说明是类 B 的虚基类，正确的描述是（　　）。

A. class virtual B:public A

B. class B:virtual public A

C. virtual class B:public A

D. class B:public A virtual

7. 以下基类中的成员函数，（　　）表示纯虚函数。

A. virtual void vf(int);

B. void vf(int)=0;

C. virtual void vf()=0;

D. virtual void vf(int){ }

8. 派生类的成员函数不能访问基类的（　　）。

A. 公有成员和保护成员

B. 公有成员

C. 私有成员

D. 保护成员

9. 通过（　　）调用虚函数时，采用动态绑定（binding）。

A. 对象指针

B. 对象名

C. 成员名限定

D. 派生类名

二、程序设计题

1. 设计一个抽象类 Shape，派生两个类：圆类 Circle 和矩形类 Rectangle，分别实现虚函数 calArea 和 CalCirc，计算圆形和矩形的面积及周长，并写出测试代码，测试代码用基类指针访问派生类，并调用计算面积和周长的函数。

2. 实现一个抽象动物类 Animal，内含纯虚函数 Speak 和对象克隆纯虚函数，从 Animal 类派生 Dog 类和 Cat 类，要求能自动统计生成的 Dog 类和 Cat 类对象的数量。测试程序中需要动态生成 Dog 类和 Cat 类对象各一个，存放在 vector 容器中，再将容器中原对象克隆一遍添加在容器尾部，然后通过对 vector 容器的遍历，调用各个对象的 Speak 接口，遍历后销毁生成的各个对象。

3. 请设计一个描述师生的抽象类 HDUPerson，要求有姓名、性别、年龄三个属性，有相应的构造函数与 Set、Get 方法，有成员函数 IntroduceSelf 实现自我介绍、纯虚函数 GetCurrentNum。从 HDUPerson 类派生学生类 Student 和教师类 Teacher，学生类中含在学的课程数，教师类中含每周授课时数，在派生类中必须实现 GetCurrentNum 获取学生的课程数或教师每周授课时数。在主程序中通过 HDUPerson 类的指针动态构造学生对象（属性为 Tom、男、18 岁，目前在学课程 6 门）与教师对象（属性为 Mary、女、31 岁，目前每周授课 8 学时），通过指针调用基类方法 IntroduceSelf（自我介绍时能表明是教师或学生）与 GetCurrentNum。编写测试程序，输出上述信息。

4. 请设计一个车辆 Vehicle 类，要求有车辆类型、品牌、出厂年份等属性，有方法设置与获取该车辆需要加汽油或柴油。从 Vehicle 类派生出货车 Truck 类、客车 Bus 类，货车需要属性载重量，客车需要属性额定载客数。请将 Vehicle 类设计为抽象类，有相应的构造函数与纯虚函数 Introduce，在派生类中实现 Introduce，用于介绍各种类型车辆的属性，即车辆类型、品牌、出厂年份以及载重量或额定载客数。在主程序中通过 Vehicle 类的指

针指向动态构造各类型车辆对象，并通过指针调用基类方法设置、获取车辆需加汽油或柴油，并调用 Introduce。编写测试程序，输出上述信息。

5. 按下列要求编程，设计实现相关类，并在主函数中使用这些类。自行车（Bicycle）和汽车（Motorcar）都是车辆（Vehicle），它们有共同的属性最大速度（maxSpeed）和重量（weight），也有各自不同的特性，比如自行车有高度（height），汽车有座位数（seatNum）。现有不同类型车辆若干（假定为 3），将其输入并放入一个指针数组，每个车辆需要设置其属性。输入后分别显示各自属性（即自行车和汽车分别显示各自属性）。

6. 编程实现小型公司的工资管理系统。该公司主要有四类人员：经理（manager）、兼职技术人员（technician）、销售员（salesman）和销售经理（salesmanager）。要求存储这些人员的编号、姓名和月工资，计算月工资并显示全部信息。月工资计算办法是：经理拿固定月薪 8000 元，兼职技术人员按每小时 100 元领取月薪，销售员按当月销售额的 4% 提成，销售经理既拿固定月工资也领取销售提成，固定月工资为 5000 元，销售提成为所管辖部门当月销售总额的千分之五。兼职技术人员一个月工作小时数，销售员一个月销售额，销售经理所管辖部门一个月销售总额由各个类的成员函数完成设置。（要求用抽象类和类继承）

7. 按下列要求编程，要求用抽象类、类继承和多态实现相关类，并在主函数中测试这些类。矩形（Rectangle）是一种形状（Shape），长方体（Cube）继承于矩形。它们有不同的属性：矩形有长（length）和宽（width），长方体除了有长和宽，还有高（height），但它们都有计算面积的方法 double GetArea()、输入属性值的方法 void Input() 和显示属性值的方法 void Show()。现有不同形状的矩形、长方体若干（假定为 3 个），将它们放入一个 Shape 数组，用循环来统一输入和显示每个形状的属性值，统计所有形状的总面积并输出。（长方体的面积指的是表面积）

第 6 章 模　　板

C++提供了模板机制，通过模板可以建立具有通用类型的函数库或类库，为一系列逻辑功能相同而数据类型不同的函数或类创建框架。通过前一章中虚函数提供的动态多态性，程序可以处理在编程时不知道确切类型、推迟至运行时才确定类型的对象。本章的模板同样可使程序可以处理在编程时不知道确切类型的对象，对象的类型在使用时才确定。模板提供的多态是一种参数化多态，是编译时多态。

模板提供了一种重用程序源代码的有效方法，是 STL 泛型编程基础。模板是对具有相同特性的函数或类的再抽象，它的本质就是将所处理的数据类型说明为参数，这样可使一段程序代码能用于处理多种不同类型的数据，提高了代码的可重用性。函数抽象成函数模板，类抽象成类模板，函数模板产生实例函数，也称为模板函数，类模板产生实例类，也称为模板类。

6.1　函　数　模　板

6.1.1　函数模板与模板函数

如果 C++程序中需要分别使用返回两个整型数中较大的对象引用，返回两个双精度实型数中较大的对象引用以及返回两个字符串对象中较大的对象引用时，则可以定义三个同名函数，如下所示：

```
const int & Max (const int &a, const int &b);
const double & Max (const double &a, const double &b);
const string & Max (const string &a, const string &b);
const int & Max (const int &a, const int &b)
{
    if (a > b)
        return a;
    else
        return b;
}

const double & Max (const double &a, const double &b)
{
    if (a > b)
        return a;
    else
```

```
            return b;
    }

    const string & Max (const string &a, const string &b)
    {
        if (a > b)
            return a;
        else
            return b;
    }
```

上面的函数重载代码实现了三个处理不同类型的数据最大值的函数，名字都叫 Max。程序代码中实际调用时，如下面语句段中，编译器可根据实参类型确定调用的具体是哪个函数。

```
    string s1(strCity1), s2(strCity2);
    cout << Max (3, 5) << endl;              //调用第一个 Max 函数
    cout << Max (3.8, 2.5) << endl;          //调用第二个 Max 函数
    cout << Max (s1, s2) << endl;            //调用第三个 Max 函数
```

上述函数重载为程序可读性带来了便利。但是，上述三个 Max 函数代码存在很大程度上的重复，它们的处理逻辑相同，只是所处理数据的类型不同，而且，这样定义的三个函数不适合返回将来未知类型对象的最大值，如将来我们设计了苹果类，并且定义了以苹果直径比较苹果大小的方法，我们还得为返回大苹果对象定义相应的 Max 函数。

C++提供了函数模板(function template)机制解决这一需求。

具体办法就是对处理逻辑相同、只是所处理数据类型不同的函数，将其中的类型参数化，抽象成函数模板，再由编译器通过函数模板产生模板函数(template function)。

正如函数调用前必须有函数声明或函数定义一样，调用模板函数前，必须先有函数模板声明或函数模板定义。

函数模板声明的一般格式如下：

```
    template < typename 类型参数名>
    返回值类型 函数模板名(形参表);
```

或

```
    template < typename 类型参数名 1, typename 类型参数名 2, …>
    返回值类型 函数模板名(形参表);
```

函数模板定义的一般格式如下：

```
    template < typename 类型参数名>
    返回值类型 函数模板名(形参表)
    {
    …    // 函数模板体
    }
```

或

```
    template < typename 类型参数名 1, typename 类型参数名 2, …>
    返回值类型 函数模板名(形参表)
```

```
    {
    …    // 函数模板体
    }
```

上述函数模板声明或定义中，template 后尖括号内的类型参数名可以有一个或多个，每个类型参数名前必须有关键字 typename，代表某一个类名，由于历史原因，此处关键字 typename 可以用关键字 class 代替，效果相同；多个类型参数名间用英文逗号分隔。特殊情况下，其中 typename 类型参数名也可以是类型参数名。

两个 T 类型对象间求较大的对象的 Max 函数模板声明如下：

```
    template <typename T>
    const T & Max (const T &a, const T &b);
```

Max 函数模板定义如下：

```
    template <typename T>
    const T & Max (const T &a, const T &b)
    {
        if (a > b)
            return a;
        else
            return b;
    }
```

函数模板是对函数的抽象，描述的是使用类型参数来产生一组函数的模板，它不是某一个具体的函数。使用函数模板时，编译器可根据需要，将函数模板内的所有类型参数取某一个具体的数据类型后生成具体的函数代码，生成的函数称为模板函数，在程序中真正执行的代码是模板函数的代码。

下述两种在表达式中使用函数模板的方式都可让编译器生成模板函数并调用该模板函数。

    函数模板名(实参表)

或

    函数模板名<类型 1，类型 2，…>(实参表)

第一种使用方式中，编译器将根据实参类型推断出函数模板中类型形式参数对应的具体类型。第二种方式中，<类型 1，类型 2，…>称为类型实参表，编译器无需推导，用类型实参表中的类型来确定类型形式参数对应的具体类型。如果编译器无法根据实参推断出函数模板中类型形式参数对应的具体类型、存在多种推断方案或者类型实参表提供的类型不符合函数模板要求，则编译器将报错。

编译器确定类型形式参数对应的具体类型，生成模板函数并调用，这一工作在编译阶段完成。

下列语句是函数模板的正确使用示例。

```
    char strCity1 [] = "BeiJing";
    char strCity2 [] = "ShangHai";
    string s1(strCity1)，s2(strCity2);

    cout << Max (3, 5) << endl;                    //推断 T 为 int
```

```
        cout << Max (3.8, 2.5) << endl;                    //推断 T 为 double
        cout << Max (s1, s2) << endl;                      //推断 T 为 string
        cout << Max<string> ("BeiJing", "ShangHai") << endl; // 指定 T 为 string
```

```
        cout << Max ("HangZhou", "ShangHai") << endl; //本语句在 6.1.4 解释
    //cout << Max ("BeiJing", "ShangHai") << endl;  //实参类型分别是 const char [8]、
                                                            const char [9]
    //cout << Max (strCity1, strCity2) << endl;           //实参类型分别是 char [8]、char [9]
```

上述四种使用函数模板 Max 的例子中，前三种编译器推断出类型参数 T 的实际类型分别为 int、double、string，第四种程序员指定 T 的类型为 string，编译器从函数模板生成了三个参数类型不同的 Max 模板函数，前三个直接调用编译器生成的模板函数，最后一个先将实参转换为 string 对象后再调用对应的模板函数。

函数模板 Max 中类型参数 T 必须符合可进行<比较的要求，函数模板 Max 不可用于不能进行<比较的两个对象。如将来我们设计了苹果类，定义了以苹果直径比较苹果大小的方法，我们就可以对两个苹果对象使用 Max 函数模板，返回较大的一个苹果，Max 函数模板达到了适用于函数模板设计时还未知新类型的目的。

参数类型推断一般根据实参类型直接进行，很少进行类型转换。如果编译器不能推断出类型或存在多种推断时，编译器就会报错，一般可根据编译器错误提示查找解决办法，在此不再展开。

模板函数类似于重载函数，但是同一个函数模板类型形式参数具体化（实例化）后的所有模板函数必须执行相同的代码，而函数重载时在每个函数体中可以执行不同的代码，当遇到执行的代码有所不同时，不能简单地套用函数模板，而应像重载普通函数那样进行重载。

需要指出，与普通函数声明位于头文件，函数定义位于 .cpp 文件不同，一般编译器要求函数模板的定义也位于头文件中或使用函数模板的源程序文件内。

6.1.2　内联函数模板

C++支持内联函数，对于简单的、频繁调用的函数，使用内联函数可提高程序的执行效率。同样，C++可使用内联函数模板提高程序的执行效率。

使用内联函数模板，只需在函数模板声明和函数模板定义中加入 inline 即可，函数模板使用方式不变。上述函数模板 Max 可通过下述方式改为内联函数模板，使用方式不变。

```
    template <typename T>
    inline const T & Max (const T &a, const T &b);
```

Max 函数模板定义如下：

```
    template <typename T>
    inline const T & Max (const T &a, const T &b)
    {
        if (a > b)
            return a;
```

```
        else
            return b;
    }
```

6.1.3 函数模板重载

与函数重载类似，函数模板也可以重载。

下述样例声明和定义了三个同名函数模板，分别用于两个中找出较大者、三个中找出最大者、iCount 个元素数组中找出最大者。

```
template <typename T>
const T & Max (const T &a, const T &b);                 //两个中找出较大者
template <typename T>
const T & Max (const T &a, const T &b, const T &c);     //三个中找出最大者
template <typename T>
const T & Max (const T A [], int iCount);               //iCount 个元素数组中找出最大者


//两个中找出较大者
template <typename T>
const T & Max (const T &a, const T &b)

{
    if (a > b)
        return a;
    else
        return b;
}


//三个中找出最大者
template <typename T>
const T & Max (const T &a, const T &b, const T &c)
{
    if (a > b)
    {
        if (a > c)
            return a;
        else
            return c;
    }
    else
    {
        if (b > c)
            return b;
        else
```

```
            return c；
        }
    }

    //iCount 个元素数组中找出最大者
    template <typename T>
    const T & Max (const T A [], int iCount)
    {
        int m = 0；
        for (int i = 1; i < iCount; ++i)
            if (A[i] > A [m])
                m = i；
        return A [m]；
    }
```

在程序中遇到如下使用函数模板的代码段时，编译器分别根据函数模板使用时的实参
类型和个数，从不同的函数模板推断出类型参数的实际类型后生成模板函数代码再进行
调用。

```
    int     A [] = {1, 3, 5, 7, 9}；

    cout << Max (6, 5) << endl；
    cout << Max (3, 5, 8) << endl；
    cout << Max (A, 5) << endl；
```

6.1.4 函数模板和函数

我们再探讨第 6.1.1 节中的问题。使用 Max 函数模板比较 C 形式字符串常量时，我
们使用了指定模板函数实际参数类型的如下形式：

```
    cout << Max<string> ("BeiJing", "ShangHai") << endl；  //指定 T 为 string
```

string 对象可通过运算符<进行比较运算，上述模板函数调用可得到正确的比较结果。
如果上述语句中去除模板函数实际参数类型的指定，则编译器将报错：

```
    cout << Max ("BeiJing", "ShangHai") << endl；  // 编译器报错，无法推断模板函数参数
                                                         类型
```

这是因为 C 形式字符串在 C/C++程序处理中存在特殊规则，字符串值连续形式存
放，以'\0'作为结束字符，内部以起始地址表示 C 形式字符串。这个使用函数模板的语句
中，第一个实参类型为 const char [8]，第二个实参类型为 const char [9]，两个实参类型不
一致导致编译器无法推断出函数模板类型参数应该采用的实际类型。退一步，即使编译器
能推导出函数模板类型参数应该采用的实际类型，生成的模板函数也是不合适的。如下述
语句可以通过编译，此时生成的模板函数比较的是两个 C 形式字符串的起始地址，而不是
字符串的内容，可能输出错误结果 HangZhou。

```
    cout << Max ("HangZhou", "ShangHai") << endl；//使用函数模板实际输出错误结果
```

总之，使用上述函数模板处理 C 形式字符串是不合适的。

针对这种情况，C++容许定义同名的函数模板和函数。重载函数模板和函数后，编

译器首先匹配类型完全相同的函数，如果匹配失败，再寻求函数模板进行匹配。因此，可以通过下述方式解决 C 形式字符串的特殊处理需求：

```
const char * Max (const char * a, const char * b)
{
    if (strcmp (a,b) >= 0)
        return a;
    else
        return b;
}
//两个中找出较大者
template <typename T>
const T & Max (const T &a, const T &b)

{
    if (a > b)
        return a;
    else
        return b;
}
```

重载 Max 函数模板和 Max 函数后，下述语句可以输出正确结果。

```
char strCity1 [] = "BeiJing";
char strCity2 [] = "ShangHai";
string s1(strCity1), s2(strCity2);

cout << Max (s1, s2) << endl;                        //调用模板函数
cout << Max<string> ("BeiJing", "ShangHai")<< endl;  //调用模板函数


cout << Max ("HangZhou", "ShangHai") << endl;        //调用函数
cout << Max ("BeiJing", "ShangHai") << endl;         //调用函数
cout << Max (strCity1, strCity2) << endl;            //调用函数
```

C++还具有函数模板特化和部分特化机制，应该不难理解，本书不再展开。

6.2 类 模 板

6.2.1 类模板与模板类

在前面章节中，我们学习了如何设计和使用类，例如，当需要整型栈时，我们设计实现了整型栈类，然后，利用整型栈类建立整型栈对象，解决实际问题。假如程序设计中还需要用栈来保存字符串对象，则需要再设计实现字符串栈类，而整型栈类和字符串栈类的功能相同，实现的方法也相同，只是处理的数据类型不同，这样的代码存在很大程度上的

重复，而且，如果将来设计实现了苹果类，那么还需要在栈中保存苹果时设计实现苹果栈类。

与函数模板类似，C++支持类模板(class template)。上述情形下，只需要将栈类中保存的元素类型参数化后，抽象成栈类模板即可，需要时，再由编译器根据栈类模板自动生成具体栈类的代码，也就是说这里的栈类就是栈类模板的实例，然后，再通过栈类模板生成的栈类建立栈对象，满足实际需求。根据类模板自动生成的实例类称为模板类(template class)。

类模板是类的抽象，模板类是类模板绑定模板参数后形成的实例。C++ STL 以类模板形式提供各种容器或容器适配器，大大提高了代码的通用性，对代码编译后生成的可执行程序的效率没有丝毫影响。在第 2 章样例中使用的正是类模板绑定模板参数后生成的模板类，如整型栈正是 STL stack 类模板绑定整型参数后编译器生成的整型栈模板类，字符串链表正是 STL list 类模板绑定 string 类型参数后编译器生成的字符串链表模板类。

6.2.2 类模板定义和成员函数实现

类模板是参数化的类。一个类模板的定义与一个类的定义类似，只是以关键字template开始，尖括号里含类型参数，一般形式如下：

```
template < typename 类型参数名>
class 类模板名
{
…      // 类模板体
};
```

或

```
template < typename 类型参数名 1, typename 类型参数名 2, …>
class 类模板名
{
…      // 类模板体
};
```

与函数模板声明和定义类似，类模板声明或定义中 template 后尖括号内的类型参数名可以有一个或多个，每个类型参数名前必须有关键字 typename，代表某一个类型名，由于历史原因，此处关键字 typename 可以用关键字 class 代替，效果相同；多个类型参数名间用英文逗号分隔。特殊情况下，typename 类型参数名也可以是"类型 参数名"。

类模板中的参数类型可以用于定义数据成员的类型、函数成员的参数和返回值类型，还可用于定义类模板内的类型成员。

与类的成员函数定义相同，类模板的成员函数不但可以在类模板内定义，也可以在类模板外定义。在类模板外定义时，需要采用下面的形式：

```
template < typename 类型参数名>
返回值类型 类模板名<类型参数名>::成员函数名(形参表)
{
…      // 函数体
}
```

或

```
template ＜ typename 类型参数名 1, typename 类型参数名 2, …＞
返回值类型 类模板名＜类型参数名 1, 类型参数名 2, …＞::成员函数名(形参表)
{
…    // 函数体
}
```

与类模板定义中一样, 此处关键字 typename 可以用关键字 class 代替, 效果相同。

由类模板产生模板类的形式如下:

```
类模板名＜类型＞
```

或

```
类模板名＜类型 1, 类型 2, …＞
```

此处实际类型必须由程序员指明, 不能由编译器推断。编译器据此生成一个具体的模板类, 然后用模板类来建立并使用具体对象。

生成一个具体的模板类这一工作在编译阶段完成。

下面是一个实现了动态数组功能的 Array 类模板的简单样例。程序中先定义了 Array 动态数组类模板, 实现了类模板中的成员函数(成员运算符)。在主程序中, 建立了可存放 n 个整数的整型动态数组模板类对象 obj, 再进行了存取、输出, 再建立了可存放 n 个字符串的字符串动态数组模板类对象 strObj, 其中每个字符串对象缺省构造为空字符串, 再对数组对象进行了存取、输出。程序执行完毕后, 两个动态数组对象进行析构, 包含其中所有字符串对象的析构, 这样就不会造成任何内存泄漏。样例程序中进行了下标合法性判断, 如果下标越界, 则会抛出异常。关于异常的介绍, 详见下一章。

```
//Ex6.1
1    ＃include ＜iostream＞
2    ＃include ＜string＞
3    using namespace std;
4
5    template ＜class T＞
6    class Array
7    {
8    private:
9    //数据成员
10       T ＊elem;                    // 存储数据元素值
11       int size;                    // 数组元素个数
12   public:
13   //公有函数
14       Array(int sz): size(sz)
15       {
16           elem ＝ new T [size];        //构造函数
17       }
18       ～Array()
19       {
```

```
20          delete [] elem;              //析构函数
21      }
22      T& operator [] (int i);          //元素引用，可作为左值或右值
23    };
24
25    template <class T>
26    T & Array<T>::operator [] (int i)   // 元素引用，可作为左值或右值
27    {
28        if (i < 0 || i >= size)
29        {
30            throw "Invalid Index";       // 抛出异常
31        }
32        return elem[i];                  //返回元素 elem[i]引用
33    }
34
35    int main()
36    {
37        int a[] = {1, 9, 7, 5, 6, 3};    // 定义数组 a
38        int n = 6;                        // 数组元素个数
39        Array<int> obj(n);                // 定义数组对象
40        int  i;
41        for (i = 0; i < n; i++)
42            obj[i] = a[i];                // 给数组元素赋值
43        for (i = 0; i < n; i++)
44            cout << obj [i] <<"";        // 输出元素值
45        cout << endl;
46        Array<string>   strObj (n);
47        strObj [0] = "Test";
48        strObj [1] = "String";
49        strObj [2] = "again";
50        for (i = 0; i < n; i++)
51            cout << strObj [i] <<"";     // 输出元素值
52        cout << endl;
53    }
```

样例程序运行输出如下：

```
1 9 7 5 6 3
Test String again
```

6.2.3　内联成员函数、非类型参数、函数调用运算符重载

与类的定义内实现的成员函数是内联成员函数一样，直接在类模板定义里实现的成员函数也是内联成员函数。如果在类模板定义内的成员函数声明前面带有 inline 关键字说明，则这样的成员函数也是内联成员函数。本章后续栈类模板样例中的入栈、出栈等函数

声明前面带有 inline 关键字的成员函数都是内联成员函数。

与函数模板一样，一般编译器要求类模板的定义和实现代码均保存在头文件中或使用类模板的源程序文件中。

在模板的类型形参表中不但可以包含常规类型参数，还可以包含非类型参数。非类型参数表示一个值，而不是一个类型。我们通过一个类型名而非关键字 typename 或 class 指定非类型参数。

当模板实例化时，非类型参数被一个常量值所代替，这个常量值可以由模板用户提供或由编译器推导出来。本节数组类模板样例中的 MaxSIZE 正是这样的非类型参数，它在数组 Array 类模板实例化时被由用户提供的值为 6 的常量 n 所代替，代表模板类的数组容器可以存放 6 个元素。

C++ STL 应用中经常用到函数对象，作为算法的实参。所谓函数对象实际就是重载了函数调用运算符()的类的实例，这样的对象可以像函数名称一样使用，STL 中也称为仿函数。用户自定义对象通过运算符()来调用函数，C++规定函数调用运算符()只能重载为类的成员函数，具体声明格式如下：

　　　　返回值类型 operator()(形参表);

在 C++中，由于上面的声明格式中形参表的参数个数可以是不确定的，因此函数调用运算符()是不确定目数运算符。

最后，本节将上节样例中的动态分配改为使用非类型参数大小的编译时确定大小的数组，下标运算符重载改为函数调用运算符()重载，形成下面样例，程序运行结果保持不变。

```
//Ex6.2
1   #include <iostream>
2   #include <string>
3   using namespace std;
4
5   template <class T, int MaxSIZE = 100>
6   class Array
7   {
8   private:
9       T elem [MaxSIZE];                    // 存储数据元素值
10  public:
11      inline T& operator () (int i);       //元素引用，可作为左值或右值
12  };
13
14  template <class T, int MaxSIZE>
15  T & Array<T, MaxSIZE>::operator () (int i)   // 元素引用，可作为左值或右值
16  {
17      if (i < 0 || i >= MaxSIZE)
18      {
19          throw "Invalid Index";           // 抛出异常
20      }
21      return elem[i];                       //返回元素 elem[i]引用
```

```
22    }
23
24    int main()
25    {
26        int a[] = {1, 9, 7, 5, 6, 3};            // 定义数组 a
27        const int n = 6;                          // 数组元素个数
28        Array<int, n> obj;   // 定义数组对象, 此处 n 必须是编译时可确定值的常量表达式
29        int  i;
30        for (i = 0; i < n; i++)
31            obj(i) = a[i];                        // 给数组元素赋值
32        for (i = 0; i < n; i++)
33            cout << obj (i) <<"";                 // 输出元素值
34        cout << endl;
35        Array<string, n>    strObj;
36        strObj (0) = "Test";
37        strObj (1) = "String";
38        strObj (2) = "again";
39        for (i = 0; i < n; i++)
40            cout << strObj (i) <<"";              // 输出元素值
41        cout << endl;
42    }
```

6.2.4　类模板名简化表示模板类

　　类模板是生成模板类的蓝图，不是一个类型。类模板绑定模板参数后形成的类模板的实例，也就是模板类，才是一个类型。模板类可以出现在程序中需要类型的位置，类模板名则不可以。这一规则有一个例外，就是在本类模板作用域中，模板类可以简化为类模板名，省略类模板的模板参数绑定；在类模板作用域外，模板类不可以简化为类模板名，必须绑定模板参数。

　　本章后面样例 Ex6.3 和 Ex6.4 中的 CStack 类模板，在类模板定义和类模板成员函数定义中，也就是 CStack 类模板作用域中，需要类型的位置可以用类模板名简化表示，如Ex6.3 中的语句 26 和语句 28：

```
26        CStack (const CStack &rhs);//拷贝构造函数
28        CStack & operator = (const CStack &rhs);//赋值运算符重载
```

是下面两个语句的简化表示：

```
CStack<T> (const CStack<T>&rhs);//拷贝构造函数
CStack<T>& operator = (const CStack<T>&rhs);//赋值运算符重载
```

　　Ex6.3 的语句 40 和语句 83 中，类模板作用域外，也就是界定符::前不可以用类模板名简化表示模板类，界定符::后，成员函数定义范围内，也就是本类模板作用域内，可以用类模板名简化表示模板类。

　　又如样例 Ex6.4 中的语句 26：

```
26        friend void Dump<T，ContT> (ostream &os，CStack &rhs)；//模板函数特定实例
                                                                    作为友元
```

是下面语句的简化表示：

```
friend void Dump<T，ContT> (ostream &os，CStack<T，ContT>&rhs)；//模板函数特定实
                                                              例作为友元
```

Ex6.4 的语句 55 中，类模板作用域外，不可以用类模板名简化表示模板类。

类模板作用域中，其他类模板名不可以简化表示它们的模板类，一定要绑定模板参数。

6.2.5 典型范例——链栈类模板的设计和实现

本节在第 2 章 2.6 节单链表表示的整型栈基础上，又增加了拷贝控制函数(拷贝构造、移动构造、拷贝赋值、移动赋值)，之后进一步抽象成链栈类模板，并在此基础上增加了类模板的友元函数 Dump，用于将栈内元素倒出并显示，展示了类模板友元函数的用法。Ex6.3 的语句 5~9 和语句 36 是有关类模板的友元函数的声明，在下一节详细解释。

本样例中采用指令方式测试类模板，Parse 函数模板的不同实例负责整型指令和字符串指令的解释。

题目描述如下：

模拟 STL stack 类模板设计实现 stack 类模板，该类需具有入栈、出栈、判栈空、取栈顶元素等功能，并支持拷贝构造、复制赋值、移动构造和移动赋值。利用该类模板可以实现下面要求。

输入描述如下：

开始的 int 或 string 代表需要处理的对象类型。对于每种类型，先构造两个目标类型的空栈 S1 和 S2，读入整数 n，再读入 n 对指令 v、x，$1 \leqslant v \leqslant 2$，将元素 x 入第 v 个栈。n 对指令处理完成后，通过拷贝构造和赋值、移动构造和移动赋值四个函数，根据 S1 拷贝构造 S3，S3 移动构造 S5，无参构造空栈 S4 和 S6，S2 拷贝赋值给 S4，S4 移动赋值给 S6。最后，倒出显示 S1、S2、S5、S6 四个栈中元素。

输出描述如下：

每个栈中元素占一行，元素间以空格分隔。

```
//Ex6.3
1    # include <iostream>
2    # include <string>
3    using namespace std；
4
5    //向前声明类模板和函数模板
6    template <class T>
7    class CStack；
8    template <class T>
9    void Dump (ostream &os，CStack<T>&rhs)；          //倒出显示栈内容函数模板声明
10
11   template <class T>
```

```
12    class CStack
13    {
14        struct Node
15        {
16            T       data;
17            Node * next;
18        };
19    private :
20        Node    * m_sp;
21
22    public :
23        CStack() : m_sp(nullptr)                              //构造函数
24        {
25        }
26        CStack (const CStack &rhs);                           //拷贝构造函数
27        CStack (CStack &&rhs);                                //移动构造
28        CStack & operator = (const CStack &rhs);             //赋值运算符重载
29        CStack & operator = (CStack &&rhs);                  //移动赋值
30
31        ~CStack ();                                           //析构函数
32        inline void push (const T & x);                      //入栈
33        inline bool empty () const;                          //判栈空
34        inline const T& top () const;                        //取栈顶元素
35        inline void pop ();                                  //出栈
36        friend void Dump<T> (ostream &os, CStack &rhs);      //模板函数特定实例作为友元
37    };
38
39    template <class T>
40    CStack<T>::CStack (const CStack &rhs)                     //拷贝构造函数
41    {
42        m_sp = nullptr;
43        if (rhs. empty ())                                   //空栈?
44            return;
45
46        //复制链表首节点
47        m_sp = new Node;
48        Node * q = rhs. m_sp;
49        m_sp->data = q->data;
50
51        //复制链表其余节点
52        Node * last = m_sp;                                  //指向新建链表最末节点
53        q = q->next;
54        while (q != nullptr)
```

```
55          {
56              Node *p = new Node;
57              p->data = q->data;              //复制数据
58              last->next = p;                 //新节点挂在新链表最后
59              last = p;                       //新节点成最后节点
60              q = q->next;                    //准备复制下一节点
61          }
62          last->next = nullptr;              //最后节点指针置空
63  }
64
65  template <class T>
66  CStack<T>::CStack (CStack &&rhs)
67  {
68      m_sp = nullptr;
69      swap (m_sp, rhs.m_sp);
70  }
71
72  template <class T>
73  CStack<T>& CStack<T>::operator = (const CStack &rhs)    //赋值运算符重载
74  {
75      if (this == &rhs)
76          return *this;
77      CStack<T> tmp (rhs);
78      swap (tmp.m_sp, this->m_sp);
79      return *this;
80  }
81
82  template <class T>
83  CStack<T>& CStack<T>::operator = (CStack &&rhs)          //移动赋值
84  {
85      if (this == &rhs)
86          return *this;
87      swap (rhs.m_sp, this->m_sp);
88      return *this;
89  }
90
91  template <class T>
92  CStack<T>::~CStack ()
93  {
94      while (m_sp != nullptr)
95      {
96          Node *p = m_sp;
97          m_sp = m_sp->next;
```

```
98          delete p;
99       }
100   }
101
102   template <class T>
103   void CStack<T>::push (const T& x)
104   {
105       Node * p = new Node;
106       p->data = x;
107       p->next = m_sp;
108       m_sp = p;
109   }
110
111   template <class T>
112   bool CStack<T>::empty () const
113   {
114       return (m_sp == nullptr);
115   }
116
117   template <class T>
118   const T&    CStack<T>::top () const
119   {
120       return m_sp->data;
121   }
122
123   template <class T>
124   void CStack<T>::pop ()
125   {
126       Node * p = m_sp;
127       m_sp = p->next;
128       delete p;
129   }
130
131   //倒出显示栈内容函数模板定义
132   template <class T>
133   void Dump (ostream &os, CStack<T>&S)
134   {
135       while (S.m_sp ! = nullptr)          //相当于!S.empty ()，主要用于测试友元
136       {
137           os << S.top () <<"";
138           S.pop ();
139       }
```

```
140        os << endl;
141    }
142
143    //分析执行指令函数模板
144    template  <class T>
145    void      Parse ()
146    {
147        int n;
148        cin >> n;                          //读入指令数量
149
150        CStack<T> S1, S2;                  //建立 T 模板类的两个栈对象
151        int      v, i;
152        T        x;
153
154        for (i = 0; i < n; i++)
155        {
156            //执行输入每条指令
157        cin >> v >> x;
158            if (v == 1)
159                S1. push (x);
160            else
161                S2. push (x);
162        }
163
164        CStack<T>  S3 (S1), S4;            //拷贝构造 S3，无参构造 S4
165        S4 = S2；                          //S2 复制赋值给 S4
166        CStack<T>  S5 (std::move (S3)), S6;  //移动构造 S5，无参构造 S6
167        S6 = std::move (S4);              //S4 移动赋值给 S6
168
169        //倒出显式栈内容
170        Dump (cout, S1);
171        Dump (cout, S2);
172        Dump (cout, S5);
173        Dump (cout, S6);
174    }
175
176    int main ()
177    {
178        string   strType;
179
180        while (cin >> strType)            //输入指令类型
181        {
```

```
182                if (strType == "int")
183                    Parse<int>();                    //调用分析执行整型指令函数模板
184                else if (strType == "string")
185                    Parse<string>();                 //调用分析执行字符串指令函数模板
186            }
187 }
```

样例程序测试运行输入如下：

```
int
7
1 100
2 200
1 300
2 400
1 50
1 60
2 80

string
6
1    some
1    one
2    two
2    tom
1    cat
2    hdu
```

运行输出如下：

```
60 50 300 100
80 400 200
60 50 300 100
80 400 200
cat one some
hdu tom two
cat one some
hdu tom two
```

6.2.6　内嵌容器的栈类模板的设计和实现

　　类模板的参数可以有多个，参数还可以采用默认类型，当类模板实例化产生模板类时，如果不提供相应参数类型，相应参数类型采用默认类型。上节样例中，设计并实现了用链表表示的栈类模板，实际上栈内元素不仅可以用链表表示，也可以用向量、双端队列等表示，本节设计和实现的栈类模板采用参数化类型的内嵌容器表示栈内元素，利用容器的功能，改造接口后实现了栈类模板。

样例 Ex6.4 中数据成员 m_cont 的类型是模板的第二参数，缺省是绑定栈元素同样类型的双端队列，实际使用时可以采用缺省类型（语句 105），也可以绑定字符串链表模板类。Parse 函数模板同样采用了多类型参数和缺省参数的方式实现。

采用内嵌容器作为子对象后，样例 Ex6.4 中栈类模板内元素存放空间虽然最终采用了动态分配方式，但类模板本身无需直接动态分配，因而，本例中的构造函数、拷贝控制函数（拷贝构造、移动构造、复制赋值、移动赋值及析构函数）直接由编译器合成即可，大大简化了程序，是值得推荐的方式。

STL 中 stack 和 queue 正是利用类似的内嵌容器功能的方法实现的，因而称为容器适配器。

```
//Ex6.4
 1    # include <iostream>
 2    # include <deque>
 3    # include <list>
 4    # include <vector>
 5    # include <string>
 6    using namespace std;
 7
 8    //向前声明类模板和函数模板
 9    template <class T, class ContT >
10    class CStack;
11    template <class T, class ContT >
12    void Dump (ostream &os, CStack<T, ContT>&rhs);      //声明倒出栈内容函数模板
13
14    template <class T, class ContT = deque<T>>
15    class CStack
16    {
17    private :
18        ContT m_cont;
19
20    public :
21        typedef T    valueType;                 //类型成员举例，表示栈内元素类型
22        inline void push (const T & x);               //入栈
23        inline bool empty () const;                 //判栈空
24        inline const T& top () const;               //取栈顶元素
25        inline void pop ();                       //出栈
26        friend void Dump<T, ContT> (ostream &os, CStack &rhs);
                                                //模板函数特定实例作为友元
27    };
28
29    template<class T, class ContT>
30    void CStack<T, ContT>::push (const T& x)
31    {
```

```
32        m_cont. push_back(x);
33    }
34
35    template <class T, class ContT>
36    bool CStack<T, ContT>::empty () const
37    {
38        return (m_cont. empty());
39    }
40
41    template <class T, class ContT>
42    const T&    CStack<T, ContT>::top () const
43    {
44        return m_cont. back();
45    }
46
47    template <class T, class ContT>
48    void CStack<T, ContT>::pop ()
49    {
50        m_cont. pop_back();
51    }
52
53    //倒出显示栈内容函数模板定义
54    template <class T, class ContT>
55    void Dump (ostream &os, CStack<T, ContT>&S)
56    {
57        while (! S. m_cont. empty())          //相当于!S. empty (), 主要用于测试友元
58        {
59            os << S. top () <<"";
60            S. pop ();
61        }
62        os << endl;
63    }
64
65    //分析执行指令函数模板
66    template <class T, class ContT = deque<T>>
67    void     Parse ()
68    {
69        int n;
70        cin >> n;                             //读入指令数量
71
72        CStack<T, ContT> S1, S2;              //建立 T 模板类的两个栈对象
73        int      v, i;
74        T     x;
```

```
75
76          for (i = 0; i < n; i++)
77          {
78              //执行输入每条指令
79              cin >> v >> x;
80              if (v == 1)
81                  S1.push (x);
82              else
83                  S2.push (x);
84          }
85
86          CStack<T, ContT>  S3 (S1), S4;          //拷贝构造 S3, 无参构造 S4
87          S4 = S2;                                 //S2 复制赋值给 S4
88          CStack<T, ContT>  S5 (std::move (S3)), S6;   //移动构造 S5, 无参构造 S6
89          S6 = std::move (S4);                     //S4 移动赋值给 S6
90
91          //倒出显式栈内容
92          Dump (cout, S1);
93          Dump (cout, S2);
94          Dump (cout, S5);
95          Dump (cout, S6);
96      }
97
98  int main ()
99  {
100         string   strType;
101
102         while (cin >> strType)                   //输入指令类型
103         {
104             if (strType == "int")
105                 Parse<int> ();                   //调用分析执行整型指令函数模板
106             else if (strType == "string")
107                 Parse<string, list<string>> ();  //调用分析执行字符串指令函数模板
108         }
109  }
```

输入相同时，本样例程序的运行结果与上节样例 Ex6.3 的运行结果相同。

6.3　类模板与静态成员

　　类模板也可以定义静态数据成员和静态函数成员。类模板的静态数据成员和静态函数成员被相同参数实例化的模板类所共享，不同参数实例化的模板类具有不同的静态数据成

员和静态函数成员。下面程序片段中，TSample 类模板定义了静态数据成员 m_iCount 和静态函数成员 GetCount，完成了静态数据成员的初始化。模板类 TSample＜int＞和 TSample＜string＞分别可以实现不同的静态数据成员和静态函数成员，模板类 TSample＜int＞和 TSample＜string＞分别建立了两个和 1 个实例，构造函数中利用静态数据成员完成实例计数，添加少量代码形成完整程序后，后面的测试语句输出结果分别是 2 和 1。

```cpp
template ＜class T＞
classTSample {
public：
    static int GetCount ();
    TSample () {
        ++m_iCount;
    }
private：
    static int    m_iCount;
};
template ＜class T＞
int TSample＜T＞::GetCount ()
{
    return m_iCount;
}
template ＜class T＞
int TSample＜T＞::m_iCount = 0;

TSample＜int＞    t1, t2;
TSample＜string＞    st1;

cout ＜＜ TSample＜int＞::GetCount () ＜＜ endl;
cout ＜＜ TSample＜string＞::GetCount () ＜＜ endl;
```

＊6.4　类模板与友元

　　某些情况下，正是因为有了友元关系，才可以加强类的封装和信息隐蔽。正如类可以具有友元函数和友元类一样，类模板也可以具有友元函数和友元类。类模板的友元函数和友元类关系比较复杂，下面分别介绍。

6.4.1　类模板的普通友元

　　普通函数和普通类作为类模板的友元情况比较简单。普通函数和普通类是每个类模板的实例的友元。下面程序片段中，普通函数 SomeFriendFun 和普通类 FC 是每个类模板 TSample 的实例的友元，形成多个模板类共同拥有一个友元函数和友元类的关系。

```
class  FC;
template <class T>
class TSample {
public :
    friend class FC;
    friend void SomeFriendFun ();
    //省略其余成员
};
```

6.4.2　普通类的友元模板

函数模板和类模板作为普通类的友元时，每个函数模板的实例-模板函数和每个类模板的实例-模板类都是这个类的友元。下面程序片段中，函数模板 TFun 的每个实例和类模板 TC 的每个实例都是 CSample 类的友元，形成 1 个类拥有多个友元函数和友元类的关系。

```
class CSample {
public :
    template <class T> friend class TC;
    template <class T> friend void TFun (T );
    //省略其余成员
};
```

6.4.3　多对多关系的类模板和友元模板

当作为友元的函数模板和类模板具有与指定类模板不同的模板参数时，每个函数模板的实例-模板函数和每个类模板的实例-模板类都是这个类模板的模板类实例的友元，形成多对多的关系。下面程序片段中，具有类型参数函数 X 的函数模板 TFun 的每个实例和类模板 TC 的每个实例都是具有类型参数 T 的 TSample 类模板实例的友元。

```
template <class T>
class TSample {
public :
    template <class X> friend class TC;
    template <class X> friend void TFun (T );
    //省略其余成员
};
```

6.4.4　一对一关系的类模板和友元模板

当作为友元的函数模板和类模板具有与指定类模板相同的模板参数绑定时，用相同参数绑定的函数模板的实例-模板函数和用相同参数绑定的类模板的实例-模板类是这个类模板的用相同参数绑定的模板类实例的友元，形成一对一的关系。下面程序片段中，具有类型参数函数 T 绑定的函数模板 TFun 的实例 TFun<T>和具有类型参数函数 T 绑定的类模板 TC 的实例 TC<T>是具有类型参数函数 T 绑定的 TSample 类模板实例 TSample<T>的友元。

此时，作为友元的函数模板和类模板必须在类模板定义前向前声明。样例 Ex6.3 和 Ex6.4 中的 Dump 函数模板正是这一情况的体现。

```
template <class T>
class TC; //向前声明类模板
template <class T>
void TFun(T ); //向前声明类模板

template <class T>
class TSample {
public :
    friend class TC<T>;
    friend void TFun<T> (T );
    //省略其余成员
};
```

另外，在新标准中，可以将模板类型参数本身声明为类模板的友元，如下：

```
template <typename T>
class TSample {
    friend T; //将访问权限授予用来实例化 TSample 的类型 T
    //省略其余成员
};
```

这里，将用来实例化 TSample 的类型声明为友元。因此，对于某个类 C，C 将成为 TSample<C>类的友元。

*6.5 继续前行

C++ STL 是泛型编程的一个成功案例，理解和应用 STL 需要了解模板的知识。默认情况下，模板直到使用时才实例化。大型程序中，多个模块可能多次对同一个模板进行了相同的实例化，造成对程序存储空间效率的浪费，C++ 11通过控制模板实例化来避免造成存储空间的浪费。

C++ 11用下述声明和定义避免多文件大程序产生模板类的多个相同实例。

```
//避免产生函数模板和类模板的多个相同实例的声明
extern template class Array<string>; //外部模板类声明
extern template const string& MaxString (const string& , const string& ); //外部模板函数声明
//避免产生函数模板和类模板的多个相同实例的定义
template const string& MaxString (const string& , const string& ); //模板函数定义，只可出现
                                                                    一次
template class Array<string>; //模板类定义，只可出现一次
```

程序在编译出现外部模板类声明和外部模板函数声明的模块时不再产生模板函数和模板类的代码，直到编译出现模板类定义和模板函数定义的模块时才产生函数模板和类模板的代码并编译。同一外部模板类声明和外部模板函数声明可出现在多个模块中，但同一模板类定义和模板函数定义只能而且必须出现在一个模块中，最后，链接时装配在一个完整

程序中，类似于全局变量的情况。

C++还支持模板的特化和部分特化机制，并支持可变参数模板，支持编译阶段的编程即模板元编程，为此规定了许多规则，这些内容主要用于库设计者，本书不介绍这部分内容，有兴趣的读者可查找相关书籍，继续学习有关内容，进一步提高程序设计的水平和能力。

习 题 6

1. 设计排序函数模板和数组显示函数模板，编写测试程序，利用函数模板，分别完成整型数组排序和字符串数组排序，再利用数组显示函数模板，完成整型数组和字符串数组的输出。

2. 设计顺序查找数组元素函数模板，编写测试程序，利用该函数模板，分别完成整型数组查找和字符串数组查找。

3. 设计和实现用单链表表示的队列类模板，编写测试程序，设计队列操作指令，根据指令，分别建立整型队列和字符串队列并完成队列的操作。

4. 改写上题中的队列类模板，改用内嵌 STL 容器实现队列类，完成队列类模板的测试。

5. 连通块数非递归解法。读入矩阵行数和列数及元素数据，利用 STL 容器保存矩阵，设计非递归算法，计算并打印出矩阵中的连通块数。注：此处，连通块定义为编号相同的矩阵元素组成的最大块，并且矩阵元素间相互上、下、左、右直接或间接相连。输入矩阵行数和列数及元素数据。所有元素均为正整数，输出连通块数。

样例输入：

```
7 6
4   4   4   4   4   4
4   1   3   2   1   4
4   1   2   2   1   4
4   1   1   1   1   4
4   1   2   2   3   4
4   3   3   3   3   4
4   4   4   4   4   4
```

此样例矩阵中含编号为 1 的连通块一个、编号为 2 的连通块两个、编号为 3 的连通块两个、编号为 4 的连通块一个，连通块总数为 6，样例输出 6。

6. 设计和实现一个存储任意类型元素的动态数组类模板 Array，要求如下：

(1) 存放数组元素的空间动态申请，定义成员函数时不得造成内存泄露。

(2) 定义构造函数和拷贝控制函数。

(3) 重载下标运算符[]、关系运算符==。

(4) 重载输入运算符>>、输出运算符<<。

(5) 编写测试程序，对以上所有功能进行测试。

7. 设计并实现一个动态向量模板类 DVector，包括以下功能：

(1) 实现构造函数和拷贝控制函数；

（2）重载加法运算符＋、乘法运算符＊，分别实现两个向量相加、两个向量相乘，这里向量之和定义为两个向量对应维度相加，相加结果也是向量；向量乘积定义为两个向量对应维度乘积之和，相乘结果是整数；

（3）重载输出流运算符＜＜；

（4）动态向量模板类 DVector 的测试代码如下所示：

```cpp
int main()
{
    int a[6]= {1,2,3,4,5,6};
    int b[6]= {3,4,5,6,7,8};
    DVector<int> vecA (6,a),vecB(6,b),vecC(6);
    vecC=vecA+vecB;
    cout << vecA <<'+'<< vecB << '=' << vecC << endl;
    int iRsult =vecA * vecB;
    cout << vecA <<'*'<< vecB << '=' << iRsult << endl;
}
```

第 7 章　异常处理和智能指针

程序在运行过程中，经常需要处理用户输入、动态分配内存、读写文件或网络信息功能，一般情况下，程序都能得到正常输入、申请到所需内存、获得文件或网络信息，并进行处理，但在某些情况下，也可能会遇到输入不正常、申请内存失败、文件错误、网络连接失败等情况，这些情况称为异常。现代程序设计提供了异常处理机制，使得异常的检测和处理分开，简化了程序处理逻辑。另一方面，动态申请的资源使用完毕后需要释放，使用过程中遇到异常时，如果处理不好，就会造成内存泄漏。C++ 11提供的智能指针可以比较好地解决这一问题，也使得动态分配资源管理更方便。本章主要介绍 C++ 异常处理和C++ 11智能指针。

7.1　异常处理的基本思想

假设某应用中需要显示一幅图片，一般需要下列步骤：
（1）获取文件名；
（2）获取文件内容；
（3）显示图片内容。
其中，获取文件内容又可细化为下列步骤：
（1）打开文件；
（2）读取特征；
（3）分配内存；
（4）读取图片内容。
应用程序中，这些步骤一般通过多层函数嵌套调用实现。正常情况下，应用程序可正确显示图片，但某些情况下也可能出现异常情形，如打开文件失败、文件特征不符、动态分配内存失败等。在 C 语言等传统程序设计方式下，一般通过函数返回不同值表示出现的异常情况，多层函数嵌套调用时，各级函数层层处理并返回异常情况，大量代码用于处理这样的异常情况，模糊了程序处理逻辑，加重了程序设计者和程序阅读者的负担。C++ 等现代程序设计语言一般提供异常处理机制来处理这样的应用，在遇到函数调用时一层层压栈，正常情况下完成处理后，函数中的局部对象自动析构，函数调用一层层返回，并退栈；检测到异常情况时，引发（抛出）异常，栈正常展开，函数中的局部对象自动析构，函数调用一层层返回，并退栈，直到外层捕获到异常并处理，异常处理完成后，程序继续执行异常处理后续的语句，如图 7.1 所示。现代程序在采用这一异常处理机制后，底层的异常检测与高层的异常处理分开，中间层无需进行异常处理，简化了程序处理逻辑。

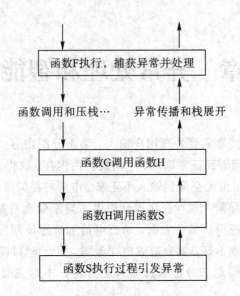

图 7.1   异常的引发、传播、捕获及处理

7.2   C++异常处理

C++异常处理机制分为底层检测到异常情况时抛出(throw)异常、高层可以处理异常时检查并捕捉(try…catch)异常两部分。

7.2.1   异常的抛出

当底层函数处理过程中检测到异常情况时,一般情况下底层函数无法确定如何处理,此时,底层函数无需处理这样的异常,只需简单地抛出(throw)异常即可。

C++中,抛出异常的语句形式如下:

throw 异常表达式;

其中,表达式的结果就是需要抛出的异常对象,异常对象类型可以是内置数据类型,也可以是类类型。异常抛出后,后续语句不再执行,程序沿着函数调用栈向上层函数传播异常对象,直到异常被捕获处理或所有上层函数未捕获异常,程序终止执行(如图 7.1 所示)。

例如,求三角形面积 Area 函数,三角形的三条边长作为函数参数 a、b、c 传入,一般情况下可根据海伦公式,计算出三角形的面积并返回。但当传入的参数不满足三角形的两边之和大于第三边的要求时,就不能构成三角形,也就无法计算出三角形面积并返回。下面的函数定义中,如果检测出传入参数异常时,则抛出 C 形式字符串常量异常;如果没有异常时,则根据公式计算出面积并返回。

```
#include <cmath>
double Area(double a, double b, double c)              // 求三角形的面积
{
    if (a + b <= c || b + c <= a || c + a <= b)
        throw "不符合三角形的条件!";                    // 抛出异常
    double p = (a + b + c) / 2;                         // 三角形周长的一半
```

```
        return std::sqrt(p * (p — a) * (p — b)  * (p — c));      // 返回三角形的面积
    }
```

7.2.2　异常的捕获

底层函数处理过程中检测到异常情况并抛出异常后，程序不再像正常情况下执行后续语句，而是沿着函数调用栈向上传播异常，直到本层或上层函数中检查并捕获到异常的函数数为止。

```
    try   //叮能抛出异常的语句序列
    {
        cout << Area (3, 4, 5) << endl;
        cout << Area (3, 4, 8) << endl;
        cout << Area (3, 3, 3) << endl;
    }
    catch (const char * errMsg)//catch(类型 异常形参)                // 捕捉异常
    {
        cout << errMsg << endl;
    }
```

执行上述 try…catch 语句时，执行 try 语句序列的第一个语句时，Area 函数调用正常，返回 6 并输出。继续执行第二个语句时，Area 函数在调用执行过程中抛出 C 形式字符串常量异常，程序检查并捕获到异常，异常形参初始化为字符串常量指针，控制转到捕捉到异常的 catch 语句中执行，输出异常形参所指字符串：

不符合三角形的条件！

整个 try…catch 语句执行完毕，try 语句序列中的第三个语句不再执行，程序继续执行 try…catch 语句后续的语句。

7.2.3　异常的分类

上层函数中检查、捕捉异常的 try…catch 语句的一般形式如下：

```
    try   //下述语句序列可能抛出异常
    {
        语句序列
    }
    catch(类型 1 异常形参 1) // 捕捉异常
    {
        异常处理语句序列
    }
    catch(类型 2 异常形参 2) // 捕捉异常
    {
        异常处理语句序列
    }
    ⋮
    catch(类型 n 异常形参 n) // 捕捉异常
```

```
    {
        异常处理语句序列
    }
    [catch(…) //捕捉任意异常
    {
        异常处理语句序列
    }]
```

上述形式表示一个完整的 try…catch 语句，至少含一个 catch 子句，允许含多个 catch 子句，最后一个 catch(…)子句外面的中括号代表该子句可选。上述完整的 try…catch 语句的执行过程如下：

(1) 程序正常执行到达 try…catch 语句后，开始执行 try 块内的语句序列。

(2) 如果在执行 try 块内的代码或在 try 块内的代码中调用任何函数期间，没有引起异常或内层函数已捕获并处理完异常，那么整个 try…catch 语句已执行完毕，跟在 try 块后的 catch 子句都不会执行，程序将继续执行 try…catch 语句后续的语句。

(3) 如果在执行 try 块内的代码或在 try 块内的代码中调用任何函数期间，有异常被抛出并且未捕获处理，则编译器依次检查本 try…catch 语句的若干 catch 子句异常形参，查看是否可与抛出的异常对象类型匹配。匹配规则类似函数调用时形参与实参的类型匹配，适用赋值兼容原则，基类指针类型可匹配公有派生类对象的指针；基类引用类型可匹配公有派生类对象。

(4) 如果本 try…catch 语句的某 catch 子句中异常形参与抛出的异常对象类型匹配，也就是 catch 子句捕获到此异常，则用抛出的异常对象初始化异常形参，可以是引用初始化或拷贝初始化。当异常形参完成初始化后，程序将开始销毁抛出异常语句 throw 与 catch 块之间的所有自动对象，也就是非静态的局部对象，然后再执行该 catch 子句中的异常处理语句序列，执行完毕后，异常对象将析构，整个 try…catch 语句已执行完毕，其余 catch 子句不再执行，也不会回到抛出异常的位置执行，程序将继续执行 try…catch 语句后续的语句。

(5) 如果本 try…catch 语句的所有 catch 子句中的异常形参与抛出的异常对象类型都不匹配，则本 try…catch 语句已执行完毕，异常继续向上层传播，直到异常被上层函数中的 try…catch 语句捕获并处理，然后继续执行上层 try…catch 语句后续的语句；如果直至最上层的函数，异常也未捕获处理，则程序自动调用 std::terminate()系统函数终止执行。

一般 catch 子句捕获异常后，从完成初始化的异常形参可获得异常信息；可选的 catch 子句可捕获任何抛出的异常，但不能获得异常信息，一般不建议采用。

异常对象被抛出后，系统保存并沿调用栈向上层函数传播异常对象，直到异常被捕获处理完毕后才析构异常对象，抛出的动态分配的异常对象需要显式删除。

程序抛出的异常对象可以具有各种类型，可以是内置基本数据类型，也可以是类类型。异常类可以分类管理，形成树形关系。

异常匹配并不要求 throw 语句抛出的表达式类型与 catch 块的参数类型匹配得十分完美。异常对象初始化异常形参时，可采用引用形式，也可采用拷贝构造形式。根据赋值兼容原则，可以用派生类异常对象初始化基类异常形参引用或用派生类异常对象指针初始化基类指针异常形参，用派生类异常对象拷贝构造初始化基类异常形参时会存在切片现象，一般不建议采用。

　　try…catch 语句可以有若干 catch 子句。catch 子句是按顺序匹配的，前面的 catch 子句完成匹配后，后续 catch 子句不会再进行匹配，因此，一个 try…catch 语句中同时有捕捉基类异常对象和捕捉派生类异常对象时，捕捉派生类异常对象的 catch 子句应该位于捕捉基类异常对象的 catch 子句前面，否则，后续捕捉派生类异常的 catch 子句无意义。

```cpp
//Ex7.1
# include <iostream>
# include <cstring>
using namespace std;

//声明基类 A
class A
{
private：
    char mess[18];                              //数据成员
public：
    A()
    {
        strcpy(mess, "基类 A");                 // 构造函数
    }
    const char * GetMess() const
    {
        return mess;                            //返回信息
    }
};

//声明派生类 B
class B: public A
{
private：
    char mess[18];                              //数据成员
public：
    B()
    {
        strcpy(mess, "派生类 B");               // 构造函数
    }
    const char * GetMess() const
    {
        return mess;                            //返回信息
    }
};
```

```
    int main()                                     // 主函数 main()
    {
        try                                        // 检查异常
        {
            throw B();                             // 抛出派生类 B 类型
        }
        catch (const B &b)                         // 捕捉异常
        {
            //处理异常
            cout<<b.GetMess()<<"类型的异常"<<endl;  //输出异常信息
        }
        catch (const A &a)                         // 捕捉异常
        {
            //处理异常
            cout<<a.GetMess()<<"类型的异常"<<endl;  // 输出异常信息
        }
    }
```

上面样例中，程序执行过程中抛出了一个匿名的 B 类异常对象，基类参数的 catch 子句放在派生类参数的 catch 子句的后面，抛出的异常类型为派生类 B，在匹配 catch 子句的参数类型时，首先对派生类 B 参数进行检查，显然匹配成功，显示"派生类 B 类型的异常"。如果将程序中两个 catch 块的顺序对调，看看会发生什么情况呢？

7.2.4　异常的处理

程序检测到非正常情况，抛出异常后，异常沿着调用栈向上传播异常，如图 7.1 所示。在此过程中，函数调用会逐个退出，直至异常被处理完毕；或直到退出最外层函数调用，异常未被捕获，系统调用 std::terminate()函数终止程序执行。此过程称为栈展开，栈中的局部对象会正常析构，但未管理的动态分配资源未释放，会造成资源泄漏，需要借助智能指针对象管理，具体内容请参见第 7.4 节。

异常发生后，异常对象被保存在一个专门的地方，直至异常处理完成后才会撤销。大型程序中，异常被捕获后，如果不能完整处理该异常，则异常可被重新抛向外层，再由合适的外层处理，形成分层处理结构。异常捕获后，没有完全处理时，可用下面语句重新抛出捕获的异常：

```
    throw ;
```

﹡7.2.5　noexcept 声明

在程序设计中，有的函数确定不会向外抛出异常，有的函数不确定是否向外抛出异常。C++11已不建议使用 C++98 标准中声明函数可能抛出异常类型的异常规格声明 throw，新标准下，一般函数不声明是否抛出异常，不会抛出异常的函数，可以通过 noexcept关键字告诉编译器，这有利于编译器对程序做更多的优化，第 3 章样例 Ex3.1 里就是这样处理的。

如果函数内部捕捉了异常并完成处理，这种情况不算函数抛出异常。下述函数声明不会抛出异常。

```
void   Print(const vector<int>&V) noexcept
{
       for (unsigned int i = 0; i < V. size (); ++i) {
              cout << V [i] << '\t';
       }
       cout << endl;
}
```

下述函数异常声明具有同样效果。

```
void   Print(const vector<int>&V) noexcept (true)
{
       for (unsigned int i = 0; i < V. size (); ++i) {
              cout << V [i] << '\t';
       }
       cout << endl;
}
```

　　函数没有异常抛出声明时可以抛出异常,具有 noexcept (false)声明的函数也可以抛出异常。如果 noexecpt 或 noexcept (true)声明的函数在运行时不遵循承诺,向外抛出了异常,则程序可能会调用 std::terminate()函数,终止运行。

　　在一般程序设计中,不难确定函数是否可能抛出异常。在泛型编程中,由于操作的对象类型不确定,因此较难确定泛型函数模板是否抛出异常。与编译时返回表达式结果存储空间大小的 sizeof (表达式)一样,noexcept(表达式)也不计算表达式,仅从表达式计算过程中用到的操作来判断表达式是否允许抛出异常。在此基础上,可以进行有条件无异常抛出声明,如下述函数模板定义中的有条件无异常抛出声明。

```
template <class T>
void swap(T& x, T& y) noexcept(noexcept(x. swap(y)))      //C++ 11
{
    x. swap (y);
}
```

它表示,如果 x. swap(y)操作不抛出异常,那么函数 swap(x, y)也不会抛出异常;如果 x. swap(y)操作可能抛出异常,那么函数 swap(x, y)也可能抛出异常。

　　程序运行过程中,在一个异常抛出后、完成处理前不可以抛出新异常,会执行栈展开,其中局部对象会析构,因此,类的析构函数不应抛出异常,C++标准库中的类都遵循这一规则。除此以外,为了优化对象在容器中的使用,类的移动构造函数和移动赋值函数应该声明不抛出异常,C++标准库中的所有类或类模板也都遵循这一规则。

　　当编译器合成拷贝控制成员时,同时也会生成一个异常声明。如果拷贝控制成员对类成员的所有操作和涉及的基类所有操作都承诺不抛出异常,则合成的拷贝控制成员也是 noexcept(true)的;如果其中有一个操作允许抛出异常,则合成的拷贝控制成员是 noexcept(false)的。如果定义的类的析构函数未提供异常声明,则编译器将合成一个异常声明,合成的异常声明将与编译器为类合成的析构函数异常声明一样。

7.3　标准库异常分类

C＋＋标准库提供了已定义异常类型，所有这些异常类型都派生自基类：exception，详见标准异常类型继承关系图 7.2（图中异常类型的说明见表 7.1）。C＋＋语言本身或者标准库抛出的这些类型的异常，称为标准异常。根据赋值兼容原则，可以通过下面的语句来捕获所有的标准异常。

```
try{
    //可能抛出异常的语句序列
}catch(exception &e){
    //处理异常的语句序列
}
```

此处，异常形参采用引用方式，可以提高异常对象传递的效率，避免了采用传值方式时异常对象的拷贝。

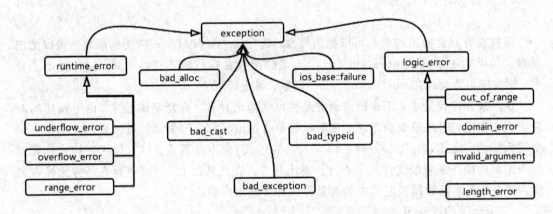

图 7.2　标准异常类型继承关系

表 7.1 是使用这些标准异常类型需要包含的头文件和这些异常类型的简单说明。

表 7.1　C＋＋标准异常类型的头文件和简要异常说明

标准异常类型	头文件	简要异常说明
exception		标准异常类型的根基类，what 接口虚函数
bad_exception	exception	这是个特殊的非预期异常，如果函数的异常列表里声明了 bad_exception 异常，当函数内部抛出了异常列表中没有的异常时，此类异常就会被替换为 bad_exception 类型
bad_alloc	new	使用 new 或 new[ ]动态分配内存失败
bad_cast		dynamic_cast 引用转换失败
bad_typeid	typeinfo	动态类型识别时，typeid 操作符的参数为 0 或空指针

标准异常类型	头文件	简要异常说明
runtime_error		运行时错误
underflow_error		算术运算发生下溢
overflow_error		算术运算发生上溢
range_error		超出了有意义的值域范围
logic_error		逻辑错误
out_of_range		超出有效范围
domain_error	stdexcept	参数的值域错误，主要用在数学函数中，如使用一个负值调用只能操作非负数的函数
invalid_argument		表示无效参数。如标准库中，当利用 string 对象构造 bitset，string 中的字符不是 0 或 1 的时候，抛出该异常
length_error		指出某个行为可能超过了最大限制，试图生成一个超出该类型最大长度的对象时抛出该异常，例如 vector 的 resize 操作
ios_base::failure	ios	io 过程中出现的异常

C++标准异常可能在使用 C++语言本身机制时抛出，也可能在使用 C++标准库的容器或算法时由标准库抛出，还可由用户程序抛出。语言本身支持的异常有：

bad_alloc、bad_cast、bad_typeid、bad_exception

所有标准异常类型，除了用来处理生成、复制、销毁等动作外，只含一个 what 虚成员函数，没有提供任何其他可找出异常上下文（context）的一致性方法或找出区间错误（range error）发生时的错误索引值的成员函数，用以获取"类型本身以外的信息"。

what 的虚函数原型如下：

virtual const char * what() const noexcept；　//虚函数

what() 函数本身不会抛出异常，正如它的名字"what"一样，返回的字符串可以粗略地告诉你这是什么异常，一般简单的异常处理方案就是给用户显示异常信息，让用户决定如何处理。如果需要更详细的信息，则可以捕捉派生类异常对象获取异常类型信息，或者自定义异常类型，抛出自定义类型异常。

用户程序想要抛出一个标准异常，只需生成一个描述符异常的字符串，并用它初始化异常对象并抛出，如：

std::string s；

⋮

throw std::out_of_range(s)；

由于 char * 可被隐式转换为 string，因此也可以直接使用字符串字面常量：

throw std::out_of_range("out_of_range(somewhere,somehow)")；

另一个在程序中采用标准异常类型的方式是定义一个直接或间接派生自 exception 的自定义异常类型，再抛出自定义异常类型异常。自定义异常类型可以自己重置 what() 虚函数，这样的异常也可以像标准异常一样被捕捉，如：

```
class   MyProblem : public std::exception{
public:
     ⋮
    MyProblem(…) {//special constructor
    }
    virtual const char * what() const  noexcept {//重置 what 虚函数
     ⋮
    }
};
void f()  {
    …  //create an exception object and throw it
        throw MyProblem(…); //抛出异常
}
```

本章 7.5 节典型样例中就采用了这种方法。

7.4 C++ 11智能指针

7.4.1 异常与内存泄漏

如前所述，程序运行过程中抛出异常时，从抛出异常到捕获处理异常间运行栈自动展开，相关函数调用自动退出，其中涉及的局部对象自动析构；对象内部动态分配的内存可在对象析构时释放，但可能跳过临时使用、没有交对象管理的动态分配内存的释放语句，从而造成内存泄漏。如下述代码片段：

```
void UseRawPointer ()
{       //本例说明使用原始指针方式存在缺陷，不建议使用
    Song * pSong = new Song("Nothing on You");
    pSong->Play () ; //处理过程，产生异常时造成内存泄漏
    delete  pSong;   // Don't forget to delete!
}
```

假设 Song 是程序中已设计实现用来代表歌曲的类型，它具有成员函数 Play，可播放当前歌曲。上述 UseRawPointer 函数执行过程中，首先动态生成 Song 类对象交原始指针 pSong 管理，接下来通过 pSong 调用 Song 类 Play 成员函数播放歌曲，播放完毕时，删除 pSong 所指歌曲。

正常情况下，这个过程顺利进行，最后删除对象，完成扫尾处理，没有内存泄漏。但如果通过 pSong 调用 Song 类 Play 成员函数播放歌曲过程中发生异常而且没有完成异常处理，就会跳过程序中最后删除 pSong 所指歌曲这一步骤，从而造成内存泄漏。所以，上述处理方案存在内存泄漏风险。

7.4.2 RAII 与智能指针

我们来阅读分析下面的智能指针类模板设计和实现样例。

```
//Ex7.2
1    # include <iostream>
2    # include <string>
3    using namespace std;
4
5    class Song                                              //歌曲类
6    {
7    public：
8        Song (string strName) :m_strName (strName) {};      // Constructor
9        ~Song ()
10       {
11           cout <<"Song Destructor called"<< endl;
12       }; // Destructor
13
14       void Play ()                                        //歌唱
15       {
16           cout <<"Play song "<<m_strName << endl;
17       }
18   private：
19       string m_strName;
20   };
21
22   class Dog                                               //狗类
23   {
24   public：
25       ~Dog ()
26       {
27           cout <<"Dog Destructor called"<< endl;
28       }; // Destructor
29
30       void Bark ()                                        //狗叫
31       {
32           cout <<"Bark! Bark!"<< endl;
33           throw 1;                                        //测试异常
34       }
35   };
36
37   template <typename T>
38   class smart_ptr                                         //智能指针模板原型
39   {
40   private：
41       T * m_pRawPointer;
42   public：
```

```
43        smart_ptr (T * pData) : m_pRawPointer (pData) {}
44        ~smart_ptr ()
45        {
46            delete m_pRawPointer ;
47        }
48        T& operator * () const                                //重载解引用运算符 *
49        {
50            return *(m_pRawPointer);
51        }
52        T * operator-> () const                               //重载选择运算符->
53        {
54            return m_pRawPointer;
55        }
56        smart_ptr (smart_ptr && anotherSP)                    //移动构造
57        {
58            m_pRawPointer = anotherSP. m_pRawPointer;
59            anotherSP. m_pRawPointer = nullptr;
60        }
61        smart_ptr& operator= (smart_ptr && anotherSP)         //移动赋值
62        {
63            swap (m_pRawPointer, anotherSP. m_pRawPointer);
64        }
65        smart_ptr (const smart_ptr & anotherSP) = delete;     //禁止复制构造
66        smart_ptr& operator= (const smart_ptr& anotherSP) = delete;  //禁止复制赋值
67    };
68
69    int main ()
70    {
71        try
72        {
73            smart_ptr<Song>  smartPtrSong (new Song("Nothing on You"));
74            smartPtrSong->Play ();
75            smart_ptr<Dog>  smartPtrDog (new Dog);
76            smartPtrDog ->Bark();
77        }
78        catch (...)
79        {
80        }
81    }
```

样例程序运行输出如下：

Play song Nothing on You

Bark! Bark!

Dog Destructor called

Song Destructor called

样例程序 Ex7.2 中设计和实现了歌曲类 Song、狗类 Dog，还设计和实现了智能指针类模板 smart_ptr，支持智能指针对象的移动赋值和移动构造，不支持复制构造和复制赋值。测试程序利用智能指针类模板生成的智能指针对象管理动态分配的歌曲和狗；还利用不同的智能指针对象分别访问歌曲类 Song 的成员函数 Play 和狗类 Dog 的成员函数 Bark；最后，利用局部智能指针对象的析构函数删除了动态生成的歌曲和狗，虽然发生了异常，但是没有内存泄漏，解决了上节中讨论的异常发生时内存泄漏问题。

上述样例体现了现代 C++程序设计中的 RAII(Resource Acquisition Is Initialization，资源获取就是初始化)思想。简单地说，RAII 的处理思路是：在获取资源时将资源交智能指针对象托管，接着通过智能指针对象访问资源，在智能指针对象的生命周期内托管的资源始终有效，最后，在智能指针对象撤销时通过执行析构函数释放资源，可较好地解决上述内存泄漏问题。智能指针实际上是一种对象，并非普通类型指针，利用智能指针类模板构造函数记住动态分配获得的原始对象指针，并且重载了"operator * "与"operator->"运算符，使智能指针具有原始指针的行为能力，访问智能指针对象本身的方法则是使用"."运算符，智能指针对象析构时，删除动态分配的被管理对象。这样，我们实际上把管理一份资源的责任托管给了一个智能指针对象。这样处理有下述好处：① 不需要显式地释放资源，减轻了责任，也不会造成内存泄漏；② 采用这种方式，所需的资源在智能指针对象生命期内始终有效，也可以说，此时这个类维护了一个不变式(invariant)；③ 通过内联函数等手段，可以使通过智能指针访问资源与通过原始指针访问资源具有同等运行效率，也可以简化逻辑、提高程序设计效率。

C++ 11标准库提供的智能指针类模板有 std::unique_ptr 和 std::shared_ptr 两类，正如其名，前者适用于资源只有一个拥有者的情况，后者适用于有多个拥有者同时拥有资源的情况。此外，还有配合 std::shared_ptr 使用的 std::weak_ptr 辅助指针。使用标准库智能指针，需包含头文件 memory。

7.4.3 unique_ptr

正如其名称指出的一样，unique_ptr 适用于管理只有一个所有者的动态分配资源场合。unique_ptr 是一个类模板，可以用于管理各种类别的对象。上述生成歌曲并播放的函数改用智能指针 unique_ptr 后，成为下述现代 C++风格推荐版本。

```
void UseSmartPointer ()
{//推荐采用智能指针 unique_ptr
    unique_ptr<Song>    uniuePtrSong (new Song("Nothing on You"));
    uniuePtrSong->Play();
} // uniuePtrSong 自动析构，删除歌曲
```

上述函数按照 RAII 思维方式，在动态生成歌曲对象后，交给智能指针对象 uniuePtrSong 管理，智能指针对象 uniuePtrSong 已重载运算符"operator * "与"operator->"，可像原始指针一样调用 Song 类 Play 成员函数播放歌曲，播放任务顺利完成后，UseSmartPointer 函数返回，局部智能指针对象自动析构时，删除托管的歌曲对象，自动回收资源。即使播放歌曲过程中抛出了异常，栈展开时，局部智能指针对象也会自动析构，托管的歌曲对象

也会被自动删除，从而达到了简化处理逻辑、自动回收资源的目的。

下面是使用智能指针 unique_ptr 管理 MyClass 类对象的一个例子。

```
//无内存泄漏，局部智能指针对象 pMc 析构自动释放管理资源
void someFunction()
{
    unique_ptr<MyClass> pMc(new MyClass);
    pMc->DoSomeWork();
}
```

下面是包含常用接口的 unique_ptr 类模板的简化定义：

```
template <typename T>
class unique_ptr //智能指针模板原型
{
public :
    unique_ptr (T * p = nullptr);        //1. 构造函数，记住资源对象
    ~unique_ptr ();                      //2. 析构函数，删除资源对象
    T& operator * () const;              //3. 重载解引用运算符 *，非空状态才能使用
    T * operator-> () const;             //4. 重载选择运算符->，非空状态才能使用
    unique_ptr (unique_ptr && anotherUP);           //5. 移动构造
    unique_ptr& operator = (unique_ptr && anotherUP);    //6. 移动赋值
    unique_ptr (const unique_ptr & anotherUP) = delete;      //禁止复制构造
    unique_ptr& operator= (const unique_ptr& anotherUP) = delete;   //禁止复制赋值
    operator bool () const;        //7. 非空(有托管关系)时为 true, 空时为 false
    void reset (T * p = nullptr); //8. 删除原资源对象，托管新对象，
    T * get ();                   //9. 返回资源对象原始指针，托管关系不变
    T * release ();               //10. 放弃托管关系，返回资源对象原始指针，成为空状态
//省略其余部分
};
```

对照上面列出的智能指针类模板接口，可以更好地理解 unique_ptr：

（1）unique_ptr 智能指针对象通过构造函数记住资源对象，通过析构函数删除资源对象。

（2）重载的"operator *"与"operator->"运算符在非空状态下才能使用。非空 unique_ptr 智能指针对象可以像指针一样使用，这也是智能指针对象名称的由来。

（3）unique_ptr 禁止拷贝构造、复制赋值，支持移动构造和移动赋值。移动赋值时，先删除被赋值智能指针的原资源对象，移动构造和移动赋值后完成了资源托管权的转移，原智能指针变成空状态，确保同一时刻只能有一个 unique_ptr 指向资源对象。

（4）智能指针对象可以用作判断条件，非空状态时值为 true，空状态时值为 false。

（5）智能指针对象生命周期内，可以重置托管关系，重置后，原托管转移被删除。

（6）需要原始指针的特殊场合下，get 成员函数可返回资源对象原始指针，托管关系不变。

（7）特殊场合下，release 成员函数可放弃托管关系，返回资源对象原始指针。

下面是使用智能指针 unique_ptr 的一些样例片段：

```
unique_ptr<T>  up;                          //管理 T 类型对象的智能指针对象，处于空状态
up. reset (new  T);                         //托管新对象
if (up) {
    * up                                    //所指对象引用，非空时才可以使用
    up->member                              //所指对象成员，非空时才可以使用
    //省略
}
p = up. get ()                              //获得传统"裸指针"，保留管理权
p = up. release ();                         //放弃管理权

//智能指针的创建
unique_ptr<int>  u_i;                       //创建整型空智能指针
u_i. reset (new int(3));                    //绑定新动态对象，删除原管理的对象
unique_ptr<int>  u_i2(new int(4));          //创建时指定管理的动态对象

//所有权的变化
//u_i2 = u_i;                               //错误，不可复制赋值
u_i2 = std::move(u_i);                      //ok，可以移动赋值
int * p_i = u_i2. release();                //放弃管理权
unique_ptr<string> u_s (new string("abc"));    //创建字符串智能指针
//unique_ptr<string> u_s2 = u_s;           //错误，不可复制构造
unique_ptr<string> u_s2 = std::move(u_s);     //正确，可以移动构造
//所有权转移（通过移动语义），所有权转移后，u_s 变成"空指针"
u_s2 = nullptr;//显式销毁所指对象，同时智能指针变为空指针。与 u_s2. reset()等价
```

下面是使用智能指针 unique_ptr 的典型用法：

(1) 动态资源的异常安全保证（利用其 RAII 特性）：

```
void Foo1 ()
{//异常安全的代码，不存在内存泄露危险
    unique_ptr<X> px(new X);
    px->DoSome ();                          //处理，可能发生异常
}
```

(2) 返回函数内创建的动态资源，X 为某个类名：

```
unique_ptr<X> Foo2 ()
{   unique_ptr<X> px(new X);
    px->DoSome ();                          //处理，可能发生异常
    return px;                              //移动语义，转移至接收者
}
```

(3) 放在容器中使用：

```
vector<unique_ptr<string>> v;               //向量容器，元素类型为字符串智能指针
unique_ptr<string>  p1(new string("abc"));     //字符串智能指针
//错误  v. push_back(p1);                    //unique_ptr 不可复制
v. push_back(std::move(p1));                //正确，这里需要显式移动语义，unique_ptr
```

　　　　　　　　　　　　　　　　　　　　并无拷贝语义

　　　p1. reset（new string("Doug")）；　　　　　//重置托管的字符串

　　　v. push_back(std::move(p1))；　　　　　　//同理

　　　cout << * v[0] << endl；　　　　　　　//使用容器内智能指针对象

　　　cout << * v[1] << endl；

注意：请读者考虑为什么 unique_ptr 的下列用法是错误的？

（1）

　　　T 　* p = new T；

　　　unique_ptr<T> 　up(p)；

　　　up->member…　　//访问成员，此处部分省略，下同

　　　delete p；

（2）

　　　T 　* p = new T；

　　　unique_ptr<T> 　up1 (p), up2 (p)；

　　　up1->member…

（3）

　　　T 　* p；

　　　unique_ptr<T> 　up (new T)；

　　　up->member…

　　　p = up. get ()；

　　　delete p；

（4）

　　　unique_ptr<T> 　up (new T)；

　　　T 　* p = up. release ()；

　　　up->member…

　　　delete p；

（5）

　　　{ 　unique_ptr<T> 　up (new T)；

　　　　up->member…

　　　　T 　* p = up. release ()；

　　　　p->member…

　　　}

（6）

　　　unique_ptr<int> 　up1 (new int (543321))；

　　　unique_ptr<string> up2 (new string ("12345"))；

　　　up1 = std::move (up2)；

　　此外，unique_ptr 有可应用于数组的偏特化版本。应用于数组的 unique_ptr 偏特化版本功能通常可用 vector 替代，本书不再介绍，有兴趣的读者可查阅有关参考书。unique_ptr 还可定制资源删除操作，详见本章 7.6.1 小节。

　　unique_ptr 可以看成 C＋＋ 98 auto_ptr 的升级版，由于 C＋＋ 98 auto_ptr 存在诸多不足，因此已被废弃，不应再使用。

7.4.4　shared_ptr

　　C++ 11除了提供 unique_ptr 智能指针外，还提供了 shared_ptr 智能指针。正如其名
称指出的一样，shared_ptr 适用于多个对象共同拥有动态分配资源的场合。shared_ptr 也
是一个类模板，可以用于管理各种类别的对象。shared_ptr 比 unique_ptr 更方便使用，生
成歌曲并播放的函数改用智能指针 shared_ptr 后，具有与使用 unique_ptr 版本同样的
效果：

```
void UseSmartPointer ()
{//采用智能指针 shared_ptr
    shared_ptr<Song>　sharedPtrSong (new Song("Nothing on You"));
    sharedPtrSong->Play();
} // sharedPtrSong 自动析构，引用计数减为 0，删除歌曲
```

　　上述函数按照 RAII 思维方式，在动态生成歌曲对象后交给智能指针对象 sharedPtrSong
管理，智能指针对象 sharedPtrSong 已重载运算符"operator * "与"operator->"，可像原
始指针一样调用 Song 类 Play 成员函数播放歌曲，播放任务顺利完成后，UseSmartPointer
函数返回，局部智能指针对象自动析构时，引用计数减为 0，删除托管的歌曲对象，自动回
收资源。即使播放歌曲过程中抛出了异常，栈展开时，局部智能指针对象也会自动析构，
托管的歌曲对象也会被自动删除，从而达到了简化处理逻辑、自动回收资源的目的。

　　下面是包含常用接口的 shared_ptr 类模板的简化定义：

```
template <typename T>
class shared_ptr //共享智能指针模板原型
{
public :
    explicit shared_ptr (T * p = nullptr);    //1. 构造函数，建立托管关系，如果有资源对象，
                                                    则引用计数为 1
    ~shared_ptr ();                           //2. 析构函数，解除托管(递减引用计数，如果递
                                                    减后为 0，则删除资源对象)
    T& operator * () const;                   //3. 重载解引用运算符 *，返回资源对象引用，
                                                    非空有效
    T * operator-> () const;                  //4. 重载选择运算符->，返回资源对象指针，
                                                    非空有效
    shared_ptr (const shared_ptr & anotherSP);   //5. 拷贝构造(若有资源对象，则递增引用
                                                        计数)
    shared_ptr& operator = (const shared_ptr& anotherSP);
                                              //6. 复制赋值，解除原托管，建立共同托管
    long use_count() const;                   //7. 返回资源对象引用计数，主要调试用
    bool unique() const;                      //8. 是否唯一拥有资源对象，相当于判断引用计
                                                    数是否为 1
    void reset (T * p = nullptr);             //9. 重置。解除原托管，建立新托管关系，如果
                                                    有资源对象，则引用计数为 1
    operator bool () const;                   //10. 非空(有资源对象)时为 true，空时为 false
```

　　　　　　T * get ();　　　　　　　　　　　//11. 返回资源对象原始指针,托管关系不变,特
　　　　　　　　　　　　　　　　　　　　　　　　殊场合使用

　　　　//省略其余部分
　　　};

对照上面接口,可以更好地理解 shared_ptr:

(1) shared_ptr 智能指针对象通过构造函数和赋值函数与资源对象建立托管关系,资源对象初始引用计数为1。共享增加1次,引用计数也增加1。共享智能指针对象消失或重置时,解除原托管关系,引用计数减1,如果计数减为0,则删除资源对象。

(2) shared_ptr 智能指针对象代价高于 unique_ptr,建立或重置新托管关系时,shared_ptr 智能指针对象内部本身需要动态分配引用计数器所需的空间,在罕见情况下,会抛出异常 std::bad_alloc,其他函数不会抛出异常。

(3) 通过重载"operator * "与"operator->"运算符,非空状态才能使用,非空 shared_ptr 智能指针对象可以像指针一样使用,这也是智能指针对象名称的由来。

(4) shared_ptr 允许共享资源对象,支持共享智能指针的拷贝构造、复制赋值,共享指针移动版本可用拷贝版本替代,同一时刻可以有多个 shared_ptr 指向资源对象。

(5) shared_ptr 智能指针对象可以用作判断条件,非空状态时值为 true,空状态时值为 false。

(6) shared_ptr 智能指针对象生命周期内,可以重置托管关系,重置后,原托管关系解除。

(7) 需要原始指针的特殊场合下,get 成员函数可返回资源对象原始指针,托管关系不变。

(8) shared_ptr 智能指针除了可以获取资源对象引用次数,还可以判断是否唯一托管关系。

UseSmartPointer 函数可使用下述等价形式:

```
void UseSmartPointer ()
{//采用智能指针 shared_ptr
    auto   sharedPtrSong = make_shared<Song>("Nothing on You");
    sharedPtrSong->Play();
} // sharedPtrSong 自动析构,引用计数减为0,删除歌曲
```

其中,make_shared 是 C++标准库提供的建立共享智能指针的算法函数模板,内含动态生成所需托管对象功能。建立共享智能指针对象的过程较为复杂,可能需要动态分配引用计数器等,存在抛出异常的可能性,所需代价也比建立 unique_ptr 共享智能指针大。推荐使用 make_shared 模板函数建立共享智能指针对象,所需头文件也是<memory>。

上述函数中的 auto 是C++ 11新增类型占位符,可代替由编译器在编译阶段推导出来的类型。

下面是一个说明智能指针 shared_ptr 常用接口使用方法的简单样例:

```
//Ex7.3
1  # include <iostream>
2  # include <memory>
3  # include <string>
```

```cpp
 4    # include <cassert>
 5    using namespace std;
 6
 7    template <typename T>
 8    void Fun ()
 9    {
10        shared_ptr<T>  sp;              //管理 T 类型对象的智能指针对象，处于空状态
11        sp. reset (new   T());           //托管新对象
12        if  (sp)
13        {
14            * sp;                        //所指对象引用，非空时才可以使用
15    //        sp->member;                //非空对象成员时才可以使用
16                                         //省略
17        }
18        T  * p = sp. get ();             //获得传统"裸指针"，保留管理权
19        cout << * p << endl;
20    }
21
22    int main ()
23    {
24        Fun<int> ();
25        Fun<string> ();
26        //智能指针的创建
27        shared_ptr<int>  s_i;           //创建整型空智能指针
28        assert(s_i. use_count() == 0);  //空状态
29        s_i. reset (new int(0));          //绑定新动态对象，删除原管理的对象
30        assert(s_i. use_count() == 1);
31        auto  s_i2 = make_shared<int> (2);          //创建时指定管理的动态对象
32
33        {
34            shared_ptr<int>  s_i3(new int(3));      //创建时指定管理的动态对象
35            cout << * s_i3 << endl;                 //输出 3
36            s_i3 = s_i;                             //复制赋值
37            cout << * s_i3 << endl;                 //输出 0
38            * s_i = 1;
39            cout << * s_i3 << endl;                 //输出 1
40            assert(s_i. use_count() == 2);
41            assert(s_i3. use_count() == 2);
42        }
43        assert(s_i. use_count() == 1);
44
45        shared_ptr<string> s_s (new string("abc"));  //创建字符串智能指针
46        shared_ptr<string> s_s2 = s_s;               //复制构造
```

```
47        cout << * s_s2 << endl;
48        auto  s_s3 = make_shared<string> ("hello");  //创建字符串智能指针
49        s_s2 = nullptr;      //撤销托管，智能指针变为空指针。与 s_s2. reset()等价
50        cout << * s_s << endl;
51    }
```

智能指针 shared_ptr 有下列典型用法：

(1) 动态资源的异常安全保证(利用其 RAII 特性)：

```
void Foo1 (T  arg)   //arg 是构建 X 类对象的参数
{//异常安全的代码，不存在内存泄露危险
    shared_ptr<X>  px = make_shared<X> (arg);  //此处，X 是一个类型名
    px->DoSome ();//处理，可能发生异常
}
```

(2) 通过函数参数传入动态资源，X 为某个类名：

```
void  Foo2 (shared_ptr<X> px)
{
    px->DoSome ();//处理，发生异常也不会造成内存泄漏
}
```

(3) 返回函数内创建的动态资源，X 为某个类名：

```
shared_ptr<X>  Factory  (T  arg)        //arg 是构建 X 类对象的参数
{
    return  make_shared<X> (arg);        //返回工厂构建好的对象
}
```

(4) 放在容器中使用：

```
vector<shared_ptr<string>> v;            //向量容器，元素类型为字符串智能指针
auto  p1 = make_shared<string>("abc");   //字符串智能指针
v. push_back(p1); //可复制
p1 = make_shared<string> ("Doug");       //重置托管字符串
v. push_back(p1);
auto  p2 = make_shared<string>("hello"); //字符串智能指针
v. push_back(p2);

cout << * v[0] << endl;                   //使用容器内智能指针对象
cout << * v[1] << endl;
cout << * v[2] << endl;
```

请读者考虑，shared_ptr 的下列用法是否正确？为什么？

(1)

```
T  * p = new T;
shared_ptr<T> sp (p);
sp->member … //访问成员，此处部分省略，下同
delete p;
```

(2)

```
T   * p = new T;
```

```
shared_ptr<T> sp1 (p), sp2 (p);
sp1->member…
```
（3）
```
shared_ptr<T>  sp = make_shared<T>  (T);
sp->member
T * p = sp. get ();
delete p;
```
（4）
```
shared_ptr<T>  sp;
sp->member
```
（5）
```
auto sp1 = make_shared<int>  (543321);
auto sp2  = make_shared<string>("12345");
sp1 =sp2;
```
（6）
```
auto sp1 = make_shared<int>  (543321);
shared_ptr<int> sp2;
sp2 = sp1;
```
注意：不要在函数实参里创建 shared_ptr，下述使用方式存在缺陷。
```
fun ( shared_ptr<int>(new int (5)),  g( ) );      //有缺陷
```
此函数调用有可能先执行 new int，然后调用函数 g，再构造智能指针对象。如果调用函数 g 期间发生异常，此时 shared_ptr<int>智能指针对象没有创建，就会造成 int 内存泄露。

正确的做法是分步完成：
```
auto  p = make_shared<int>(5);
fun (p, g());
```

7.4.5　weak_ptr

作为共享智能指针，shared_ptr 可以在应用中表示一些复杂的关系，此时，需要注意因循环引用造成无法释放资源的问题。

我们来分析下面的程序。
```
//Ex7.4
1  #include <iostream>
2  #include <memory>
3  using namespace std;
4
5  struct A;
6  struct B;
7  struct A
8  {
9      std::shared_ptr<B> m_b;
```

```cpp
10      ~A () {
11          cout <<"A类对象析构"<< endl;
12      }
13  };
14
15  struct B
16  {
17      std::shared_ptr<A> m_a;
18      ~B () {
19          cout <<"B类对象析构"<< endl;
20      }
21  };
22
23  int main ()
24  {
25      std::shared_ptr<A>   ptrA(new A);
26      std::shared_ptr<B>   ptrB(new B);
27      ptrA->m_b = ptrB;
28      ptrB->m_a = ptrA;
29  }
```

此程序中，A 类、B 类具有相互引用的共享智能指针成员。程序中，创建共享智能指针对象 ptrA、ptrB 后，它们托管的 A 类、B 类对象引用计数都为 1，执行完给各自成员相互赋值的语句 27、28 后，ptrA 和 ptrB 所管理的对象引用次数都为 2。

上述程序形成了循环引用。main 函数执行完毕时，局部智能指针对象 ptrA 和 ptrB 撤销，执行智能指针析构函数后，A 类、B 类对象引用计数都减为 1，没有减为 0，导致 A 类、B 类对象无法删除，内存没有被释放，存在严重的内存泄漏问题。

上述严重内存泄漏问题的根源是共享智能指针的循环引用，打破上述循环引用需要借助于 C++ 11 weak_ptr。weak_ptr 作为被保护的对象的成员时，可用于打破循环引用，解决无法释放资源的问题。weak_ptr 不改变所指向对象的引用计数，也不可像指针一样访问 weak_ptr 相关资源，因此，称为"弱指针"。

下面是包含常用接口的 weak_ptr 类模板的简化定义：

```cpp
template <typename T>
class weak_ptr //弱指针模板原型
{
public:
    weak_ptr (); //1. 构造函数，建立空指针
    explicit weak_ptr (const shared_ptr<T>& anotherSP);//2. 建立关联共享智能指针的弱指针
    weak_ptr& operator = (const shared_ptr<T>& anotherSP);//3. 更新关联的共享智能指针
    weak_ptr (const weak_ptr & anotherWP); //4. 拷贝构造
    weak_ptr& operator = (const weak_ptr& anotherWP); //5. 复制赋值
    long use_count() const; //6. 返回关联的共享智能指针的资源对象引用计数，主要用于调试
```

```
bool expired () const；//7. 关联的共享智能指针是否过期
shared_ptr<T>    lock ()；//8. 返回关联的共享智能指针，过期时返回空状态指针
void reset ()；//9. 重置为空指针
//省略其余部分
};
```

对照上面接口，可以更好地理解 weak_ptr：

（1）weak_ptr 弱指针对象通过无参函数构造、拷贝构造或通过共享智能指针对象构造，构造完成的弱指针有空指针和关联有效共享智能指针对象两种状态。弱指针对象建立后也可以通过赋值语句或 reset 改变状态。

（2）弱指针没有重载"operator ＊"与"operator－＞"运算符，它本身只是用于辅助共享智能指针对象，不能像普通指针一样访问相关资源，这也是弱指针对象名称的由来。

（3）弱指针本身不直接管理资源对象，也不影响相关资源对象的引用计数，use_count 返回的是关联的共享智能指针相关资源对象的引用计数。

（4）弱指针关联的共享智能指针对象可能失效，是否失效可通过 expired 成员函数判别，也可通过 use_count、lock 判别。要访问相关资源的成员，必须通过 lock 成功后返回的共享智能指针对象才能访问。

（5）弱指针本身可以拷贝、赋值，也可以放入容器中。

下面是一个说明弱指针 weak_ptr 常用接口使用方法的简单样例：

```
//Ex7.5
1   # include <iostream>
2   # include <memory>
3   using namespace std;
4
5   struct A
6   {
7       A (int iv)：m_iValue (iv) {}
8       ~A ()
9       {
10          cout <<"A 类对象析构"<< endl；
11      }
12      int m_iValue；
13  };
14
15  void TestWeakPtr (weak_ptr<A> wp)
16  {
17      std∷shared_ptr<A> sp；
18      cout << wp. expired () << endl；
19      cout << wp. use_count () << endl；
20      if (sp = wp. lock ())
21      {
```

```
22              cout <<"success, value :"<< sp->m_iValue <<   endl;
23          }
24      else
25          {
26              cout <<"empty"<< endl;
27          }
28  }
29
30  int main ()
31  {
32      std::shared_ptr<A>   sp1 (new A (1)), sp2;
33      weak_ptr<A> wp1, wp2 (sp1), wp3(sp2);
34      TestWeakPtr (wp1);
35      TestWeakPtr (wp2);
36      TestWeakPtr (wp3);
37      {
38          std::shared_ptr<A>   sp3 (new A (2));
39          wp3 = sp3;
40          TestWeakPtr (wp3);
41          wp2 = wp3;
42          TestWeakPtr (wp2);
43      }
44      TestWeakPtr (wp2);
45  }
```

样例程序运行结果如下：

```
1
0
empty
0
1
success, value :1
1
0
empty
0
1
success, value :2
0
1
success, value :2
A 类对象析构
1
```

0

empty

A 类对象析构

上述样例中，TestWeakPtr 函数用于测试弱指针关联的共享智能指针是否过期、引用计数是多少、是否可 lock 成功，通过 lock 成功后返回的共享智能指针访问相关资源。从测试主函数还可以看到，语句 41 更新为新状态后，语句 42 可访问到关联的 sp3 所指资源，但不影响 sp3 所指资源的删除，从语句 44 中可看到原关联的共享智能指针已失效。

只要通过引入弱指针，将其中一个共享智能指针改为弱指针，就可打破循环引用，从而解决样例 Ex7.4 面临的内存泄漏问题。

```cpp
//Ex7.6
1   #include <iostream>
2   #include <memory>
3   using namespace std;
4
5   struct A;
6   struct B;
7   struct A
8   {
9       std::shared_ptr<B> m_b;
10      ~A(){
11          cout <<"A 类对象析构"<< endl;
12      }
13  };
14
15  struct B
16  {
17      std::weak_ptr<A> m_a;
18      ~B(){
19          cout <<"B 类对象析构"<< endl;
20      }
21  };
22
23  int main()
24  {
25      std::shared_ptr<A>  ptrA(new A);
26      std::shared_ptr<B>  ptrB(new B);
27      ptrA->m_b = ptrB;
28      ptrB->m_a = ptrA;
29  }
```

执行完语句 25、26 后，ptrA 所管理对象和 ptrB 所管理对象的引用次数都是 1。执行完语句 27 后，ptrB 所管理对象引用次数改为 2，继续执行完语句 28 后，不影响引用计数。main 函数执行完毕后，假设以 ptrB、ptrA 次序撤销，ptrB 析构时导致所管理对象引用计数从 2 减为 1，ptrA 所管理对象引用次数本来就是 1，ptrA 析构时引用计数从 1 减为 0，自动删除 ptrA 所管理对象，ptrA 所管理对象析构时，会析构内部共享智能指针 m_b，导致所管理对象引用次数又从 1 减为 0，自动删除 ptrB 所管理对象。如果以 ptrA、ptrB 次序撤销，道理也类似，读者可自行分析。

7.5　典型范例——设计和实现向量类模板

本节模拟 STL 标准库向量类模板设计实现了向量类模板 CMyVector，完成了下列基本功能：构造、拷贝控制、size 成员函数、元素访问以及尾部添加元素。该向量类模板具有按需分配空间的特点，访问向量元素可通过下标运算符[]或 at 成员函数进行，at 成员函数访问元素时对下标有效性进行了判断，无效时抛出异常。尾部添加元素功能通过 push_back 成员函数实现。

向量类模板在构造时申请空间，在运行过程中可扩展空间。为避免每次在尾部添加元素时都需扩展空间带来的效率问题，样例 Ex7.7 为空间大小设置了实际存放元素个数和缓冲区大小两个成员，空间需扩展时按空间加倍处理。本样例中抛出的异常类型从标准库 exception 派生而来，通过使用字符串流的插入、提取功能将整型转换成字符串类型，再通过使用字符串拼接功能得到完整异常信息字符串。

测试程序可处理如下五种指令：

（1）int 整数指令代表建立初始大小为指定数值的整型向量；string 整数代表建立初始大小为指定数值的字符串向量。

（2）push 对象指令代表在向量尾追加对象。

（3）put 下标对象指令代表需将对象放入向量下标处。

（4）fetch 下标指令代表取并打印向量下标处对象。

（5）quit 代表指令队列结束。

当指定下标越界时，抛出异常并显示 invalid index：下标；每个指令队列以 int 或 string 开始，以 quit 结束；所有指令字符串都由小写字母组成。

样例中设计了指令分析器函数模板 Parse，可分别分析测试整型向量和字符串向量测试指令。每个测试指令队列输出占一行。

样例输入如下：

int 10　push 100 push 200 push 50 push 300 put 0 5　put 1 20　push400 fetch 1 fetch 12 fetch —1 fetch 20 fetch 11 quit

string 10 push hello push some push apple push box put 1 zhang　put　2 yes　fetch 2 push hdu fetch 1 fetch 20 fetch 12 quit

样例输出如下：

20 50 invalid index：—1 invalid index：20 200

yes　zhang invalid index：20 apple

```
//Ex7.7
1    #include <iostream>
2    #include <string>
```

```cpp
3    # include <sstream>
4    # include <algorithm>
5    # include <exception>
6    using namespace std;
7    //异常对象类
8    class CException : public exception
9    {
10       string m_errMsg;
11   public :
12       CException (string errMsg, int i) : m_errMsg (errMsg)
13       {
14           stringstream stream;              //字符串流
15           stream << i;                      //插入字符串流，整型输出成字符流
16           string str;
17           stream >> str;                    //从字符串流提取字符串，字符流成为字符串
18           m_errMsg += str;                  //字符串拼接
19       }
20       const char * what () const noexcept
21       {
22           return m_errMsg. c_str ();
23       }
24   };
25   template <class T>
26   class CMyVector
27   {
28   private :
29       T    * m_pBuffer;                     //存放元素缓冲区指针
30       int  m_size, m_bufferSize;           //存放元素个数，缓冲区大小
31   public:
32       CMyVector () : m_pBuffer (nullptr), m_size (0), m_bufferSize (0) {}
33       CMyVector (int n) : m_pBuffer (nullptr),m_size (n), m_bufferSize (n)
34       {
35           if  (m_bufferSize > 0)
36               m_pBuffer = new T [m_bufferSize];
37       }
38
39       ~CMyVector ()
40       {
41           delete [] m_pBuffer;
42       }
43       CMyVector (const CMyVector &rhs);    //复制构造
44       CMyVector (CMyVector &&rhs);          //C++ 11移动构造
45       CMyVector& operator = (const CMyVector &rhs);     //复制赋值
```

```
46        CMyVector& operator = (CMyVector &&rhs);          //C++11移动赋值

47

48        void push_back (const T &rhs);        //尾部添加元素
49        T   & at (int i)                      //at重载，下标越界时抛出异常
50        {
51            if (i < 0 || i >= m_size)
52            {
53                string errMsg ("invalid index:");

54

55                throw CException (errMsg, i);
56            }
57            return m_pBuffer [i];
58        }

59

60        T   & operator [] (int i)     //下标运算符重载，为了提高效率不进行下标越界检查
61        {
62            return m_pBuffer [i];
63        }

64

65        int size () const                     //获得元素个数
66        {
67            return m_size;
68        }
69    };

70

71    template <class T>
72    void CMyVector<T>::push_back (const T &rhs)
73    {
74        if  (m_bufferSize <= m_size)           //空间不够，作必要扩充
75        {
76            CMyVector<T>   tmpVect;            //在临时对象中完成扩容，即使过程中有异
                                                  常，也保持原向量状态不变
77            tmpVect. m_bufferSize = m_bufferSize * 2 + 1;
78            tmpVect. m_pBuffer = new T [tmpVect. m_bufferSize];        //避免经常扩充
79            tmpVect. m_size = m_size;
80            for (int i= 0; i < m_size; i++)
81                tmpVect. m_pBuffer [i] = m_pBuffer [i];
82            //临时向量完成扩容后与现向量交换
83            swap ( * this, tmpVect);
84        }
85        m_pBuffer [m_size++] = rhs;
86    }

87
```

```
88    template <class T>
89    CMyVector<T>::CMyVector (const CMyVector<T>& rhs)
90        : m_pBuffer(nullptr),m_size (rhs. m_size)，m_bufferSize (rhs. m_bufferSize)
91    {
92        if (m_bufferSize == 0)
93            return;
94        m_pBuffer = new T [m_bufferSize];
95        for (int i= 0；i < m_size；i++)
96            m_pBuffer [i] = rhs. m_pBuffer [i];
97    }
98
99    template <class T>
100   CMyVector<T>::CMyVector(CMyVector<T>&& rhs)
101       :m_pBuffer (rhs. m_pBuffer)，m_size (rhs. m_size)，m_bufferSize (rhs. m_bufferSize)
102   {
103       //rhs 资源已转移，不可再释放
104       rhs. m_pBuffer = nullptr;
105       rhs. m_size = 0；
106       rhs. m_bufferSize = 0；
107   }
108
109   template <class T>
110   CMyVector<T>& CMyVector<T>::operator = (const CMyVector<T>& rhs)
111   {
112       CMyVector<T> tmpVect(rhs);   //拷贝构造临时对象，异常发生时原向量保持不变
113       //交换临时向量和当前向量，当前向量资源交临时对象释放
114       //下面三条语句可替换为 swap (* this, tmpVect);
115       swap (m_pBuffer, tmpVect. m_pBuffer);
116       swap (m_bufferSize,tmpVect. m_bufferSize);
117       swap (m_size, tmpVect. m_size)；
118       return * this;
119   }
120
121   template <class T>
122   CMyVector<T>& CMyVector<T>::operator = (CMyVector<T>&& rhs)
123   {
124      //交换 rhs 和当前向量，当前向量资源交 rhs 释放
125      //使用 swap (* this, rhs);会形成死递归，因为 swap 本身需要使用移动赋值和移动拷贝
126       swap (m_pBuffer, rhs. m_pBuffer);
127       swap (m_bufferSize,rhs. m_bufferSize);
128       swap (m_size, rhs. m_size);
129       return * this;
130   }
```

```
131
132    //测试程序指令解析算法
133    template <class T>
134    void Parse (int size)
135    {
136        CMyVector<T> V(size);
137
138        string   cmd;
139        T    x;
140        int      index;
141        while (cin >> cmd)
142        {
143            //异常发生时正在执行的指令执行失败，下一条指令不受影响
144            try
145            {
146                if (cmd == "quit")
147                    break;
148                else if (cmd == "push")      //追加指令
149                {
150                    cin >> x;
151                    V. push_back(x);
152                }
153                else if (cmd == "fetch")      //取指令
154                {
155                    cin >> index;
156                    x = V. at (index);
157                    cout << ' '<< x;
158                }
159                else if (cmd == "put")       //放指令
160                {
161                    cin >> index >> x;
162                    V. at (index) = x;
163                }
164            }
165            catch (exception & ex)
166            {
167                cout << ' ' << ex. what ();
168            }
169        }
170        cout << endl;
171    }
172
173    int main ()
```

```
174  {
175      string typeStr;
176      while (cin >> typeStr)
177      {
178          int size;
179          cin >> size;
180          if (typeStr == "int")
181              Parse<int>(size);
182          else
183              Parse<string> (size);
184      }
185  }
```

＊7.6　关于智能指针使用的进一步说明和异常安全性

7.6.1　关于智能指针使用的进一步说明

C++ 11智能指针较好地解决了异常发生时容易造成的内存泄漏问题。unique_ptr 智能指针经常用于表示资源的单独拥有关系，具有与普通指针同等的效率；shared_ptr 的代价稍大于 unique_ptr，主要用于表达资源的多拥有者关系；weak_ptr 则用于配合 shared_ptr 的使用。C++ 11智能指针经常用于表达多个、多种对象间的复杂关系。

现代 C++程序设计应该尽量用智能指针代替普通指针，以避免混用智能指针和普通指针造成的资源泄漏和失效、重复释放问题。为了满足已有代码中必须使用普通指针的要求，智能指针提供了 get 成员函数和 release 成员函数，新设计的代码应尽量不用智能指针的 get 和 release 成员函数。

unique_ptr 主要用于单个资源的管理，多个对象组成的资源数组可以通过标准库 vector管理。unique_ptr 也提供了用于资源数组管理的偏特化版本，限于篇幅，本书不再赘述。

前面讨论涉及的资源主要是内存资源，其他形式的资源如网络连接、文件句柄等也可以采用智能指针管理。智能指针默认的资源删除操作是 delete 或 unique_ptr 数组偏特化版本的 delete[]。通过为资源类设计析构函数，可实现多种方式的资源释放，C++ 11智能指针也可定制资源对象的删除操作，本书同样不再赘述。

多线程环境下使用智能指针也需要特殊的处理。

7.6.2　异常安全性

异常几乎是程序设计中必须考虑和处理的情况。函数的异常中立性指函数在执行过程中引发异常时，这个异常能保持原样传递到外层调用代码。标准库的操作基本上都是异常中立的。

函数的异常安全性指发生异常并处理完成后，继续执行后续代码的安全性。异常安全性从高到低一般分为以下几个保证等级：

（1）不抛掷异常（noexcept）保证：承诺绝对不向外抛出异常，内部即使发生异常，也已正确处理完毕。

（2）强烈保证：如果发生异常，则程序状态不改变，异常被抛出。该保证等级拥有事务处理特性，要么无异常全部成功，要么引发异常，状态不变。

（3）基本保证：如果异常被抛出，则不会造成内存泄漏，程序状态仍然保证有效，程序可继续执行。

如果函数做不到这些保证，将是异常不安全的，异常抛出时，可能造成内存泄漏，甚至继续执行可能会造成程序崩溃，如在链表操作过程中，在链表断开中间状态下抛出异常，那么以后继续操作这个链表可能会造成程序崩溃。

在 C++程序设计中，特别是泛型程序设计中，很难预见参数化类型的对象在操作时引发的异常，要做到高等级的异常安全保证还是相当有难度的。一般内置数据类型的操作可以保证不抛出异常，类的析构函数、移动构造函数、移动赋值函数应该保证不抛掷异常（noexcept）。借助于智能指针，异常安全性的基本保证还是容易做到的。

异常安全性的强烈保证是值得推荐的。标准库中容器的许多操作做到了异常安全性的强烈保证，标准库中容器的有些操作和有些算法只提供异常安全性的基本保证。

关于 C++标准库做出的异常保证，可参阅参考文献《C++标准库（第 2 版）》6.12.2 异常处理。

"copy and swap"是一种异常安全性的强烈保证的有效策略，即将可能抛出异常的操作施加在原对象的临时拷贝副本对象上，然后交换原对象和临时副本对象状态，此操作执行过程一般可满足不会抛出异常的要求。在这个过程中，如果没有抛出异常，则操作顺利完成；如果抛出异常，则操作中止，原对象不变。前面有关赋值运算符的重载就是一个较好的应用这个策略的例子。

```
CSet& CSet::operator = (const CSet &rhs)
{
    CSet tmp(rhs);
    swap( * this,tmp);
    return * this;
}
```

习 题 7

1. 给出本章 7.4.3 小节中最后部分 unique_ptr 错误使用举例中错误的原因。

2. 将第 5 章样例 Ex5.3 中的原始指针向量改为 unique_ptr 智能指针对象向量，并说明这样做的好处。

3. 参照本章第 7.4 节接口，实现你自己版本的 unique_ptr 类模板，并进行测试。

4. 编写测试程序，建立整型 list 容器对象，无限循环地向整型 list 容器的尾部添加元素直到抛出异常为止。捕捉异常，测试你的系统可插入多少个整数？抛出的异常信息是什么？把整型 list 容器分别改为整型 vector 容器、整型 deque 容器结果又如何？

5. 某学院有若干学生班级和许多学生，还成立了数学建模集训队、ACM 集训队等若干集训队，每个学生属于某个自然班，又可以加入若干集训队，请编写模拟程序，设计班级类、学生类、集训队类，用智能指针表示这些实体间的关系，测试建立若干班级、集训队、学生对象，最后，输出各班级学生名单、各集训队学生名单。程序不可造成信息冗余，每个学生信息对应一个学生实体，也不可造成内存泄漏。

*6. 假设已经设计实现了下面的测试类，建立一个 CTest 类对象向量，将以 0~9 为参数分别构造的 10 个对象添加在向量尾部，有异常时处理异常，异常处理完后继续添加，观察程序输出什么信息？如果将类中的 noexcept 声明去除，程序又会输出什么信息？一般复杂对象拷贝控制函数中，移动版本的执行效率比拷贝版本的执行效率高很多，分析上述两个测试结果说明什么问题？

```cpp
class CTest
{
public :
    CTest (int iValue) : m_iValue (iValue) {}
    CTest (const CTest &rhs) : m_iValue (rhs. m_iValue)
    {
        cout <<"copy construct : "<<m_iValue << endl;
        if (m_iValue % 5 == 0)
            throw invalid_argument ("test invalid except");
    }
    CTest (CTest &&rhs) noexcept :
    m_iValue (rhs. m_iValue)
    {
        cout <<"move construct : "<<m_iValue << endl;
    }
    CTest& operator = (const CTest &rhs)
    {
        m_iValue = rhs. m_iValue;
        cout <<"copy assign : "<<m_iValue << endl;
        if (m_iValue % 5 == 0)
            throw invalid_argument ("5 's times");
        return * this;
    }
    CTest& operator = (CTest &&rhs) noexcept
    {
        m_iValue = rhs. m_iValue;
        cout <<"move assign : "<<m_iValue << endl;
        return * this;
    }
    int m_iValue;
};
```

第8章　C++标准模板库简介

C++标准模板库(Standard Template Library)简称STL，是C++标准库的主要组成部分，完成了经典数据结构和算法的封装，也是体现面向对象程序设计思想和泛型程序设计思想相结合的经典案例。标准模板库的基础是模板，STL提供了功能强大的泛型容器和算法，STL主要由容器、算法和辅助用的迭代器、函数对象组成，还包括了容器改换接口后形成的容器适配器。前面章节已经从面向对象角度介绍了部分容器的使用，还探讨了这部分容器的实现原理。本章简要介绍了STL中的各类容器、各类算法和辅助组件——迭代器、函数对象，还介绍了简化函数对象实现的lambda表达式，举例说明了部分常用算法的应用。

C++ STL的设计和实现可谓构思精妙、博大精深，它建立在数据结构知识之上，本章只是对STL的组成和部分常用算法作简要介绍，要充分理解STL并发挥出STL强大的能力还需要结合数据结构知识，不停地学习和实践。

8.1　泛型编程和标准模板库

所谓泛型编程就是使程序设计代码尽量适用于各种数据类型，包括内置数据类型和标准库以及用户设计实现的类类型。C++泛型程序设计的基础是模板，我们已学习了如何设计、实现和使用函数模板、类模板。利用面向对象程序设计思想和泛型程序设计思想，在总结、归纳了程序设计领域常用的数据结构和常用算法的基础上，形成了经典、通用、功能强大的C++标准模板库。

8.1.1　泛型编程的基本概念

我们先来介绍样例Ex8.1。样例程序中，使用了C++标准模板库提供的多种类模板，构造了整型集合、无序集合、链表、双端队列对象，这些对象都有可以存放若干整数的特点，人们称可存放若干元素对象的对象为容器。样例程序中，PrintContents是一个函数模板，先输出标题title，再显示容器类对象的所有元素，每个元素输出后，输出delim作为分隔，这个函数模板要求作为参数的类型是一个容器类型，有begin、end成员函数，返回称为迭代器的对象，用于遍历容器内所有元素。

在泛型程序设计中，用概念(concept)来描述作为参数的数据类型所需具备的功能。这里的"概念"是泛型程序设计中的一个术语，它代表所有具备这些功能的数据类型，一般用代表这个概念意义的名称作为泛型程序中类型参数的名称，这样有利于泛型程序的可读性。容器类型就是C++标准模板库中的一个概念，它不但可以通过成员函数操作容器，而且提供了用于遍历容器内存放的所有元素对象的begin、end成员函数，本样例程序中用ContainerT命名容器类型；迭代器也是一个C++标准模板库中的概念，它是一个泛型指针对象，代表容器中的某个位置，通过迭代器可以访问这个位置的元素对象，也可以通过控制迭代器的移动，来访问容器内的所有元素。具备一个概念所需要的功能的数据类型称为这个概念的一个模型(model)，本例中的 set<int>、unordered_set<int>、list<int>、deque<int>都是容器概念的模型。迭代器概念的模型由编译器推导出来，用 auto 表示，实际分别是 set<int>::iterator、unordered_set<int>::iterator、list<int>::iterator、deque<int>::iterator，由此看出，代表类型的名称较长，用 auto 代替更方便，也不影响程序的可读性。

在泛型程序设计中，可以把概念进一步提炼成子概念。对于两个不同的概念 A、B，如果概念 A 除了需要具有概念 B 所具有的功能外，还需要具有一些其他功能，那么称概念 A 是概念 B 的子概念，子概念 A 的模型一定是概念 B 的模型。

```
//Ex8.1
1    #include <iostream>
2    #include <list>
3    #include <deque>
4    #include <set>
5    #include <unordered_set>
6    using namespace std;
7
8    //输出容器内容
9    template <typename ContainerT>
10   void PrintContents (string title, const ContainerT &con, const char * delim = nullptr)
11   {
12       cout << title <<" : ";
13       for (auto it = con.begin (); it ! = con.end (); ++it) {
14           cout << * it;
15           if (delim)
16               cout << delim;
17       }
18       cout << endl;
19   }
20
21   int main ()
22   {   //指定初始元素,构造各整型容器对象
23       set<int> S1 {1,3,9,7,5};
24       unordered_set<int> S2 {1,3,9,7,5};
25       list<int> L1 {1,3,9,7,5};
26       deque<int>DQ1 {1,3,9,7,5};
27       PrintContents ("set S1", S1, "\t");
28       PrintContents ("unordered_set S2", S2, "\t");
29       PrintContents ("list S1", L1, "\t");
30       PrintContents ("deque S1", DQ1, "\t");
31   }
```

注意：样例程序中无序容器内部元素的存放次序取决于标准模板库的具体实现。样例

程序的可能输出如下：

```
set S1 ：1          3          5          7          9
unordered_set S2 ：5          1          3          9          7
list S1 ：1          3          9          7
deque S1 ：1          3          9          7          5
```

8.1.2 标准模板库组成

STL 最初是由 HP 公司的 Alexander Stepanov 和 Meng Lee 开发的，用于支持 C++ 泛型编程的模板库，现已成为 C++ 标准的一部分。虽然有不同的 STL 实现，但它们为用户提供的接口遵守同样的标准。

STL 提供了程序设计中常用的数据结构和算法，容器和算法是 STL 中的核心组件。STL 以类模板形式提供了各种常用的容器，前面章节介绍的 vector、list、deque、forward_list 都是 STL 的容器，STL 还包括其他功能强大的容器，在本章第 8.2 节介绍。

STL 类模板形式提供的容器可以用来建立模板类的容器对象，用于存放类型相同的若干元素，通过容器的成员函数对容器进行各种操作；除此之外，STL 提供的功能强大的泛型算法也可以操作容器。不同类型的容器都提供了迭代器类型，同一个 STL 算法通过迭代器可以操作不同类型容器内的元素，算法还可通过迭代器区间来指定处理容器内某个范围内的所有元素。

迭代器是支持 STL 算法操作容器必不可少的组件，是泛型程序设计中的泛型指针类型。各类容器都有各自的迭代器，用来代表容器内位置，可通过迭代器访问指向的容器内元素，迭代器还可前、后移动，指向不同的位置。指向数组元素的传统指针可以看作特殊的迭代器。

许多 STL 算法需要灵活策略的支持，如查找符合某个规则的元素，这种灵活性主要由函数对象提供，函数对象作为算法的参数，能够灵活操作迭代器指向的某个元素或某个范围内的所有元素。

上述 STL 四大组件间关系如图 8.1 所示，详细情况在后续各节介绍。前面章节介绍的 stack、queue 是通过改变 deque、list、vector 等容器对象的接口实现的，也称为容器适配器。通过改变 stack、queue 类模板的第二缺省参数类型可改变作为成员子对象的容器类型，一般缺省容器类型是双端队列。

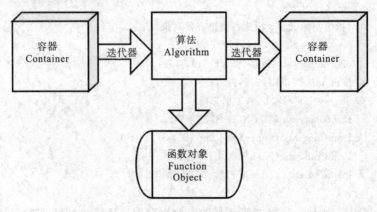

图 8.1　C++ STL 组件之间的关系

8.2　常用容器简介

　　C++标准模板库提供了多种容器类模板，每个容器都可用于存放若干相同类型的元素，每个容器无参构造时状态为空，也可支持构造时指定初始元素，在运行时可动态增加、插入、删除元素。容器撤销时会执行每个元素的析构函数并释放容器本身占有的空间。所有容器支持拷贝构造、移动构造、复制赋值、移动赋值。所有容器都包含下面几个成员函数：

```
bool empty () const;        //判别容器是否为空
size_t size () const;       //容器内存放的元素个数
void   clear ();            //容器清空
```

　　所有容器都提供了各自的迭代器类型，begin()成员函数返回容器内开始位置的迭代器，end()返回容器内结束位置的迭代器，正如样例 Ex8.1 所示，通过这一对迭代器，可遍历容器内所有元素。表 8.1 列出了标准模板库各类容器以及使用它们时需要包含的头文件。

表 8.1　C++ STL 常用容器类模板

容器类模板	描　　　述	头文件
向量(vector)	所有元素连续存储	`<vector>`
链表(list)	双向链表，每个节点包含一个元素	`<list>`
单链表(forward_list)	单链表，每个节点包含一个元素	`<forward_list>`
双端队列(deque)	所有元素分多段存放，段间不连续，段内连续	`<deque>`
集合(set)	基于红黑树，每个节点包含一个元素，元素间有序，无相同元素	`<set>`
多重集合(multiset)	基于红黑树，每个节点包含一个元素，元素间有序，容许相等元素	`<set>`
映射(map)	每个元素{键，值}对组成的集合，无元素键相同	`<map>`
多重映射(multimap)	每个元素{键，值}对组成的多重集合，容许元素键相同	`<map>`
无序集合(unordered_set)	基于哈希表实现，元素间无序，无相同元素	`<unordered_set>`
无序多重集合 (unordered_multiset)	基于哈希表实现，元素间无序，容许相同元素	`<unordered_set>`
无序映射(unordered_map)	每个元素{键，值}对组成的无序集合，无元素键相同	`<unordered_map>`
无序多重映射 (unordered_multimap)	每个元素{键，值}对组成的多重无序集合，容许元素键相同	`<unordered_map>`

　　基于实现这些容器的数据结构不同，这些容器可分为三类：顺序容器、关联容器、无

序容器,这三类容器满足前述容器的所有功能,又具有各自的特点和功能,这些容器可看作容器概念的子概念。在数据结构知识的基础上,不难从面向对象角度理解这些容器。

8.2.1　顺序容器

向量(vector)、链表(list)、前向链表(forward_list)、双端队列(deque)都是顺序容器,分别基于动态分配的连续空间、双链表、单链表、多段动态分配空间存储容器内所有元素,元素间存在顺序关系,这也是顺序容器名称的由来,STL std 名字空间内含如下声明:

```
template  <typename T, typename Allocator = allocator<T>>
class  vector;
template  <typename T, typename Allocator = allocator<T>>
class  list;
template  <typename T, typename Allocator = allocator<T>>
class  forward_list;
template  <typename T, typename Allocator = allocator<T>>
class  deque;
```

顺序容器类模板第一参数类型是元素类型,可以是内置数据类型、类类型,包括智能指针;第二参数类型是分配器类型,分配器负责分配、生成、销毁、回收元素对象,绝大多数程序都使用缺省分配器即可。

前面章节已多次涉及顺序容器,它们各有特点。向量和双端队列都支持快速下标访问,向量在尾部添加、删除元素较快,在其他位置删除和插入元素较慢,双端队列在两端添加和删除元素较快,在其他位置删除和插入元素较慢;链表、前向链表在指定位置插入、删除元素较快,但需要额外的指针空间,不支持下标访问;链表容器,也称双链表容器,适合双向处理;前向链表容器,也称单链表容器,适合单向处理。所有这些顺序容器的查找平均时间复杂性一般都是 $O(n)$ 级,效率不太高。程序设计中结合数据结构知识,根据需要选择合适的容器。

这些顺序容器较为简单,从面向对象角度理解和使用相对比较容易,我们也都比较熟悉,附录里包含这些容器的常用接口,其他更详细的内容可参阅有关资料。

＊8.2.2　关联容器

集合(set)、多重集合(multiset)、映射(map)、多重映射(multimap)都是关联容器,都基于二叉平衡树或红黑树,需要结合数据结构相关知识理解。STL std 名字空间内含如下声明:

```
template  <typename T,
          typename Compare = less<T>,
          typename Allocator = allocator<T>>
class  set;
template  <typename T,
          typename Compare = less<T>,
          typename Allocator = allocator<T>>
class  multiset;
```

```
template    <typename key,
            typename value,
            typename Compare = less<key>,
            typename Allocator = allocator<pair<const key, value>>>
class  map;
template    <typename key,
            typename value,
            typename Compare = less<key>,
            typename Allocator = allocator<pair<const key, vlaue>>>
class  multimap;
```

　　集合、多重集合类模板第一参数类型是元素类型，可以是内置数据类型、类类型，包括智能指针；第二参数类型用于两个元素的比较，缺省比较类型是 less<T>，内部使用运算符<比较两个元素，元素类型如果是类类型，则需重载运算符<，根据需要，也可以更换比较规则；第三参数类型是分配器类型，绝大多数程序都使用缺省分配器即可。

　　集合容器与多重集合容器的差异在于：集合容器不允许元素相同，多重集合容器允许相同元素存在。集合容器和多重集合容器的实现都基于二叉平衡树或红黑树。集合、多重集合容器查找、插入、删除元素操作的算法平摊时间复杂性基本都是 $O(\log_n)$，这些相关成员函数运算的参数和返回值经常是迭代器，代表相关元素的位置，也就是代表二叉平衡树或红黑树的相关节点，关于迭代器类型，在后面的小节介绍。

　　映射、多重映射类模板类似于集合、多重集合类模板，其实现同样基于二叉平衡树或红黑树，不同的是，实现集合、多重集合容器的二叉平衡树或红黑树节点中的数据只包含元素对象一个部分，而实现映射、多重映射容器的二叉平衡树或红黑树节点中的数据包含组成元素的键(key)和值(value)两个部分，所以映射、多重映射类模板多了一个参数类型，第一参数类型是元素键(key)类型，可以是内置数据类型、类类型；第二参数类型是元素值(value)类型，可以是内置数据类型、类类型，包括智能指针；第三参数类型是用于比较两个元素键(key)的类型，缺省比较类型是 less<key>，内部使用运算符<比较两个元素键(key)，元素键(key)的类型如果是类类型，则需重载运算符<，根据需要也可以更换比较规则；第四参数类型是分配器类型，需要分配元素键(key)和值(value)对，即 pair<const key, value>，绝大多数程序都使用缺省分配器即可。图 8.2 是关联容器内部结构图，左边部分表示集合，右边部分表示映射。

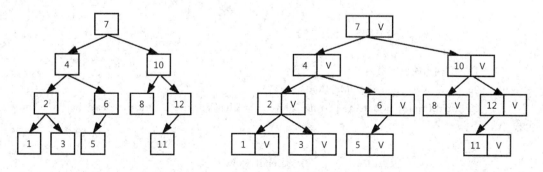

图 8.2　set、multiset 和 map、muitimap 内部结构

类似于集合、多重集合类模板，映射、多重映射容器查找、插入、删除元素操作的算法平摊时间复杂性同样基本都是 $O(\log_n)$，这些相关成员函数运算的参数和返回值经常是迭代器，代表相关元素的位置，也就是代表二叉平衡树或红黑树的相关节点。映射容器与多重映射容器的差异在于：映射容器不允许元素键(key)相同，而多重映射容器允许相同元素键(key)存在。

如果映射、多重映射容器内元素的键和值两部分是完全相同的，则映射、多重映射容器就相当于集合、多重集合，也可以说，集合、多重集合容器内元素的键和值都是元素本身。集合、多重集合、映射、多重映射容器内元素都是有序的，所以也称其为有序关联容器。多重集合、多重映射容器允许元素的键相同，这也是名称中多重的由来。

下面是使用这些容器的简单样例，样例中分别建立了四个不同类型的容器：整数集合、多重整数集合、字汇表、电话簿，具有初始元素。映射容器元素类型是对 pair，插入时需要使用 make_pair 构建对 pair，元素输出时需要分别输出对 pair 的 first 部分和 second 部分，也就是键和值部分。集合、映射容器内元素键不可重复，多重集合、多重映射容器内元素键可重复。最后输出的所有有序关联容器内元素是按键有序的。

关于有序关联容器的更多知识，可结合数据结构知识查阅有关资料。

```
//Ex8.2
1  #include <iostream>
2  #include <set>
3  #include <map>
4  using namespace std;
5
6  //输出容器内容
7  template <typename ContainerT>
8  void PrintContents (string title, const ContainerT &con, const char * delim = nullptr)
9  {
10     cout << title <<" : ";
11     for (auto it = con.begin (); it != con.end (); ++it)
12     {
13         cout << * it; //输出迭代器所指元素
14         if (delim)
15             cout << delim;
16     }
17     cout << endl;
18  }
19  //输出映射容器内容
20  template <typename MapContainerT>
21  void PrintMapContents (string title, const MapContainerT &map, const char * delim =
"\n")
22  {
23     cout << title <<" : {"<< endl;
24     for (auto it = map.begin (); it != map.end (); ++it)
25     {   //输出迭代器所指元素键 key 和值 value
```

```
26            cout << '<' << it->first << ',' << it->second << '>';
27            if(delim)
28                cout << delim;
29        }
30        cout <<"}"<< endl;
31   }
32
33   int main ()
34   {
35        set<int> set1 {1,3,9,7,5};
36        multiset<int> multiSet1 {1,3,9,7,5};
37        map<int, string> newWords {{1, "hello"},{2, "world"},{3, "again"}};
38        multimap< string, string > phoneBook {{ "wang", "13588xxxx80"},{ "zhang",
"139xxxxx101"},{"li", "189xxxxx581"}};
39
40   //set 插入元素,相同元素不可插入
41        set1. insert (2);
42        set1. insert (5);
43        set1. insert (8);
44
45   //multiset 插入元素,相同元素可插入
46        multiSet1. insert (2);
47        multiSet1. insert (5);
48        multiSet1. insert (8);
49
50   //map 插入元素,相同 key 元素不可插入
51        newWords. insert(make_pair(2, "morning"));
52        newWords. insert(make_pair(4, "evening"));
53
54   //multimap 插入元素,相同 key 元素可插入
55        phoneBook. insert(make_pair("wang", "139xxxxx201"));
56        phoneBook. insert(make_pair("zhu", "159xxxxx303"));
57
58        PrintContents ("set1", set1, "\t");
59        PrintContents ("multiset1", multiSet1, "\t");
60        PrintMapContents ("newWords", newWords);
61        PrintMapContents ("phoneBook", phoneBook);
62   }
```

程序输出如下:

```
set1 : 1        2        3        5        7        8        9
multiset1 : 1   2        3        5        5        7        8        9
newWords : {
    <1,hello>
    <2,world>
```

```
            <3,again>
            <4,evening>
    }
    phoneBook : {
            <li,189xxxxx581>
            <wang,13588xxxx80>
            <wang,139xxxxx201>
            <zhang,139xxxxx101>
            <zhu,159xxxxx303>
    }
```

*8.2.3　无序关联容器

无序集合(unordered_set)、无序多重集合(unordered_multiset)、无序映射(unordered_map)、无序多重映射(unordered_multimap)的功能与对应的集合(set)、多重集合(multiset)、映射(map)、多重映射(multimap)的功能大体相似,但无序关联容器内部基于哈希表实现,用空间换取时间。在哈希函数设计合理的情况下,这些容器查找、插入、删除元素操作的算法平摊时间复杂性基本都是 O(1),与集合大小无关,需要结合数据结构相关知识理解,STL std 名字空间内含如下声明:

```
    template   <typename T,
            typename Hash = hash<T>,
            typename Pred = equal_to<T>,
            typename Allocator = allocator<T>>
    classunordered_set;
    template   <typename T,
            typename Hash = hash<T>,
            typename Pred = equal_to<T>,
            typename Allocator = allocator<T>>
    classunordered_multiset;
    template   <typename key,
            typename value,
            typename Hash = hash<key>,
            typename Pred = equal_to<key>,
            typename Allocator = allocator<pair<const key, value>>>
    classunordered_map;
    template   <typename key,
            typename value,
            typename Hash = hash<key>,
            typename Pred = equal_to<key>,
            typenameAllocator = allocator<pair<const key, value>>>
    classunordered_multimap;
```

无序集合、无序多重集合类模板第一参数类型是元素类型,可以是内置数据类型、类类型;第二参数类型是用于计算哈希函数的类型,缺省比较类型是 hash<T>,哈希函数的好坏直接影响哈希表操作的性能;第三参数类型用于比较两个元素是否相等;第四参数类型是分配器类型，绝大多数程序都使用缺省分配器即可。

　　无序集合容器与无序多重集合容器的差异在于：无序集合容器不允许元素相等，而无序多重集合容器允许相等元素存在。无序集合、无序多重集合容器的实现基于哈希表，查找、插入、删除元素操作成员函数的参数和返回值同样经常是迭代器，代表相关元素位置。

　　无序映射、无序多重映射类模板类似于无序集合、无序多重集合类模板，不同的是，无序集合、无序多重集合容器元素只包含一个部分，而无序映射、无序多重映射容器元素包含键和值两个部分，所以无序映射、无序多重映射类模板多了一个参数类型，第一参数类型是元素键类型，可以是内置数据类型、类类型；第二参数类型是元素值（value）类型，可以是内置数据类型、类类型，包括智能指针；第三参数、第四参数类型的作用与无序集合类模板第二参数、第三参数类型的作用相同；第五参数类型是分配器类型，需要分配元素的键和值对，即 pair＜const key，value＞，绝大多数程序都使用缺省分配器即可。

　　类似于无序集合类模板与无序多重集合类模板之间的差异，无序映射容器与无序多重映射容器之间的差异在于映射容器不允许相等键元素存在，而多重映射容器允许相等键的多个元素存在。

　　同样，如果无序映射、无序多重映射容器内元素的键和值完全相同的话，那么无序映射、无序多重映射容器就相当于无序集合、无序多重集合，也可以说，无序集合、无序多重集合容器内元素的键和值都是元素本身。顾名思义，无序集合、无序多重集合、无序映射、无序多重映射容器内元素都是无序的。多重集合、多重映射容器允许键相等的元素存在。

　　图 8.3 是 unordered_map、unordered_muitimap 内部结构图。当映射的键和值都是元素本身时，映射就相当于集合。无序容器查找、插入、删除时，先根据哈希函数 Hash＜key＞计算出给定键 k 对应入口地址，再在相关位置进行处理，因此，哈希函数非常关键。

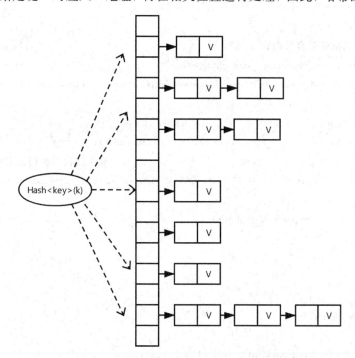

图 8.3　unordered_map、unordered_muitimap 内部结构

　　下面的简单样例修改自样例 Ex8.2，将容器类型从关联容器改为对应的无序关联容器，可以看出，无序关联容器和有序关联容器的使用方法基本一致，只是最后输出的容器内元素是无序的。

　　关于无序关联容器的更多知识，可在学习数据结构基础上参阅参考文献《C++标准库（第二版）》。

```cpp
//Ex8.3
1    #include <iostream>
2    #include <unordered_set>
3    #include <unordered_map>
4    using namespace std;
5
6    //输出容器内容
7    template <typename ContainerT>
8    void PrintContents (string title, const ContainerT &con, const char * delim = nullptr)
9    {
10       cout << title <<" : ";
11       for (auto it = con. begin (); it != con. end (); ++it)
12       {
13           cout << * it;                          //输出迭代器所指元素
14           if (delim)
15               cout << delim;
16       }
17     cout << endl;
18   }
19   //输出映射容器内容
20   template <typename MapContainerT>
21   void PrintMapContents (string title, const MapContainerT &map, const char * delim = "\n")
22   {
23       cout << title <<" : {"<< endl;
24       for (auto it = map. begin (); it != map. end (); ++it)
25       {                                          //输出迭代器所指元素键 key 和值 value
26           cout << '<' << it->first << ',' << it->second << '>';
27           if (delim)
28               cout << delim;
29       }
30       cout <<"}"<< endl;
31   }
32
33   int main ()
34   {
35       unordered_set<int> set1 {1,3,9,7,5};
36       unordered_multiset<int> multiSet1 {1,3,9,7,5};
```

```
37        unordered_map<int, string> newWords {{1, "hello"},{2, "world"},{3, "again"}};
38        unordered_ multimap < string, string > phoneBook {{ "wang", "13588xxxx80"},
{"zhang", "139xxxxx101"},{"li", "189xxxxx581"}};
39
40    //unordered_set 插入元素，相同元素不可插入
41        set1. insert (2);
42        set1. insert (5);
43        set1. insert (8);
44
45    //unordered_multiset 插入元素，相同元素可插入
46        multiSet1. insert (2);
47        multiSet1. insert (5);
48        multiSet1. insert (8);
49
50    //unordered_map 插入元素，相同 key 元素不可插入
51        newWords. insert(make_pair(2, "morning"));
52        newWords. insert(make_pair(4, "evening"));
53
54    //unordered_multimap 插入元素，相同 key 元素可插入
55        phoneBook. insert(make_pair("wang", "139xxxxx201"));
56        phoneBook. insert(make_pair("zhu", "159xxxxx303"));
57
58        PrintContents ("set1", set1, "\t");
59        PrintContents ("multiset1", multiSet1, "\t");
60        PrintMapContents ("newWords", newWords);
61        PrintMapContents ("phoneBook", phoneBook);
62    }
```

样例程序在不同编译器上每个容器内元素输出的顺序可能不同，可能输出结果如下：

```
set1 : 8        7        9        2        3        1        5
multiset1 : 8    7        9        2        3        1        5        5
newWords : {
    <4,evening>
    <3,again>
    <1,hello>
    <2,world>
}
phoneBook : {
    <zhu,159xxxxx303>
    <zhang,139xxxxx101>
    <wang,139xxxxx201>
    <wang,13588xxxx80>
    <li,189xxxxx581>
}
```

8.3　迭代器简介

迭代器(iterator)是泛型程序设计中的"指针",用于表示容器中确定的元素位置。通过迭代器可以访问不同位置对应的元素。通过操作迭代器可以使迭代器在容器内移动,用于遍历容器和操作容器。

STL 容器提供了统一的迭代器接口,基于迭代器接口,STL 泛型算法可以用于操作不同的容器。Ex8.1 中,PrintContents 泛型函数模板通过容器 con 的 begin、end 成员函数返回分别代表容器内元素开始位置和结束位置的迭代器,通过迭代器对象输出迭代器所在位置元素 * it,并通过++it 移动迭代器至下一元素位置,利用迭代器的!=操作作为循环条件,循环操作,直至结束位置。Ex8.2 中,PrintMapContents 泛型函数模板在获取迭代器后,利用迭代器的->操作,访问迭代器所指 map 中元素的键(it->first)和值(it-> second)。

可见,类似于指针,迭代器支持解引用运算(＊)和指针成员选择运算(->),迭代器还可进行==和!=比较运算,迭代器可进行先++和后++运算移动迭代器,迭代器 it 操作表示如下:

```
* it         //对 it 进行解引用,返回迭代器 it 指向的元素的引用
it->men      //对 it 进行解引用,获取指定元素中名为 men 的成员,等效于( * it). men
++it         //先++,副作用使其指向容器的下一个元素,返回迭代器新值
it++         //后++,副作用使其指向容器的下一个元素,返回迭代器老值
it1==it2     //比较两个迭代器是否相等
it1 !=it2    //比较两个迭代器是否不等
```

事实上,指向数组的指针就是特殊的迭代器。

根据迭代器作用不同、支持的操作不同,迭代器概念还可分为输入迭代器、输出迭代器、前向迭代器、双向迭代器和随机存取迭代器 5 个迭代器子概念,如图 8.4 所示。

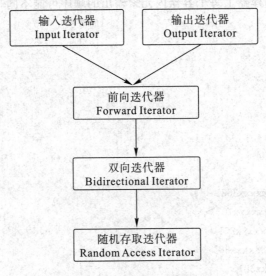

图 8.4　迭代器概念之间的关系

　　输入迭代器可用于输入；输出迭代器可用于输出；前向迭代器既是输入迭代器，也是输出迭代器，它可以通过自增运算向前移动；双向迭代器也是前向迭代器，它不但可以前向移动，也可以反向移动；随机存取迭代器也是双向迭代器，支持+n 和-n 运算，在容器范围内可随机移动，随机访问容器内元素。一般来说，容器类型决定它的迭代器接口提供的迭代器类型，所有的容器提供的迭代器都满足前向迭代器概念要求。forward_list 容器提供的是前向迭代器，像大多数 STL 容器一样，list 容器提供的是双向迭代器。vector 容器和 deque 容器提供的是随机存取迭代器，指向数组的指针是特殊的随机存取迭代器。

　　泛型程序设计中，经常用[begin, end)表示泛型算法操作的范围。其中，begin、end 都是迭代器，经过若干次++begin 运算后，必定满足 begin == end，否则就不是有效迭代器范围。注意，end 代表结束位置，访问 end 所指位置元素的结果很可能是无效的，具有与访问空指针所指元素同样的效果。Ex8.1 中，PrintContents 泛型函数模板内，容器 con 的 begin、end 成员函数返回分别代表容器内元素开始位置和结束位置的一对迭代器正是操作的范围，在此函数模板中，作为算法处理的输入，它们起到输入迭代器的作用。

　　关联容器和无序关联容器不可直接修改元素的键，必要时，需要用删除元素、插入元素来代替。输出迭代器用于算法的输出，"* it = 表达式"这样的使用中，给输出迭代器 it 所指位置元素赋值，此处 it 就是输出迭代器。需要注意的是，用作输出迭代器时，* it 所指位置必须存在，而且可赋值，例如：

```
vector<int> V1 (5), V2;
set <int> S1 {1, 3, 5};
auto   it1 = V1. begin ();
auto   it2 = V2. begin ();
auto   it3 = S2. begin ();
auto   it4 = V1. end ();
```

　　上述语句运行时建立了 5 个元素的向量 V1 和空向量 V2、3 个元素的集合 S1 以及 4 个迭代器对象。注意下述输出迭代器使用的有效性：

```
* it1 = 10;       //正确，将第一个元素修改为 10
* it2 = 10;       //语义错误，it2 也代表容器的实际结束位置，不可访问
// * it3 = 10;    //语法错，关联容器和无序关联容器不可修改键(key)
* it4 = 10;       //语义错误，it4 代表容器的结束位置，不可访问
```

STL 提供泛型 copy 算法，此算法需要输入迭代器、输出迭代器，使用时需包含头文件<algorithm>，等效实现如下：

```
template<class InputIterator, class OutputIterator>
OutputIterator copy (InputIterator first, InputIterator last, OutputIterator result)
{
    while (first!=last)
    {   * result = * first;
        ++result;
        ++first;
    }
    return result;
}
```

　　除了普通迭代器，C++标准模板库还定义了几种特殊的迭代器，如流迭代器、插入迭代器，定义在<iterator>头文件中。流迭代器分为输入流迭代器(istream_iterator)和输出流迭代器(ostream_iterator)，前者是输入迭代器，后者是输出迭代器。下述非常简单的样例程序Ex8.4建立了两个匿名的输入流迭代器，作为copy算法的输入范围；建立了匿名输出流迭代器，用于输出，每次元素输出后输出空格；程序调用copy算法将指定范围输入流输入的若干整数输出至输出流对象。

```
//Ex8.4
# include <iostream>
# include <iterator>
# include <algorithm>
using namespace std;

int main(void)
{
    copy(istream_iterator<int>(cin),istream_iterator<int>(),
        ostream_iterator<int>(cout, ""));
}
```

　　如在 Windows 系统下输入1 3 5 7 9，再在新行开始时，在按下"Ctrl"键的同时按下"Z"键，然后再输入回车模拟输入结束，则输出是1 3 5 7 9。

　　流迭代器需要指明输入、输出流对象和输入、输出元素类型。上述程序输入、输出的都是int类型。建立输入流迭代器时，如果没有指定输入流对象，则代表输入结束状态。

　　容器类型统一包含元素类型成员：typename ContainerT∷value_type，ostream_iterator<typename ContainerT∷value_type>(cout，delim)可建立用于输出容器元素的输出流迭代器，每个元素输出后输出 delim，此处关键字 typename 用于指明后续是类型名称。下述语句可输出 ContainerT 类型容器内所有元素：

```
copy(con.begin(), con.end (), ostream_iterator<typename ContainerT∷value_type>(cout,
delim));
```

　　上述语句可替代 Ex8.1 中的 PrintContents 泛型函数模板语句 13~17，当然，需要加上必要的头文件。

　　如果需要使用算法在容器中插入元素，则往往需要用到插入迭代器，STL 提供了inserter、back_inserter、front_inserter 三个函数，返回用于容器的插入迭代器，插入迭代器是一种输出迭代器。第一个函数需要将容器和容器内迭代器作为参数，用作输出迭代器输出时内部转换为调用容器的 insert 成员函数；第二、三两个函数使用时只需要将容器作为参数，用作输出迭代器输出时内部分别转换为调用容器的 push_front、push_back 成员函数，当然，可以这样使用的容器必须具备 push_front、push_back 成员函数。

　　下述样例 Ex8.5 调用 copy 算法从输入流输入若干整数，插入到链表容器 L 尾部，再调用 copy 算法将容器 L 内的元素输出至输出流对象。大家可以测试样例，并思考如果将样例里的 back_inserter 改为 front_inserter，结果将有什么变化？

```
//Ex8.5
# include <iostream>
```

```
# include <list>
# include <iterator>
# include <algorithm>
using namespace std;


int main(void)
{
    list<int> L;

    copy(istream_iterator<int>(cin), istream_iterator<int>(), back_inserter(L));

    copy(L. begin(), L. end(), ostream_iterator<int>(cout, ""));
    cout << endl;
}
```

8.4　函数对象简介

　　STL 中，很多泛型算法需要传递排序规则、查找规则等处理规则，使算法更灵活、更通用。例如，STL 提供了泛型 copy_if 算法，使用时需包含头文件＜algorithm＞，等效实现如下：

```
template <class InputIterator, class OutputIterator, class UnaryPredicate>
OutputIterator copy_if (InputIterator first, InputIterator last,
                        OutputIterator result, UnaryPredicate pred)
{
    while (first!=last)
    {
        if (pred( * first))
        {
            * result = * first;
            ++result;
        }
        ++first;
    }
    return result;
}
```

　　我们可以看出，算法中的对象 pred 可以像函数一样使用，用输入迭代器 first 所指元素作为实参，如果判断结果成立，则拷贝元素至输出迭代器。正如 copy_if 算法名字指出的那样，它与泛型 copy 算法将迭代器区间内所有元素拷贝至目标位置不同的是，它只将迭代器区间指定元素中符合条件的元素拷贝至目标位置。STL 泛型算法中类似情况很多，如 count 算法和 count_if 算法、find 算法和 find_if 算法。另外，像本章第 8.2 节介绍的有序关联容器和无序关联容器也需要传递比较规则、哈希函数、相等判断函数。这些泛型函数和泛型容器最后需要传递的对象可以像函数一样使用，这样的对象称为函数对象（function object)或仿函数(functor)。上述算法中的 pred 就是这样的函数对象或仿函数,它的类型 UnaryPredicate 只有一个元素作为参数,返回结果类型为 bool 类型,称为一元谓词;相应 的,如果函数对象具有两个元素作为参数,返回结果类型为 bool 类型,则这样的函数对象 的类型称为二元谓词。

8.4.1　函数和函数对象

重载了()运算符的类对象可以作为函数对象,普通的函数也可视作一种函数对象。

程序设计中,经常需要把数据保存在容器中,也经常需要从某些容器中找出符合要求 的所有数据,另存在其他容器中,在 STL 基础上,这样的要求很容易处理。下面样例 Ex8.6 建立了三个初始状态为空的整型容器:链表 L、向量 V、集合 S,利用 copy 算法和 输入迭代器、插入迭代器将输入的整数保存在容器 L 中,再利用 copy_if 算法将容器 L 中 保存的所有偶数拷贝至向量容器 V 中,此处用普通函数作为函数对象,接着利用 copy_if 算法将容器 L 中保存的所有偶数拷贝至集合容器 S 中,此处用匿名对象作为函数对象。

从样例 Ex8.6 中可以看出,内联函数也可作为函数对象,这样可以提高程序的运行速 度。类对象也可作为函数对象。类对象作为函数对象时,类必须重载()运算符,参数就是 STL 算法要处理的容器中的元素。利用类对象作为函数对象具有可记忆状态的优点,其不 足之处是需专门定义类或类模板。本章第 8.2 节容器类模板中用到的 less、hash、equal_to 就是 STL 中预定义的函数对象类模板。

可见,运用好 STL,程序具有结构清晰、可读性好、开发效率和运行效率高的优点。

```
//Ex8.6
1    #include <iostream>
2    #include <list>
3    #include <vector>
4    #include <set>
5    #include <iterator>
6    #include <algorithm>
7    using namespace std;
8
9    //一元谓词,判是否偶数
10   inline bool BeEven (int x);
11   class EvenPredicate
12   {
13   public:
14       bool operator () (int x) const
15       {
16           return x % 2 == 0;
17       }
18   };
19
20   int main(void)
21   {
```

```
22          list<int> L;
23          vector<int> V;
24          set<int> S;
25
26          copy(istream_iterator<int>(cin), istream_iterator<int>(), back_inserter(L));
27
28          copy(L. begin(), L. end(), ostream_iterator<int>(cout, ""));
29          cout << endl;
30          //将容器 L 中的所有偶数拷贝插入至向量 V 尾部
31          copy_if(L. begin(), L. end(), back_inserter(V), BeEven);
32          copy(V. begin(), V. end(), ostream_iterator<int>(cout, ""));
33          cout << endl;
34          //将容器 L 中的所有偶数拷贝插入至集合 S,集合不支持 push_back,不可使用 back
            _inserter
35          copy_if(L. begin(), L. end(), inserter(S, S. begin ()), EvenPredicate ());
36          copy(S. begin(), S. end(), ostream_iterator<int>(cout, ""));
37          cout << endl;
38      }
39
40      //一元谓词，判是否偶数
41      bool BeEven (int x)
42      {
43          return x % 2 == 0;
44      }
```

样例程序测试运行输入如下：

1 3 5 2 4 6 8 10 11 8

^Z

程序输出如下：

1 3 5 2 4 6 8 10 11 8
2 4 6 8 10 8
2 4 6 8 10

8.4.2　lambda 表达式简介

C++ 11提供了 lambda 函数进一步简化了函数对象的使用，如样例 Ex8.6 中，使用函数对象的语句 31、35，可改为使用 lambda 函数的如下对应语句：

```
copy_if(L. begin(), L. end(), back_inserter(V), [](int x) {return x % 2 == 0;});
copy_if(L. begin(), L. end(), inserter(S, S. begin ()), [](int x) {return x % 2 == 0;});
```

使用 lambda 函数后，无需原来样例中的 BeEven 函数和 EvenPredicate 类，大大简化了函数对象的使用，同时，函数对象的处理逻辑直接呈现在调用算法中，也有利于读者阅读程序。

lambda 函数也称为 lambda 表达式。编译器在编译 lambda 表达式时会自动产生 lambda

匿名类，并用此 lambda 匿名类的一个匿名对象替换 lambda 表达式。样例 Ex8.6 通过上述修改后，编译器编译时自动产生如下类似的 lambda 匿名类。

```
class lambda
{
public：
    bool operator () (int x) const
    {
        return x % 2 == 0;
    }
};
```

可以看出，编译器自动产生的 lambda 匿名类与样例 Ex8.6 中的 Evenpredicate 类基本一致，因此，上述修改在简化了程序的同时，可以达到样例 Ex8.6 原先同样的效果。

lambda 函数是可以定义在表达式内部的函数，以[]开始，以函数体定义结束，下述语句序列定义了 lambda 对象 l，再通过对象 l 调用函数。

```
auto l = [] ()
{
    cout <<"Hello, lambda"<<endl;
};
l(); //调用 lambda 函数
```

也可以在定义 lambda 函数时直接调用它，下述语句具有同样的输出：

```
[] ()
{
    cout <<"Hello, lambda"<<endl;
} ();
```

上述 lambda 函数是最简单的 lambda 函数形式，此函数不需要参数，返回值类型也由编译器推导出来，也没有访问外部数据。

lambda 函数的一般形式如下：

　　　[…]　{…}

或

　　　[…](…)mutable$_{opt}$ ->retType$_{opt}${…}

其中，lambda 函数开始的[…]表示捕捉外部数据的方式，稍后介绍，如果不需要访问外部数据，则用[ ]表示；最后部分是函数体，必不可少；(…)表示函数参数表，本小节开始的例子中就用来声明整型参数 x，如果没有参数表，则可以用()表示，在出现后面 mutable$_{opt}$ -> retType$_{opt}$ 可选部分时，也必须出现，没有后面的可选部分时也可以省略；mutable$_{opt}$ 部分是可选的，稍后介绍；->retType$_{opt}$ 部分也是可选的，可用于指明函数的返回值类型，而不用编译器根据 return 语句推导出来。

lambda 函数开始的[…]表示捕捉外部数据的方式，有传值和传引用两种方式，也可混合使用这两种方式：

[=]表示外部对象以传值方式传给 lambda 函数，lambda 函数内可以读取外部对象值，但不可修改它们，除非[…]后面有可选的 mutable 声明；

[&]表示外部对象以传引用方式传给 lambda 函数，lambda 函数内可以读取并修改外

部对象值。

　　上述两种方式也可以混用，[…]内可逐个指明对象传递方式，也可以指明总体传递方式和例外，如[x，&y]、[=，&y]、[&，x]在传递外部对象 x、y 时具有同样的效果，即传值方式传递 x，传引用方式传递 y。

　　例如，下面的样例 Ex8.7 中定义了两个 lambda 函数对象 f1、f2，对象内部都具有数据成员 x、y，建立函数对象时分别采用传值和引用方式传递，函数对象 f1、f2 内部的数据成员 x 建立时都是 1，建立后外部变量 x 的改变不影响 f1、f2 内部数据成员 x。无 mutable 修饰的 lambda 函数不可修改传值成员；用 mutable 修饰的 lambda 函数可修改传值成员。f2 内部数据成员 x 的改变也不影响外部变量 x。y 是外部变量 y 的引用，内部数据成员 y 和外部变量 y 是同一个变量。调用函数对象 f1、f2 时参数变量 z 的值都是 12。

```
//Ex8.7
1    #include <iostream>
2    using namespace std;
3
4    int main(void)
5    {
6        int  x = 1, y = 2, z = 3;
7        auto f1 = [x,&y](int z)
8        {
9            cout <<"x = "<< x <<",\t y = "<<  y <<",\t z= "<< z << endl;
10           //++ x;传值变量不可修改，除非用 mutable 修饰
11           ++ y;
12           ++ z;
13       };
14       auto f2 = [=,&y](int z) mutable
15       {
16           cout <<"x = "<< x <<",\t y = "<<  y <<",\t z= "<< z << endl;
17           ++ x; //mutable,传值变量可修改
18           ++ y;
19           ++ z;
20       };
21
22       x = 10;
23       y = 11;
24       z = 12;
25       f1(z);
26       f1(z);
27       cout <<"x = "<< x <<",\t y = "<<  y <<",\t z= "<< z << endl;
28       f2(z);
29       f2(z);
30       cout <<"x = "<< x <<",\t y = "<<  y <<",\t z= "<< z << endl;
31   }
```

执行程序后会产生下列输出：

```
x = 1,    y = 11,        z = 12
x = 1,    y = 12,        z = 12
x = 10,   y = 13,        z = 12
x = 1,    y = 13,        z = 12
x = 2,    y = 14,        z = 12
x = 10,   y = 15,        z = 12
```

lambda 函数对象本质上就是匿名函数对象，它大大简化了函数对象的应用。复杂的函数对象还是可以采用传统定义专门函数、对象类的方式实现。

8.5　STL 常用算法简介

STL 除了提供功能强大、使用方便的各类常用泛型容器类模板外，还提供了上百个经典的泛型通用算法。这些 STL 算法不以具体容器为参数，而是通过迭代器间接操作容器，同一个算法可适用于提供同样概念迭代器的多种类型容器，上节介绍的 copy、copy_if 算法就是其中常用的两个算法。STL 算法根据使用效果，主要分为只读容器元素算法、修改容器元素算法、重排容器元素算法和数值算法。STL 算法具有良好的命名规则，提高了使用 STL 算法程序的可读性。使用 STL 算法时，需要结合数据结构知识，选用合适的算法。在使用特定容器的成员函数比使用 STL 算法具有更高效率时，应该选用特定容器的成员函数。另外需要注意，迭代器就是泛型指针，正如链表改变时，指向原链表节点的指针可能失效一样，有些情况下，使用改变容器的 STL 算法或成员函数时，可能造成指向容器的原迭代器失效，继续使用失效的迭代器，结果很可能造成程序崩溃。STL 算法范围很广，本书不作全面讲述，本节为使读者对 STL 算法有初步认识，以几个常用 STL 算法为例，讲述 STL 算法的使用。如果想要学习较全面的 STL 算法知识，则还需查阅有关资料或书籍。使用 STL 算法时，需包含头文件<algorithm>。

8.5.1　for_each

STL for_each 算法调用函数对象对输入迭代器区间内的每个元素进行处理，等效实现如下：

```
template<class InputIterator, class Function>
Function for_each(InputIteratorfirst, InputIterator last, Function fn)
{
    while (first!=last)
    {
        fn ( * first);
        ++first;
    }
    return fn;
}
```

样例 Ex8.8 利用 copy_if 算法和插入迭代器，将数组容器内的奇数拷贝添加至向量容器 V 尾部；再利用 copy 算法和输出流迭代器，将向量容器内所有元素拷贝至输出流显示；再利用 for_each 算法将向量容器内所有元素变为原值的平方；最后，再输出改变后的向量容器内容。

程序中，begin（cont）、end(cont)是C++ 11新增辅助函数，分别用于返回容器 cont 的开始位置的迭代器、结束位置的迭代器，可同样适用于一般容器类对象和数组。

```
//Ex8.8
1   # include <iostream>
2   # include <vector>
3   # include <iterator>
4   # include <algorithm>
5   using namespace std;
6
7   int main()
8   {
9       int A[] = {1,2,3,4,5,7,9};
10      vector<int>   V;
11      //拷贝奇数至向量尾部插入，begin、end 可同样适用于容器对象和数组
12      copy_if (begin (A), end(A), back_inserter(V),
13              [] (int x) {return x % 2 ! = 0;});
14      //拷贝至输出流迭代器显示
15      copy (begin (V), end (V), ostream_iterator<int> (cout, "\t"));
16      cout << endl;
17      //针对向量容器内每个元素作平方运算
18      for_each (begin (V), end (V), [] (int &x) {x = x * x;});
19      //拷贝至输出流迭代器显示
20      copy (begin (V), end (V), ostream_iterator<int> (cout,"\t"));
21      cout << endl;
22  }
```

样例输出如下：
```
1       3       5       7       9
1       9       25      49      81
```

8.5.2　count 和 count_if

STL count 算法用于计算输入迭代器区间内与指定值相等的元素个数，此算法返回值类型来自萃取迭代器成员类型的 iterator_traits 类模板，基本等价于整型。该算法的等效实现如下：

```
template <class InputIterator, class T>
typename iterator_traits<InputIterator>::difference_type
count (InputIterator first, InputIterator last, const T& val)
{
    typename iterator_traits<InputIterator>::difference_type ret = 0;
    while (first!=last)
```

```
        {
            if ( * first == val) ++ret;
                ++first;
        }
        return ret;
    }
```

STL 还提供了与 count 算法作用类似的泛型 count_if 算法，用于计算输入迭代器区间内符合要求的元素个数，以一元谓词函数对象作为判断元素是否符合要求的依据。该算法的等效实现如下：

```
    template <class InputIterator, class UnaryPredicate>
    typename iterator_traits<InputIterator>::difference_type
    count_if(InputIterator first, InputIterator last, UnaryPredicate pred)
    {
        typename iterator_traits<InputIterator>::difference_type ret = 0;
        while (first!=last)
        {
            if (pred( * first)) ++ret;
            ++first;
        }
        return ret;
    }
```

样例 Ex8.9 建立了字符串向量容器；利用 copy 算法和输出流迭代器，将向量容器内所有字符串拷贝至输出流显示；再利用 count 算法计算向量容器内等于"Sea"的字符串个数，并输出结果；再利用 count_if 算法和 lambda 函数计算向量容器内以字母 S 开头的字符串个数，并输出结果。

```
//Ex8.9
1   #include <iostream>
2   #include <string>
3   #include <vector>
4   #include <iterator>
5   #include <algorithm>
6   using namespace std;
7
8   int main()
9   {
10    vector<string> namesVect {"She", "Sells","Sea","Shells","by","the", "Sea"};
11    namesVect. push_back ("shore");
12    string value("Sea");
13    copy (namesVect. begin(), namesVect. end (), ostream_iterator<string> (cout,
        "\t"));
14    cout<< endl;
15    size_t result1 = count(begin (namesVect), end (namesVect), value);
```

```
16        cout <<"Number of elements that match \"Sea\" = "<< result1 << endl;
17        size_t result2 = count_if (begin (namesVect), end (namesVect),
18               [] (const string &str) {return ! str. empty () && str [0] == 'S';});
19        cout <<"Number of elements that start with \'S\' = "<< result2 << endl;
20   }
```

样例输出如下：

```
She     SellsSea   Shells  by     the    Sea    shore
Number of elements that match "Sea" = 2
Number of elements that start with   'S' = 5
```

8.5.3　find 和 find_if

STL find 算法顺序查找输入迭代器区间内与指定值相等的首个元素。如果未找到，则算法返回结束位置的迭代器；如果找到，则算法返回首个符合要求的元素所在位置的迭代器。循环调用本算法可找出所有符合要求的元素。该算法的等效实现如下：

```
template<class InputIterator, class T>
InputIterator find (InputIterator first, InputIterator last, const T& val)
{
     while (first! = last)
     {
          if ( * first == val) return first;
          ++first;
     }
     return last;
}
```

STL 还提供了与 find 算法作用类似的泛型 find_if 算法，用于查找输入迭代器区间内符合要求的首个元素。如果未找到，则算法返回结束位置的迭代器；如果找到，则算法返回首个符合要求元素的迭代器。循环调用本算法可找出所有符合要求的元素。查找输入迭代器区间内符合要求的首个元素，以一元谓词函数对象作为判断元素是否符合查找要求的依据。该算法的等效实现如下：

```
template<class InputIterator, class UnaryPredicate>
InputIterator find_if (InputIterator first, InputIterator last, UnaryPredicate pred)
{
     while (first! = last)
     {
          if (pred( * first)) return first;
          ++first;
     }
     return last;
}
```

样例 Ex8.10 建立了字符串链表容器；利用 copy 算法和输出流迭代器，将链表容器内所有字符串拷贝至输出流显示；再循环利用 find 算法找出链表容器内所有值为字符串"Sea"的元素并输出；再循环利用 find_if 算法和 lambda 函数找出链表容器内所有以字母 S

开头的元素并输出。

如果容器内元素有序，则 STL 提供了更高效率的二分查找算法，有兴趣的读者可自己查阅有关资料。

```cpp
//Ex8.10
1   #include <iostream>
2   #include <string>
3   #include <list>
4   #include <iterator>
5   #include <algorithm>
6   using namespace std;
7
8   int main()
9   {
10      list<string> namesList {"She", "Sells","Sea","Shells","by","the", "Sea"};
11      namesList. push_back ("shore");
12      string value("Sea");
13       copy (namesList. begin (), namesList. end (), ostream_iterator<string>(cout,
            "\t"));
14      cout<< endl;
15      auto it =  begin (namesList);
16      while (true)
17      {
18          it = find (it, end (namesList), value);
19          if (it == end (namesList))
20              break;
21          cout << *it <<"\t";
22          ++it;
23      }
24      cout << endl;
25      it =  begin (namesList);
26      while (true)
27      {
28          it = find_if (it, end (namesList),
29                      [] (const string &str) {
30              return ! str. empty () && str [0] == 'S';});
31          if (it == end (namesList))
32              break;
33          cout << *it <<"\t";
34          ++it;
35      }
36      cout << endl;
37  }
```

样例输出如下：

She	Sells	Sea	Shells	by	the	Sea	shore
Sea	Sea						
She	Sells	Sea	Shells	Sea			

8.5.4　sort

　　STL sort 算法对随机迭代器指定区间内元素进行排序。sort 函数有两个版本，第一个版本依据元素小于运算 less<T>排序，第二个版本依据元素指定比较运算 comp 排序。comp 比较算法传入的两个元素，返回 bool 型比较结果。主要容器中，只有数组、vector、deque 容器的迭代器是随机迭代器，对于 list 容器，可使用成员函数 sort 对容器内元素进行排序，STL sort 算法保证平均时间复杂性为 $O(n * \log(n))$。

　　　　template <class RandomAccessIterator>

　　　　void sort (RandomAccessIterator first, RandomAccessIterator last);

　　　　template <class RandomAccessIterator, class Compare>

　　　　void sort (RandomAccessIterator first, RandomAccessIterator last, Compare comp);

　　下述样例建立了自定义对象双端队列容器；保存若干元素后输出双端队列容器内所有对象；将容器内对象按缺省对象递增顺序排列后，再输出双端队列容器内所有对象；再将容器内对象按指定对象递增顺序排列后，再输出双端队列容器内所有对象。

```
//Ex8.11
1    #include <iostream>
2    #include <algorithm>
3    #include <functional>
4    #include <deque>
5    using namespace std;
6
7    class CSample
8    {
9    public:
10       CSample(int a, int b) :first(a), second(b) {}
11       int first;
12       int second;
13       bool operator < (const CSample &m)const
14       {
15           return first < m.first || (first == m.first && second < m.second);
16       }
17   };
18
19   bool less_second(const CSample & m1, const CSample & m2)
20   {
21       return m1.second < m2.second || (m1.first < m2.first && m1.second ==
                                          m2.second);
```

```cpp
22  }
23
24  int main()
25  {
26      deque< CSample > dqCont;
27      for (int i = 0; i < 8; i++)
28      {
29          CSample my(8 - i, i * i - i * 2);
30          dqCont.push_back(my);
31      }
32      for (size_t i = 0; i < dqCont.size(); i++)
33          cout <<"("<< dqCont[i].first <<","<< dqCont[i].second <<")\n";
34
35      sort(dqCont.begin(), dqCont.end());
36
37      cout <<"after sorted by first:"<< endl;
38      for (size_t i = 0; i < dqCont.size(); i++)
39          cout <<"("<< dqCont[i].first <<","<< dqCont[i].second <<")\n";
40
41      sort(dqCont.begin(), dqCont.end(), less_second);   //本语句与下面语句效果相同
42      sort(dqCont.begin(), dqCont.end(),
43          [](const CSample &x, const CSample &y)
44      {
45          return x.second < y.second || (x.first < y.first && x.second == y.second);
46      });
47
48      cout <<"after sorted by second:"<< endl;
49      for (size_t i = 0; i < dqCont.size(); i++)
50          cout <<"("<< dqCont[i].first <<","<< dqCont[i].second <<")\n";
51  }
```

样例输出如下：

(8,0)

(7,-1)

(6,0)

(5,3)

(4,8)

(3,15)

(2,24)

(1,35)

after sorted by first：

(1,35)

(2,24)

(3,15)

(4,8)

(5,3)

(6,0)

(7,−1)

(8,0)

after sorted by second:

(7,−1)

(6,0)

(8,0)

(5,3)

(4,8)

(3,15)

(2,24)

(1,35).

8.5.5　transform

STL transform 算法有两个版本，版本 1 调用一元函数对象对输入迭代器区间内的每个元素进行加工处理后，版本 2 调用二元函数对象对两个输入迭代器区间内的每对元素进行加工处理后，将结果对象输出至输出迭代器。该算法的等效实现如下：

```
template <class InputIterator, class OutputIterator, class UnaryOperator>
OutputIteratortransform (InputIterator first1, InputIterator last1,
                    OutputIterator result, UnaryOperator op)
{
    while (first1 != last1)
    {
        * result++ = op( * first1++);
    }
    return result;
}
template <classInputIterator1, class InputIterator2,class OutputIterator, class BinaryOperator>
OutputIterator transform (InputIterator1 first1, InputIterator1 last1, InputIterator2 first2,
                    OutputIterator result, BinaryOperator op)
{
    while(first1 != last1)
    {
        * result++ = binary_op( * first1++, * first2++);
    }
    return result;
}
```

样例 Ex8.12 利用 copy_if 算法和插入迭代器，将数组容器内的奇数拷贝添加至向量容器 V 尾部；再利用 copy 算法和输出流迭代器，将向量容器内的所有元素拷贝至输出流显示；然后，利用 transform 算法版本 1 将向量容器内的每个元素平方后插入至链表容器尾部；再利用 transform 算法版本 2 将向量容器内的每个元素和链表容器内对应位置元素相加后，输出替换链表容器内原元素；最后，输出改变后的链表容器内容。

```
//Ex8.12
1   #include <iostream>
2   #include <vector>
3   #include <list>
4   #include <iterator>
5   #include <algorithm>
6   using namespace std;
7
8   int main()
9   {
10      int A[] = {1,2,3,4,5,7,9};
11      vector<int>  V;
12      //拷贝奇数至向量尾部插入，begin、end 可同样适用于容器对象和数组
13      copy_if (begin (A), end (A), back_inserter(V),
14              [] (int x) {return x % 2 != 0;});
15      //拷贝至输出流迭代器显示
16      copy (begin (V), end (V), ostream_iterator<int> (cout, "\t"));
17      cout << endl;
18      list<int>  L;
19      //将向量容器内的每个元素平方后插入链表容器尾部
20      transform (begin (V), end (V), back_inserter(L), [] (int x) {return x * x;});
21      //拷贝至输出流迭代器显示
22      copy (begin (L), end (L), ostream_iterator<int> (cout, "\t"));
23      cout << endl;
24      //将向量容器内的每个元素和链表容器内对应位置元素相加后，输出替换链表容器
          内的元素
25      transform (begin (V), end (V), begin (L), begin (L),
26              [] (int x, int y) {return x + y;});
27      //拷贝至输出流迭代器显示
28      copy (begin (L), end (L), ostream_iterator<int> (cout, "\t"));
29      cout << endl;
30  }
```

样例输出：

1	3	5	7	9
1	9	25	49	81
2	12	30	56	90

8.5.6   set_union、set_intersection 和 set_difference

STL set_union 算法、set_intersection 算法和 set_difference 算法对两个输入迭代器区间指定的递增排序元素组成的集合进行集合并、交、差运算，运算结果集元素通过输出迭

代器输出至相关容器。STL set_union 算法、set_intersection 算法和 set_difference 算法的时间复杂性均为 O（n）。它们的等效实现如下：

```
template <class InputIterator1, class InputIterator2, class OutputIterator>
OutputIterator set_union (InputIterator1 first1, InputIterator1 last1, InputIterator2 first2,
                InputIterator2 last2, OutputIterator result)
{
    while (true)
    {
        if (first1==last1) return std::copy(first2,last2,result);
        if (first2==last2) return std::copy(first1,last1,result);

        if ( * first1< * first2)
        {
            * result = * first1;
            ++first1;
        }
        else if ( * first2< * first1)
        {
            * result = * first2;
            ++first2;
        }
        else
        {
            * result = * first1;
            ++first1;
            ++first2;
        }
        ++result;
    }
}

template <class InputIterator1, class InputIterator2, class OutputIterator>
OutputIterator set_intersection (InputIterator1 first1, InputIterator1 last1, InputIterator2 first2,
                InputIterator2 last2, OutputIterator result)
{
    while (first1!=last1 && first2!=last2)
    {
        if ( * first1< * first2) ++first1;
        else if ( * first2< * first1) ++first2;
        else
        {
            * result = * first1;
            ++result;
            ++first1;
```

```
                ++first2;
            }
        }
    return result;
}
template <class InputIterator1, class InputIterator2, class OutputIterator>
OutputIterator set_difference (InputIterator1 first1, InputIterator1 last1, InputIterator2 first2,
                        InputIterator2 last2, OutputIterator result)
{
    while (first1!=last1 && first2!=last2)
    {
        if ( * first1< * first2)
        {   * result = * first1;
            ++result;
            ++first1;
        }
        else if ( * first2< * first1) ++first2;
        else
        {
            ++first1;
            ++first2;
        }
    }
    return std::copy(first1,last1,result);
}
```

下面将第三章集合运算样例 Ex3.1 进行了重新设计,集合类改为采用 STL list 容器存放元素,因此,样例里无需定义缺省构造函数和五个拷贝控制函数(拷贝构造、移动构造、复制赋值、移动赋值及析构函数),采用编译器合成版本即可。容器内元素始终保持递增,应用 STL 泛型算法实现集合的并、交、差运算和查找元素操作,插入元素和删除元素操作通过容器的成员函数实现。

```
//Ex8.13
1   # include <iostream>
2   # include <list>
3   # include <algorithm>
4   using namespace std;
5
6   class CSet
7   {
8   private:
9       list<int> m_elements; //递增次序保存集合元素
10  public:
11      //增加元素
```

```
12        bool Add(int x);
13        //显示集合
14        void Display();
15        //结果为 A、B 并集
16        CSet UnionBy(const CSet &rhs) const;
17        //结果为 A、B 交集
18        CSet IntersectionBy(const CSet &rhs) const;
19        //结果为 A、B 差集
20        CSet DifferentBy(const CSet &rhs) const;
21
22        //删除元素 x
23        bool Remove(int x);
24        //是否包含元素 x
25        bool In(int x);
26    };
27
28    //增加元素
29    bool CSet∷Add(int x)
30    {
31        auto it = this->m_elements.begin();
32        //顺序查找
33        while (it != this->m_elements.end() && x > *it)
34            ++it;
35        if (it != this->m_elements.end() && x == *it)
36            return false; //元素已在集合中
37        this->m_elements.insert(it, x);//将元素 x 插入 it 前
38        return true;
39    }
40
41    //显示集合
42    void CSet∷Display()
43    {
44        cout <<"{";
45        auto it = this->m_elements.begin();
46        if  (it != this->m_elements.end())
47        {
48            cout << *it; //逗号比元素少一个,第一个元素特殊处理
49            ++it;
50        }
51        for (; it != this->m_elements.end(); ++it)
52        {
53            cout <<","<< *it;
54        }
```

```
55          cout <<"}"<< endl;
56      }
57
58      //结果为 A、B 并集，效率为 O(m+n)
59      CSet CSet::UnionBy(const CSet &rhs) const
60      {
61          CSet  result;
62          set_union (this->m_elements. begin(), this->m_elements. end(),
63                     rhs. m_elements. begin(), rhs. m_elements. end(),
64                     back_inserter(result. m_elements));
65          return result;
66      }
67
68      //结果为 A、B 交集，效率为 O(m+n)
69      CSet CSet::IntersectionBy(const CSet &rhs) const
70      {
71          CSet  result;
72          set_intersection(this->m_elements. begin(), this->m_elements. end(),
73                           rhs. m_elements. begin(), rhs. m_elements. end(),
74                           back_inserter(result. m_elements));
75          return result;
76      }
77
78      //结果为 A、B 差集，效率为 O(m+n)
79      CSet CSet::DifferentBy(const CSet &rhs) const
80      {
81          CSet  result;
82          set_difference (this->m_elements. begin(), this->m_elements. end(),
83                          rhs. m_elements. begin(), rhs. m_elements. end(),
84                          back_inserter(result. m_elements));
85          return result;
86      }
87
88      //删除元素
89      bool CSet::Remove(int x)
90      {
91          auto it = this->m_elements. begin();
92          while (it != this->m_elements. end() && x > * it)
93          {
94              ++it;
95          }
96          if (it != this->m_elements. end() && x == * it)
97          {
```

```
 98            this->m_elements. erase(it);
 99            return true;
100        }
101        return false; //无此元素
102    }
103
104    //是否包含元素 x
105    bool CSet::In(int x)
106    {
107        auto it = find (this->m_elements. begin(), this->m_elements. end(), x);
108        return it! = this->m_elements. end();
109    }
110
111    int main()
112    {
113        CSet A, B, S, S2;
114        int i, m, n, x;
115        cin >> m >> n;
116
117        for (i = 0; i < m; i++)
118        {
119            cin >> x;
120            A. Add(x);
121        }
122        for (i = 0; i < n; i++)
123        {
124            cin >> x;
125            B. Add(x);
126        }
127        A. Display();
128        B. Display();
129
130
131        S = A. UnionBy(B);
132        S. Display();
133
134        S = A. IntersectionBy(B);
135        S. Display();
136
137        S = A. DifferentBy(B);
138        S. Display();
139    }
```

习 题 8

1. 编写程序，建立整型双端队列容器，从键盘上输入若干正整数，插入在双端队列容器开始位置，输出容器内所有元素，再将双端队列容器内所有素数拷贝至整型向量容器内，再输出整型向量容器内所有元素，要求使用函数对象。

2. 编写程序，建立整型向量容器，从键盘上输入若干正整数，添加在向量容器尾部，输出向量容器内所有元素，再将向量容器内所有素数拷贝至整型双端队列容器内，再输出整型双端队列容器内所有元素，要求使用 lambda 函数。

3. 编写程序，建立两个 forward_list 容器，输入若干整数，将其中的正整数插入第 1个容器，将负整数插入第 2 个容器，插入前和插入后容器内元素保持非递减次序，显示两个容器的所有内容。

4. 编写程序，建立链表容器，从键盘上输入若干正整数，保存在容器内，利用 STL 算法，分别统计容器内值为 0 的元素个数和素数个数。

5. 编写程序，建立字符串 multiset 容器，从键盘上输入若干字符串，保存在容器内，统计容器内长度大于 3 的字符串个数。

6. 编写程序，建立字符串 set 容器和字符串向量，从键盘上输入若干字符串，保存在容器内，再将以英文字母开头的字符串拷贝至字符串向量内，最后输出字符串向量内容。

附录 A   C++运算符优先级、结合性和可重载性

一个 C++表达式中可能包含多个由不同运算符连接起来的、具有不同数据类型的数据对象。当表达式中含多种运算时，不同的运算顺序可能得出不同甚至错误的结果，必须按一定顺序进行运算，才能保证运算的合理性和结果的正确性、唯一性。

下表中运算符优先级从上到下依次递减，最上面的具有最高的优先级 1，逗号操作符具有最低的优先级 18。计算表达式时，运算次序取决于表达式中各种运算符的优先级和结合性，C++规定，优先级高的运算符先运算，优先级低的运算符后运算；优先级相同的运算，左结合时，按自左向右顺序进行运算，右结合时，按自右向左顺序进行运算。因为大部分 C++运算符是左结合和可重载的，所以表中仅特别标识出了右结合的运算符和不可重载的运算符。

C++运算符优先级和结合性表

优先级	运算符	名称或含义	结合性	可重载性
1	::	作用域界定符		否
2	++ --	后缀自增/后缀自减		
	()	括号，函数调用		
	[]	下标		
	.	对象成员选择		否
	->	指针成员选择		
	static_cast	静态类型转换		否
	dynamic_cast	动态类型转换		否
	const_cast	const 属性转换		否
	reinterpret_cast	特殊类型转换		否
	typeid	获取类型对象		否
3	++ --	前缀自增/前缀自减		
	+ -	正/负		
	! ~	逻辑非/按位取反		
	（type）	C 形式强制类型转换	自右向左	
	*	解引用，指针所指对象的引用		
	&	取地址		

优先级	运算符	名称或含义	结合性	可重载性
3	sizeof	返回所需存储单元字节数	否	
	new　new[]	动态内存分配/动态数组内存分配		
	delete　delete[]	动态内存释放/动态数组内存释放		
4	.*	类对象成员指针解引用,如 obj. * m_p =10;	否	
	->*	指针所指对象成员指针解引用,如 p->* m_p =10;		
5	*　/　%	乘法/除法/取余		
6	+　-	加/减		
7	<<　>>	位左移/位右移		
8	<　<=	小于/小于等于		
	>　>=	大于/大于等于		
9	==　!=	等于/不等于		
10	&	按位与		
11	^	按位异或		
12	|	按位或		
13	&&	与运算		
14	||	或运算		
15	?:	三目条件运算符	自右向左	否
16	=	赋值	自右向左	
	+=　-=	相加后赋值/相减后赋值		
	*=　/=　%=	相乘后赋值/相除后赋值/取余后赋值		
	<<=　>>=	位左移赋值/位右移赋值		
	&=　^=　|=	位与运算后赋值/位异或运算后赋值/位或运算后赋值		
17	throw	抛出异常		否
18	,	逗号		

附录 B　STL 常用容器的常用接口介绍

本书常用的 C++ STL 典型容器有向量(vector)、双端队列(deque)、链表(list)、前向链表(forward_list),常用容器适配器有栈(stack)和队列(queue),另外还有作为特殊字符容器的字符串类 string。STL 以类模板形式提供上述容器和容器适配器,每个容器和容器适配器都可存放若干相同类型的元素对象,元素类型 T 可以是内置数据类型、指针类型、类类型,包括智能指针,甚至也可以是容器类型。

一、容器的公共特性

下面假设 ContT 为容器类模板名称、T 为元素类型,模板类容器 ContT<T>都具备下述接口函数。

(1) 无参构造函数 ContT ();——构造一个状态为空的容器。例如:

```
deque<string>   dq;  //创建元素类型为字符串的空双端队列容器 dq
vector<int>   V;  //创建元素类型为整型的空向量容器 V
```

(2) 利用列表初始化的构造函数 ContT (initializer_list<T>);——构造一个状态非空的容器,初始元素包括列表初始化中所有元素。initializer_list 是 C++ 11 提供的类模板,包含 begin、end、size 成员函数,std::initializer_list<T>类型对象是一个访问 const T 类型对象数组的轻量代理对象,传值和传常引用效果基本相同,主要用于容器初始化和函数参数传递。例如:

```
list<string>   L {"hello","again","some"}; //创建字符串链表容器 L,初始包含 3 个字符串
vector<int>   V {10,2,5,6};  //创建整型向量容器 V,初始包含表中 4 个整数
```

(3) 利用迭代器的构造函数 ContT (InputIterator first, InputIterator last);——构造一个容器,初始元素包括输入迭代器区间内所有迭代器所指元素。例如:

```
int   A[] = {1,3,5};
vector<int>   V (begin (A), end (A));//创建整型向量容器 V,初始包含数组 A 的所有元素
```

(4) 析构函数~ContT ();——执行每个元素的析构函数,并释放容器本身占有的空间。

(5) 拷贝构造函数 ContT (const ContT &rhs);——拷贝构造一个新容器,rhs 容器内所有的元素拷贝至新容器,rhs 容器不变。例如:

```
list<string>   L {"hello","again","some"}; //创建字符串链表容器 L,初始包含 3 个字符串
list<string>   L2 (L); //创建字符串链表容器 L2,初始状态与 L 相同
```

(6) 移动构造函数 ContT (ContT &&rhs);——移动构造一个新容器,rhs 容器内所有的元素移动至新容器,rhs 容器内容失效。例如:

```
list<string>   L {"hello","gain","some"}; //创建字符串链表容器 L,初始包含 3 个字符串
list<string>   L2 (std::move (L)); //创建字符串链表容器 L2,元素移自容器 L,L 失效
```

(7) 复制赋值 ContT& operator = (const ContT &rhs);——给原容器复制赋值,包

括被赋值容器清空以及 rhs 容器内所有的元素拷贝至被赋值容器，rhs 容器不变。例如：

　　　list<string>　L{"hello", "again", "some"}; //创建字符串链表容器 L，初始包含 3 个字符串
　　　list<string>　L2; //创建空的字符串链表容器 L2
　　　L2 = L; //L2 状态与 L 相同

（8）移动赋值 ContT& operator = (ContT &&rhs); ——给原容器移动赋值，包括被赋值容器清空以及 rhs 容器内所有的元素移动至被赋值容器，rhs 容器内容失效。例如：

　　　list<string>　L{"hello", "again", "some"}; //创建字符串链表容器 L，初始包含 3 个字符串
　　　list<string>　L2; //创建空的字符串链表容器 L2
　　　L2 = std::move(L); //L2 包含原 L 所有元素，容器 L 失效

（9）判空 bool empty () const; ——判容器内是否包含元素。例如：

　　　deque<string>　dq; //创建元素类型为字符串的空双端队列容器 dq
　　　while (!dq.empty ()){//容器 dp 非空时循环
　　　　　//省略若干语句
　　　}

（10）返回容器内元素个数 size_t size () const; ——返回容器内包含的元素个数。例如：

　　　list<string>　L{"hello", "again", "some"}; //创建字符串链表容器 L，初始包含 3 个字符串
　　　cout << L.size (); //输出容器内元素个数 3

（11）容器清空 void clear (); ——执行每个元素的析构函数，容器清空。例如：

　　　list<string>　L{"hello", "again", "some"}; //创建字符串链表容器 L，初始包含 3 个字符串
　　　L.clear ();
　　　assert (L.empty ()); //断言容器 L 必定为空，需包含头文件<cassert>

（12）返回容器内开始位置的迭代器和结束位置的迭代器。

　　　ContT<T>::iterator begin ();
　　　ContT<T>::iterator end ();

　　分别返回容器内开始位置的迭代器和结束位置的迭代器。结束位置的迭代器代表容器内结束位置，不指向容器内元素。当所需迭代器不改变所指元素时，建议使用C++ 11新增的两个返回容器常量迭代器的成员函数：

　　　ContT<T>::const_iterator cbegin ();
　　　ContT<T>::const_iterator cend ();
　　　deque<string> dq; //创建元素类型为字符串的空双端队列容器 dq
　　　…//省略若干语句
　　　//遍历输出容器内所有元素
　　　for (auto it = dq.cbegin (); it != dq.cend(); ++it) {
　　　　　cout << * it << endl;
　　　}

（13）删除容器内迭代器或迭代器区间所指元素，返回原删除元素位置后的迭代器。

　　　iterator erase (const_iterator position);
　　　iterator erase (const_iterator first, const_iterator last);

　　前者删除迭代器所指元素，后者删除迭代器区间所指所有元素。不同容器执行本函数有不同效率。前向链表容器不支持本成员函数，用作用相近的 erase_after 成员函数代替。

例如：

　　list<string>　L｛"hello"，"again"，"some"｝；//创建字符串链表容器 L，初始包含 3 个字符串
　　L. erase（L. begin（））；　　　　//删除非空容器的第一个元素
　　L. erase（L. begin（），L. end（））；//删除所有元素

栈和队列作为容器适配器，也具备上述容器具备的绝大部分功能，clear、列表初始化构造和迭代器相关功能除外；字符串（string）类可以看作字符容器，也具备上述容器具备的绝大部分功能。

二、常用接口函数

除上述公共特性外，各常用容器、容器适配器还具备下述各自特有的常用接口函数。

1. 向量（vector）容器

向量容器内所有元素连续存放，向量尾部插入、删除元素效率极高，其他位置插入、删除元素效率较低，向量容器提供的迭代器是随机迭代器。除具有所有容器共有的接口函数外，向量主要具有下述接口函数：

1）构造函数

　　vector（size_t n, const value_type& val = value_type（））；

构造具有 n 个元素的向量容器，每个元素的值都为 val。没有指定 val 参数时，类类型 val 按无参构造，内置数据类型无参构造时，内部统一置为 0。例如：

　　vector<int>　V（10）；　//向量 V 内有 10 个整型元素，每个元素的值都为 0
　　vector<string>　VS（n）；　//向量 VS 内有 n 个字符串元素，n 为正整数变量

2）下标运算符重载

　　T & operator［］（size_t i）；　//下标运算符重载一
　　constT & operator［］（size_t i）const；//下标运算符重载二

上述两个接口函数都返回向量内下标为 i 元素的引用，下标 i 从 0 开始，到 size（）－1 为止，下标 i 必须有效，如果无效，则程序的行为不确定。两个接口函数的差异在于前者可作为左值，改变指定元素，后者可引用元素，但不可改变该元素。例如：

　　vector<int>　V（10）；　//向量 V 内有 10 个整型元素，每个元素的值都为 0
　　V［5］＝6；　　　　//引用作为左值
　　cout<< V［5］；　　　　//引用作为右值

3）通过下标访问元素

　　T & at（size_t　i）；//通过下标访问元素重载一
　　const T & at（size_t　i）const；//通过下标访问元素重载二

上述两个接口函数都返回向量内下标为 i 元素的引用，有效下标 i 从 0 开始，到 size（）－1 为止。at 成员函数与下标运算符重载的差异在于下标运算符重载必须保证下标 i 有效，而 at 成员函数检查下标 i 是否有效，如果有效，则效果等同于下标运算符重载，如果下标 i 无效，则函数抛出 out_of_range 异常。两个接口函数重载版本的差异在于前者可作为左值，改变指定元素，后者可引用元素，但不可改变该元素。例如：

　　vector<int>　V（10）；　//向量 V 内有 10 个整型元素，每个元素的值均为 0
　　V. at（5）＝6；　　　　//引用作为左值
　　cout << V. at（5）；　　//引用作为右值

```
V. at (100);                  //引发异常
```
4）向量尾部添加元素
```
void push_back (const T & val); //拷贝版本
void push_back (T && val);      //移动版本
```
上述两个接口函数都在向量尾部添加新元素。它们的差异在于前者添加的是元素对象的拷贝；后者添加的是元素对象的移动版，原 val 对象失效。例如：
```
vector<int>  V (10);    //向量 V 内有 10 个整型元素，每个元素的值都为 0
V. push_back (100);     //向量尾部多一个元素
```
5）返回非空向量尾部元素引用
```
T & back();
const T & back() const;
```
向量必须非空才能进行 back 操作，返回向量尾部元素引用。前者可修改向量尾部元素，后者用于获取向量尾部元素，对空向量进行 back 操作属于未定义行为。

6）删除非空向量尾部元素
```
void pop_back ();
```
只有非空向量才能进行 pop_back 操作。

7）保留向量至少可容纳 newSize 个元素的内存空间
```
void reserve(size_t   newSize);
```
上述接口函数主要用于在可预测向量大小时保留向量内部空间，避免 push_back 操作时引发频繁的内存重新分配，不影响容器内实际存放的元素，成员函数 size()返回值不变。当需要大量回收空余内存时，可调用成员函数 shrink_to_fit。例如：
```
vector<int>  V ;        //向量 V 为空
V. resever (100);       //保留向量 V 可以容纳 100 个元素的内存空间
for (size_t i = 0; i < 100; ++i) {
    V. push_back (i); //现在向量内部空间充足，内部不会发生搬家
}
```
8）改变向量元素个数
```
void resize (size_t   newSize);
```
不同于 reserve 只改变向量内部空间，接口函数 resize 可以改变向量内元素个数，调用该函数后，成员函数 size()返回值为 newSize。newSize 比原向量内元素个数大时，在向量尾部添加若干元素，新增元素采用无参构造；newSize 比原向量内元素个数小时，删除向量尾部若干元素，删除的若干元素对象均正常析构。例如：
```
vector<int>   V ;       //向量 V 为空
V. resize(100);         //现在向量 V 包含 100 个元素
for (size_t i = 0; i < 100; ++i) {
    V[i] = i;           //改变向量内元素
}
```

2. 双端队列(deque)容器

双端队列容器内所有元素分多段存放，段间不连续、段内元素连续存放。双端队列容器的特性与向量容器的特性在很大程度上存在相似性，两者都支持通过下标随机高效率地

访问容器内元素。双端队列容器提供的迭代器也是随机迭代器。双端队列插入、删除元素宜在两端进行，其他位置插入、删除元素效率较低。除具有所有容器共有的接口函数外，双端队列主要具有下述接口函数：

1）构造函数

deque (size_t n, const value_type& val = value_type());

构造具有 n 个元素的双端队列容器，每个元素的值都为 val。没有指定 val 参数时，类类型 val 按无参构造，内置数据类型无参构造时，内部统一置为 0。例如：

deque<int>　DQ (10);　　//双端队列 DQ 内有 10 个整型元素，每个元素的值都为 0

deque<string>　DQS (n);　//双端队列 DQS 内有 n 个字符串，每个字符串元素都为空串

2）下标运算符重载

T & operator [] (size_t i);　//下标运算符重载一

const T & operator [] (size_t i) const;　//下标运算符重载二

上述两个接口函数都返回双端队列内下标为 i 元素的引用，下标 i 从 0 开始，到 size()−1 为止，必须有效，如果下标 i 无效，则程序的行为不确定。两个接口函数的差异在于前者可作为左值，改变指定元素，后者可引用元素，但不可改变该元素。例如：

deque<int>　DQ (10);　//双端队列 DQ 内有 10 个整型元素，每个元素的值都为 0

DQ [5] = 6;　　　　　//下标引用作为左值

cout << DQ [5];　　　//下标引用作为右值

3）通过下标访问元素

T & at (size_t i);　　　　　//通过下标访问元素重载一

const T & at (size_t i) const;　　　//通过下标访问元素重载二

上述两个接口函数都返回双端队列内下标为 i 元素的引用，有效下标 i 从 0 开始，到 size()−1 为止。at 成员函数与下标运算符重载的差异在于下标运算符重载必须保证下标 i 有效，而 at 成员函数检查下标 i 是否有效，如果下标 i 有效，则效果等同于下标运算符重载，如果无效，则函数抛出 out_of_range 异常。两个接口函数重载版本的差异在于前者可作为左值，改变指定元素，后者可引用元素，但不可改变该元素。例如：

deque<int>　DQ (10);　//双端队列 DQ 内有 10 个整型元素，每个元素的值都为 0

DQ. at (5) =6;　　　　//引用作为左值

cout << DQ. at (5);　　//引用作为右值

DQ. at (100);　　　　　//引发异常

4）双端队列尾部添加元素

void push_back (const T & val);　//拷贝版本

void push_back (T && val);　　　//移动版本

上述两个接口函数都在双端队列尾部添加新元素。它们的差异在于前者添加元素对象的拷贝；后者添加元素对象的移动版，原元素对象失效。例如：

deque<int>　DQ (10);　//双端队列 DQ 内有 10 个整型元素，每个元素的值都为 0

DQ . push_back (100);　　//双端队列尾部多一个元素

5）返回非空双端队列尾部元素

T & back();

const T & back() const;

双端队列必须非空才能进行 back 操作，返回双端队列尾部元素引用。前者可修改双

端队列尾部元素，后者用于获取双端队列尾部元素。对空双端队列进行 back 操作属于未定义行为。

6）删除非空双端队列尾部元素

　　void pop_back ();

双端队列必须非空才能进行 pop_back 操作。

7）双端队列首部添加元素

　　void push_front (const T & val);　　//拷贝版本

　　void push_front (T && val);　　　　//移动版本

上述两个接口函数都在双端队列首部添加新元素。它们的差异在于前者添加的是元素对象的拷贝；后者添加的是元素对象的移动版，原元素对象失效。例如：

　　deque<int>　　DQ (10);　　　　//双端队列 DQ 内有 10 个整型元素，每个元素的值都为 0

　　DQ . push_front (100);　　　　//双端队列首部多一个元素

8）返回非空双端队列首部元素

　　T & front ();

　　const T & front () const;

双端队列必须非空才能进行 front 操作，返回双端队列首部元素引用。前者可修改双端队列首部元素，后者用于获取双端队列首部元素。对空双端队列进行 front 操作属于未定义行为。

9）删除非空双端队列首部元素

　　void pop_front ();

双端队列必须非空才能进行 pop_front 操作。

10）改变双端队列元素个数

　　void resize (size_t　　newSize);

不同于 reserve 只改变双端队列内部空间，接口函数 resize 可以改变双端队列内元素个数，调用该函数后，成员函数 size() 返回值为 newSize。newSize 比原双端队列内元素个数大时，在双端队列尾部添加若干元素，新增元素采用无参构造；newSize 比原双端队列内元素个数小时，删除双端队列尾部若干元素，删除的若干元素对象均正常析构。例如：

　　deque<int>　　DQ ;　　　//双端队列 DQ 为空

　　DQ. resize (100);　　　　//现在双端队列 DQ 包含 100 个元素

　　for (size_t i = 0; i < 100; ++i) {

　　　　DQ[i] = i;　　　　//改变双端队列内元素

　　}

3. 链表（list）容器

与向量容器、双端队列容器内元素基本连续存放不同，链表容器内部采用双向链表形式管理，不支持通过下标随机访问容器内元素，一般每个节点存放一个元素，链表容器提供的迭代器是双向迭代器。除具有所有容器共有的接口函数外，链表主要具有下述接口函数：

1）链表尾部添加元素

　　void push_back (const T & val);　　//拷贝版本

　　void push_back (T && val);　　　　//移动版本

上述两个接口函数都在链表尾部添加新元素。它们的差异在于前者添加元素对象的拷贝；后者添加元素对象的移动版，原元素对象失效。例如：

```
list<int>  lst;          //建立空链表 lst
lst. push_back (1);      //链表尾部多一个元素
lst. push_back (3);      //链表元素(1, 3)
lst. push_back (5);      //链表元素(1, 3, 5)
```

2）返回非空链表尾部元素

```
T & back();
const T & back() const;
```

链表必须非空才能进行 back 操作，返回链表尾部元素引用。前者可修改链表尾部元素，后者用于获取链表尾部元素。对空链表进行 back 操作属于未定义行为。

3）删除非空链表尾部元素

```
void pop_back ();
```

链表必须非空才能进行 pop_back 操作。

4）链表首部添加元素

```
void push_front (const T & val);   //拷贝版本
void push_front (T && val);        //移动版本
```

上述两个接口函数都在链表首部添加新元素。它们的差异在于前者添加元素对象的拷贝；后者添加元素对象的移动版，原元素对象失效。例如：

```
list<int>  lst;          //建立空链表 lst
lst. push_front (1);     //链表首部多一个元素
lst. push_front (3);     //链表元素(3,1)
lst. push_front (5);     //链表元素(5, 3, 1)
```

5）返回非空链表首部元素

```
T & front ();
const T & front () const;
```

链表必须非空才能进行 front 操作，返回链表首部元素引用。前者可修改链表首部元素，后者用于获取链表首部元素。对空链表进行 front 操作属于未定义行为。

6）删除非空链表首部元素

```
void pop_front ();
```

链表必须非空才能进行 pop_front 操作。

7）任意位置插入元素 insert

```
iterator insert (const_iterator position, const T & val);
iterator insert (const_iterator position, T && val);
template <class InputIterator>
iterator insert(const_iterator position, InputIterator first, InputIterator last);
```

链表不仅可在首尾两端快速添加元素，还可在链表任意位置快速插入元素。上述三个接口函数在链表迭代器 position 位置前插入元素或迭代器区间指定的元素集，返回首个新插入元素位置的迭代器。它们的差异在于第一个版本插入元素对象的拷贝；中间版本插入元素对象的移动版，原元素对象失效；最后一个版本插入迭代器区间段指定的所有元素。例如：

```
    int   A [] = {2, 4, 6 ,8, 10};
    list<int>   lst;                               //建立空链表 lst
    lst. insert (lst. end (), begin(A), end(A));    //链表尾部插入数组 A 的所有元素
    lst. insert (lst. begin(), 1);                  //链表首部插入1
    lst. insert (lst. end(), 3);                    //链表尾部插入3
    auto it = find (lst. begin(), lst. end(), 6);   //查找 6
    lst. insert(it, 5);                             //在 6 前插入5
    //显示1      2      4      5      6      8      10      3
    copy (begin (lst), end (lst), ostream_iterator<int> (cout, "\t"));
    cout << endl;
```

8）任意位置删除元素

```
    void remove (const T& val);
    template <class Predicate>
    void remove_if (Predicate pred);
```

　　链表不仅可在任意位置快速插入元素，还可利用 find、find_if 算法查找特定元素或满足条件的元素，此外，链表还提供删除元素的成员函数。上述两个接口函数都用于删除链表里的元素，它们的差异在于前一个版本删除与指定值相等的元素，后一个版本删除满足条件的元素，条件通过一元谓词表达，具体可参考转移元素例子。

　　9）链表内或链表间转移元素

```
    void splice (iterator position, list& x);
    void splice (iterator position, list& x, iterator it);
    void splice (iteratorposition, list& x, iterator first, iterator last);
```

　　上述三个接口函数支持在一个链表内或在两个同类型链表间转移元素，包括元素所在节点，转移过程中元素对象本身不会构造或析构。第一个版本将容器 x 内所有元素转移至链表容器的迭代器 position 所指位置前；中间版本将容器 x 中迭代器 it 所指元素转移至当前链表容器的迭代器 position 所指位置前；最后一个版本将容器 x 内迭代器区间[first, last)所指定元素转移至当前链表容器的迭代器 position 所指位置前。后两个版本的链表容器 x 可以是当前链表容器。例如：

```
    # include <iostream>
    # include <list>
    # include <iterator>
    # include <algorithm>
    using namespace std;

    int main ()
    {
        std::list<int> lst1, lst2;

        //设置初始元素
        for (int i=0; i<5; ++i)
            lst1. push_back(i);           // lst1: 0 1 2 3 4
```

```
    for (int i=0; i<3; ++i)
        lst2. push_back(i * 10);          // lst2：0 10 20

    auto it = lst1. begin();
    ++it;                                 //指向元素 1

    lst1. splice (it, lst2);              // lst1：0 0 10 20 1 2 3 4
                                          // lst2：空
                                          // it 指向 1 不变

    lst2. splice (lst2. begin(),lst1, it);
    // lst1：0 0 10 20 2 3 4
    // lst2：1
    // it 失效
    it = lst1. begin();
    ++it; ++ it;            // it 指向 10

    lst1. splice ( lst1. begin(), lst1, it, lst1. end());
    // lst1：10 20 2 3 4 0 0
    lst1. remove (3); //删除 3
    lst1. remove_if([] (int x) {return x > 0 && x % 5 == 0;});
                                          //删除所有是 5 的倍数的正整数

    //拷贝至输出流迭代器显示
    std::cout <<"lst1 contains：";
    copy (begin (lst1), end (lst1), ostream_iterator<int> (cout, ""));
    cout << endl;

    std::cout <<"lst2 contains：";
    copy (begin (lst2), end (lst2), ostream_iterator<int> (cout, ""));
    cout << endl;
}
```
样例输出如下：
```
lst1 contains：2 4 0 0
lst2 contains：1
```

4. 前向链表(forward_list)容器

前向链表容器与链表容器高度相似，它是C++ 11新增容器，内部以单链表形式管理，简称为单链表容器，一般每个节点包含一个元素，不支持通过下标随机访问容器内元素。前向容器提供的迭代器是单向迭代器，涉及修改前向链表内容的操作，一般需要前面位置的迭代器作为参数，成员函数名称带_after后缀。除具有所有容器共有的接口函数外，前向链表主要具有下述接口函数：

1) 单链表首部添加元素

```
void push_front (const T & val);    //拷贝版本
void push_front (T && val);         //移动版本
```

上述两个接口函数都在单链表首部添加新元素。它们的差异在于前者添加的是元素对象的拷贝；后者添加的是元素对象的移动版，原元素对象失效。例如：

```
forward_list<int>  lst;         //建立空单链表 lst
lst. push_front(1);             //单链表首部多一个元素
lst. push_front(3);             //单链表元素(3，1)
lst. push_front(5);             //单链表元素(5，3，1)
```

2) 返回非空单链表首部元素

```
T & front ();
constT & front () const;
```

单链表必须非空才能进行 front 操作，返回单链表首部元素引用。前者可修改单链表首部元素，后者用于获取单链表首部元素。对空单链表进行 front 操作属于未定义行为。

3) 删除非空单链表首部元素

```
void pop_front ();
```

单链表必须非空才能进行 pop_front 操作。

4) 迭代器所指位置后插入元素 insert_after

```
iterator insert_after (const_iterator position, const T & val);
iterator insert_after (const_iterator position, T && val);
template <class InputIterator>
iterator insert_after (const_iterator position, InputIterator first, InputIterator last);
```

单链表不仅可在首部快速添加元素，还可在单链表所指位置后快速插入元素。上述三个接口函数都在单链表迭代器 position 位置后插入元素或元素集，返回最后新插入元素位置的迭代器；没有插入元素时返回原迭代器 position。三者的差异在于第一个版本插入元素对象的拷贝；中间版本插入元素对象的移动版，原元素对象失效；最后一个版本插入迭代器区间指定的所有元素。前向单链表提供了成员函数 before_begin 用于配合本成员函数在单链表最前位置插入元素。例如：

```
#include <iostream>
#include <forward_list>
#include <iterator>
#include <algorithm>
using namespace std;

int main ()
{
    int  A[] = {2, 4, 6 ,8, 10};
    forward_list<int>  lst;                      //建立空单链表 lst
    lst. insert_after (lst. before_begin() , begin(A), end(A)); //(2,4,5,6,10)
    lst. insert_after (lst. begin(), 1);         //(2,1,4,5,6,10)
    auto it = find (lst. begin(), lst. end(),6);  //查找 6
```

```
        if (it != lst. end ())
            lst. insert_after(it, 5);                //在 6 后插入 5,(2,4,6,5,10)
        //拷贝至输出流迭代器，显示
        copy (begin (lst), end (lst), ostream_iterator<int> (cout, "\t"));
        cout << endl;
    }
```

5) 删除元素

```
void remove (constT& val);
template <class Predicate>
void remove_if (Predicate pred);
```

单链表不仅可在任意位置快速插入元素，还可利用 find、find_if 算法查找特定元素或满足条件的元素，此外，单链表还提供删除元素的成员函数。上述两个接口函数都用于删除单链表里的元素，它们的差异在于前一个版本删除与指定值相等的元素，后一个版本删除满足条件的元素，条件通过一元谓词表达。具体例子可参考转移元素例子。

6) 单链表内或单链表间转移元素

```
void splice_after (iterator position, forward_list& x);
void splice_after (iterator position, forward_list& x, iterator it);
void splice_after (iterator position, forward_list& x, iterator first, iterator last);
```

上述三个接口函数支持在一个单链表内或在两个同类型单链表间转移节点，包括元素，元素对象本身不会构造或析构。第一个版本将容器 x 内所有元素转移至单链表容器的迭代器 position 所指位置后；中间版本将容器 x 中迭代器 it 所指位置后面的一个元素转移至当前单链表容器的迭代器 position 所指位置后；最后一个版本将容器 x 内迭代器特殊区间(first，last)所代表元素转移至当前单链表容器的迭代器 position 所指位置后。注意：不包括 first 和 last 本身所指位置。前向单链表提供了成员函数 before_begin 用于配合本成员函数转移元素至单链表最前位置，后两个版本的单链表容器 x 可以是当前单链表容器。

```
#include <iostream>
#include <forward_list>
#include <iterator>
#include <algorithm>
using namespace std;

int main ()
{
    std::forward_list<int> lst1, lst2;

    for (int i=0; i<5; ++i)
        lst1. push_front(i);          // lst1: 4 3 2 1 0

    for (int i=0; i<3; ++i)
        lst2. push_front(i * 10);     // lst2: 20 10 0
```

```
auto it = lst1. begin();
++it;                                   // points to 3

lst1. splice_after (it, lst2);          // lst1：4 3 20 10 0 2 1 0
                                        // lst2：空
                                        // it 指向 3 不变

lst2. splice_after (lst2. before_begin(), lst1, it);
// lst1：4 3 10 0 2 1 0
// lst2：20
it = lst1. begin();
++it; ++ it;                            // it 指向 10

lst1. splice_after ( lst1. before_begin(), lst1, it, lst1. end());
// lst1：0 2 1 0 4 3 10
lst1. remove (3);                       //删除 3
lst1. remove_if([] (int x) {return x > 0 && x % 5 == 0;});
                                        //删除所有是 5 的倍数的正整数
// lst1：0 2 1 0 4

//拷贝至输出流迭代器显示
std::cout <<"lst1 contains：";
copy (begin (lst1), end (lst1), ostream_iterator<int> (cout, ""));
cout << endl;

std::cout <<"lst2 contains：";
copy (begin (lst2), end (lst2), ostream_iterator<int> (cout, ""));
cout << endl;
}
```

样例输出如下：

```
lst1 contains：0 21 0 4
lst2 contains：20
```

7) 删除单链表内迭代器或迭代器区间所指元素，返回原删除元素位置后的迭代器

```
iterator erase_after (const_iterator position);
iterator erase_after (const_iterator first, const_iterator last);
```

前者删除迭代器所指位置后的元素，后者删除迭代器特殊区间(first,last)所指所有元素。注意：不包括 first 和 last 本身所指位置。例如：

```
forward_list<string>  fwdLst {"hello", "again", "some"};
                                //创建字符串单链表容器 fwdLst，初始包含三个字符串
fwdLst. erase_after (fwdLst. before_begin ());
                                //删除非空容器的第一个元素
fwdLst. erase_after (fwdLst. begin(), fwdLst. end());
                                //删除第一个元素后所有元素
```

5. 栈(stack)

栈是一种容器适配器，栈内元素存放在以成员子对象形式存在的底层容器内，具有后进先出(LIFO)特性，缺省底层容器是双端队列，头文件<stack>中，STL std 名字空间内含如下声明：

```
template <class T, class Container = deque<T>> class stack;
```

栈除具备容器的无参构造、拷贝控制(拷贝构造、移动构造、复制赋值、移动赋值及析构函数)成员函数外，还具有 empty、size 成员函数。此外，栈主要具有下述核心接口函数：

1) 元素入栈

```
void push (constT& xl);    //拷贝版本
void push (T&& x);         //移动版本
```

上述两个接口函数都将元素压入栈。它们的差异在于前者元素对象的拷贝入栈；后者元素对象的移动版入栈，原元素对象失效。例如：

```
stack<int, vector<int>>  S;//向量实现整型栈 S
S. push (1);
S. push (3);
S. push (5);    //栈中元素从栈顶到栈底分别为 5、3、1
```

2) 取非空栈顶元素

```
T& top();               //可修改栈顶元素
const T& top() const；  //返回栈顶元素常引用
```

上述两个接口函数都返回栈顶元素引用。它们的差异在于前者可通过栈顶元素引用来修改栈顶元素，后者取得的栈顶元素引用只可使用，不可修改。例如：

```
stack<string>    S；//双端队列实现字符串栈 S
S. push ("hello");
S. push ("test");
S. push ("Again");   //栈中元素从栈顶到栈底分别为"Again"、"test"、"hello"
S. top () = "again"；//栈顶元素改为"again"
```

3) 弹出非空栈顶元素

```
void pop();
```

上述接口函数都弹出非空栈顶元素，元素对象析构。例如：

```
# include <iostream>
# include <string>
# include <stack>
# include <list>
using namespace std;

int main ()
{
    stack<string,list<string>>    S；  //链表实现字符串栈 S
    S. push ("hello");
    S. push ("test");
    S. push ("Again");              //栈中元素从栈顶到栈底分别为"Again"、"test"、"hello"
```

```
        S. top () = "again";                //栈顶元素改为"again"
        while (!S. empty ()) {
            cout << S. top () <<"\t";
            S. pop ();
        }
        cout << endl;
    }
```

6. 队列(queue)

队列是一种容器适配器，队列内元素存放在以子对象形式存在的底层容器内，具有先进先出(FIFO)特性，缺省底层容器是双端队列，头文件<queue>中，STL std 名字空间内含如下声明：

```
        template <class T, class Container =deque<T >> classqueue;
```

队列除具备容器的无参构造、拷贝控制(拷贝构造、移动构造、复制赋值、移动赋值及析构函数)成员函数外，还具有 empty、size 成员函数。此外，队列主要具有下述核心接口函数：

1）元素入队列

```
        void push (const T& xl);    //拷贝版本
        void push (T&& x);          //移动版本
```

上述两个接口函数都将元素压入队列。它们的差异在于前者元素对象的拷贝入队列；后者元素对象的移动版入队列，原元素对象失效。例如：

```
        queue<int, vector<int>>Q; //向量实现整型队列 Q
        Q. push (1);
        Q. push (3);
        Q. push (5);               //队列中元素从队首到队尾分别为1、3、5
```

2）取非空队首元素

```
        T& front();                 //可修改队首元素
        const T& front() const;     //返回队首元素常引用
```

上述两个接口函数都返回队首元素引用。它们的差异在于前者可通过队首元素引用来修改队首元素，后者取得的队首元素引用只可作为右值使用，不可修改。例如：

```
        queue<string, deque<string>>Q; //双端队列实现字符串队列 Q
        Q. push ("Hello");
        Q. push ("test");
        Q. push ("Again");          //队列中元素从队首到队尾依次为"Hello"、"test"、"Again"
        Q. front () = "hello";      //队首元素改为"hello"
```

3）取非空队尾元素

```
        T& back();                  //可修改队尾元素
        const T& back() const;      //返回队尾元素常引用
```

上述两个接口函数都返回非空队尾元素引用。它们的差异在于前者可通过队尾元素引用来修改队尾元素，后者取得的队尾元素引用只可作为右值使用，不可修改。例如：

```
        queue<string,list<string>>Q; //双端队列实现字符串队列 Q
        Q. push ("Hello");
        Q. push ("test");
```

```
        Q. push ("Again");      //队列中元素从队首到队尾依次为"Hello"、"test"、"Again"
        Q. front () = "again";  //队尾元素改为"again"
```

4）弹出非空队首元素

```
    void pop();
```

上述接口函数都弹出非空队首元素，元素对象析构。例如：

```cpp
# include <iostream>
# include <string>
# include <queue>
# include <list>
using namespace std;


int main ()
{
    queue<string>   Q;          //双端队列实现字符串队列 Q
    Q. push ("Hello");
    Q. push ("test");
    Q. push ("Again");          //队列中元素从队首到队尾依次为"Hello"、"test"、"Again"
    Q. front () = "hello";      //队首元素改为"hello"
    Q. back () = "again";       //队尾元素改为"again"
    while (!Q. empty ()) {
        cout << Q. front () <<"\t";
        Q. pop ();
    }
    cout << endl;
}
```

7. 字符串（string）

字符串类是程序设计中常用的类，其功能丰富。字符串内字符连续存放，头文件 <string> 中，STL std 名字空间内含如下声明：

```cpp
typedef basic_string<char> string;
```

字符串可以看作以字符为元素的特殊字符容器，字符串类除具备容器的无参构造、拷贝控制（拷贝构造、移动构造、复制赋值、移动赋值及析构函数）成员函数外，还可以通过迭代器访问，还具有 empty、size 成员函数。此外，字符串类主要具有下述常用接口函数。

1）构造函数

```cpp
string (const char * s);
string (size_t n, char c);
```

两者都是字符串类构造函数，用于构造字符串对象，前者字符串初始值为以'\0'字符结束的 C 形式字符串 s，后者字符串初始值为 n 个字符 c。例如：

```cpp
string   str ("Hello");     //构造字符串，初始值为"Hello"
string   str (6, 'a');      //构造字符串，初始值为"aaaaaa"
```

2）字符串长度函数

```cpp
size_t length() const noexcept;
```

返回字符串对象长度，效果等同于成员函数 size。

3）字符串输入/输出

```
istream& operator>> (istream& is, string& str);
ostream& operator<< (ostream& os, const string& str);
```

字符串类重载了提取运算符>>和插入运算符<<，可完成字符串对象的输入和输出。一般情况下，从输入流对象提取的字符串值保存在字符串对象中，替换字符串对象原来的内容；如果读入失败，则输入流对象 is 置失败标志，(bool)is 判断结果不成立。例如：

```
string str;
while (cin>>str) {
    cout << str << endl;
}
```

如果执行这些语句时，输入：

```
hello   test
again
```

则输出：

```
hello
test
again
```

提取运算符>>从输入流 is 读取字符串的过程中遇到空格、'\t'、换行时，本次读入操作完成，如需要读入整行，则需要使用 getline 函数。

```
istream& getline (istream&   is, string& str, char delim = '\n');
```

getline 函数从输入流对象 is 读取以分隔符为结束标记的一行字符，丢弃分隔符，读取的一行字符保存在字符串对象中，替换字符串对象原来的内容；如果读入失败，则输入流对象 is 置失败标志，(bool)is 判断结果不成立。例如：

```
string str;
while (getline (cin,str)) {
    cout << str << endl;
}
```

如果执行这些语句时，输入：

```
hello   test
again
```

则输出：

```
hello   test
again
```

4）字符串连接运算+、+=

```
string operator+ (const string& lhs, const string& rhs);
string operator+ (string&& lhs, string&& rhs);
string operator+ (string&& lhs, const string& rhs);
string operator+ (const string& lhs, string&& rhs);
string operator+ (const string& lhs, const char *   rhs);
```

```
string operator+ (string&&        lhs, const char *    rhs);
string operator+ (const char *    lhs, const string& rhs);
string operator+ (const char *    lhs, string&&       rhs);
string operator+ (const string& lhs, charrhs);
string operator+ (string&&        lhs, char           rhs);
string operator+ (char           lhs, const string& rhs);
string operator+ (char           lhs, string&&       rhs);
```

这些＋运算符重载形式支持字符串对象间、字符串对象与 C 形式字符串间、字符串对象与字符间的拼接运算，拼接结果以字符串对象形式返回。例如：

```
stringstrFirst ("net");
string strSecond ("cplusplus");
string strHostName;

strHostName = "www." + strSecond + '.' + strFirst;

cout << strHostName << endl;
```

执行这些语句将输出：

```
www.cplusplus.net
```

字符串类还支持下列成员运算符＋＝重载形式，相当于将当前字符串对象与作为参数的字符串对象、C 形式字符串、单个字符拼接后的结果保存在当前字符串对象中。

```
string& operator+= (const string& str);
string& operator+= (const char * s);
string& operator+= (char c);
```

5）下标运算符重载

```
char& operator [] (size_t i);      //下标运算符重载一
const char& operator [] (size_t i) const;//下标运算符重载二
```

上述两个接口函数都返回字符串内下标 i 字符的引用，下标 i 从 0 开始，到 size()−1 为止，必须有效，如果下标 i 无效，则程序的行为不确定。两个接口函数的差异在于前者可作为左值，改变指定元素，后者可引用元素，但不可改变该元素。例如：

```
string  str ("Hello");     //构造字符串，初始值为"Hello"
str [0] = 'h';             //下标引用作为左值
cout << str [1];           //下标引用作为右值
```

6）通过下标访问元素

```
char& at (size_t i);         //通过下标访问元素重载一
const char& at (size_t i) const;//通过下标访问元素重载二
```

上述两个接口函数都返回字符串内下标 i 元素的引用，有效下标 i 从 0 开始，到 size()−1 为止。at 成员函数与下标运算符重载的差异在于下标运算符重载必须保证下标 i 有效，而 at 成员函数检查下标 i 是否有效，如果有效，则效果等同于下标运算符重载，如果下标 i 无效，则函数抛出 out_of_range 异常。两个接口函数重载版本的差异在于前者可作为左值，改变指定元素，后者可引用元素，但不可改变该元素。例如：

```
string  str ("Hello");     //构造字符串，初始值"Hello"
```

```
str. at(0) = 'h';              //下标引用作为左值
cout << str. at (1);           //下标引用作为右值
str. at (10);                  //引发异常 out_of_range
```

7) 返回 C 形式字符串

```
const char * c_str() const noexcept;
```

在需要 C 形式字符串时可以通过上述成员函数获得 C 形式字符串指针。例如：

```
string str ("test string");
const char * cstr = str. c_str();
cout << cstr << endl;
```

8) 取子串

```
string substr (size_t pos = 0, size_t len = string::npos) const;
```

上述成员函数返回字符串中从 pos 作为下标开始的、长度为 len 的连续字符组成的子串或到结束位置的连续字符组成的子串。npos 是 string 类定义的常量，代表字符串结束位置。例如：

```
string str="Programming in C++";
string str2 = str. substr (0, 7);      //取开始位置 7 个字符组成的子串
size_t pos = str. find("in ");         // 查找子串 "in "的位置
string str3 = str. substr (pos);       //取从 pos 开始到结束位置的子串
cout << str2 << endl << str3 << endl;
```

执行这些语句将输出：

```
Program
in C++
```

9) 查找子串或字符

```
size_t find (const string& str, size_t pos = 0) const noexcept;
size_t find (const char * s, size_t pos= 0) const;
size_t find (const char * s, size_t pos, size_type n) const;
size_t find (char c, size_t pos = 0) const noexcept;
```

上述重载的多个成员函数用于从当前字符串对象中 pos 位置开始查找与样串 s 或字符 c 匹配的第一个子串的开始位置，如果没有找到，则返回 string::npos，其样例与取子串相同。字符串类还提供了其他查找匹配字符位置的多个成员函数，大家可以自己查阅资料。

10) 替换子串

```
string& replace (size_t pos,   size_t len,   const string& str);
```

上述成员函数用于将当前字符串对象中从 pos 位置开始的、长度为 len 的子串或到结束位置的子串替换为字符串 str，返回替换后形成的新字符串，len 为 string::npos 时，代表结束位置。字符串类还提供了其他替换子串的多个重载的成员函数，大家可以自己查阅资料。

11) 字符串比较运算

```
bool operator== (const string& lhs, const string& rhs) noexcept;
bool operator! = (const string& lhs, const string& rhs) noexcept;
bool operator<  (const string& lhs, const string& rhs) noexcept;
bool operator<= (const string& lhs, const string& rhs) noexcept;
```

```
bool operator> (const string& lhs, const string& rhs) noexcept;
bool operator>= (const string& lhs, const string& rhs) noexcept;
```

　　字符串类提供了多个比较两个字符串的运算符重载，采用的是大小写敏感的字典序比较。如果需要其他字符串比较准则功能，则需要自己完成相应功能，下述样例完成了忽略大小写的字符串相等比较。

```cpp
#include <iostream>
#include <string>
using namespace std;

//字典序相等比较
template <class InputIterator1, class InputIterator2, class BinaryPredicate>
bool lexicographical_equal (InputIterator1 first1, InputIterator1 last1, InputIterator2 first2,
                            InputIterator2 last2, BinaryPredicate equalPred)
{
    while (first1!=last1 && first2!=last2 )        //都未到结束位置
    {
        if (!equalPred (*first1, *first2))         //存在对应位置元素不相等，结果不等
            return false;
        ++first1;                                  //准备比较下一位置元素
        ++first2;
    }
    return (first1==last1 && first2 ==last2); //都已到结束位置才相等
}


bool NoCaseEqual (const string &s1,const string &s2)
{
    return lexicographical_equal (s1.begin(), s1.end(), s2.begin(), s2.end(),
                        [] (char c1, char c2)
    {
        return tolower (c1)== tolower(c2); //如果有小写字母，则转换成小写字母再比较
    });
}


int main ()
{
    string str1 = "Programming in C++";
    string str2 = "programming in c++";
    string str3 = "programming in Java";

    cout << NoCaseEqual (str1, str2) << endl;
    cout << NoCaseEqual (str1, str3) << endl;
}
```

12) 保留字符串可容纳 newSize 个字符的内存空间

```
void reserve(size_t    newSize);
```

上述接口函数主要用于在可预测字符串大小时保留字符串内部空间，避免字符串扩充时引发频繁的内存重新分配，不影响字符串内实际存放的元素，成员函数 size() 返回值不变。当需要大量回收空余内存时，可调用成员函数 shrink_to_fit。

参 考 文 献

[1] LIPPMAN S B, LAJOIE J, MOO B E. C++ Primer. 5 版. 王刚，杨具峰，译. 北京：电子工业出版社，2013.

[2] RAO S. 21 天学通 C++. 8 版. 袁国忠，译. 北京：人民邮电出版社，2017.

[3] 郑莉，董渊，何江舟. C++语言程序设计. 4 版. 北京：清华大学出版社，2010.

[4] JOSUTTIS N M. C++标准库. 2 版. 侯捷，译. 北京：电子工业出版社，2015.